While every precaution has been taken in the preparation of this book, the publisher assumes no responsibility for errors or omissions, or for damages resulting from the use of the information contained herein.

CREACIÓN VS. EVOLUCIÓN, ¿QUÉ FUE ANTES DE LO QUE CONOCEMOS?

First edition. April 17, 2024.

ISBN: 979-8231919703

Written by Frederick Guttmann.

Frederick Guttmann R.

CREACIÓN

Vs

EVOLUCIÓN

¿Qué fue antes de lo que conocemos?

AGRADECIMIENTOS A MI esposa Aday Quintero P. por su colaboración en esta y mis otras obras. También deseo agradecer a Rosemary García e Ira Szczedrin C., así como a mi madre Meeky y a mi hermana Kersten, quienes me ayudaron incondicionalmente con revisiones de este trabajo.

Gracias también y bendiciones a mi padre Félix y a mis hermanos por su apoyo en todo momento paralelamente a su fe en mi, ante todas las adversidades que han acaecido en nuestro devenir.

Este libro lo dedico a todos aquellos que de un modo u otro anhelan que la verdad llegue a ellos, y espero que toque sus corazones para quitar ese velo de ignorancia y tergiversaciones en los que la sociedad nos ha sumido a todos, llevándonos tras meras hipótesis y filosofías vanas para justificar nuestra existencia, y que nos han cegado para no llegar a conocer la Realidad "tal como es" y para no conocer al "Dios de la Verdad" y a su Hijo, que se dio a sí mismo por precio para salvarnos a todos.

REVISIÓN:
Aday Quintero P.
Rosemary García
Ira Szczedrin C.
María del Carmen Ramírez
Kersten Guttmann R.
Carátula:
Jonathan Guttmann R.
Frederick Guttmann Ramírez, 2012
Web: www.frederickguttmann.com[1]
ISBN: 978-84-613-3062-1.
Nº de Registro 00/2008/4086
Depósito Legal: TF1562-2009

---

1.   http://www.frederickguttmann.com

CONTENIDO

INTRODUCCIÓN

"Es más fácil desintegrar un átomo que un preconcepto."
Albert Einstein (1879-1955)

En los últimos dos siglos ha comenzado una ponderosa guerra contra todo estamento que se tilde de teísta. Claramente el ocultismo católico de 14 siglos dejó fuerte meya, especialmente en Europa. La Inquisición, o sea, las persecuciones, los asesinatos, la arbitrariedad, los robos y el monopolio de Roma llegó aún a los albores de la Segunda Guerra Mundial, pero el peor daño causado por ellos fue hacer que el mundo viera en el Catolicismo la imagen representativa de Dios, y como tal, se creó un gran odio a todo lo relacionado con la religión. Sabemos que el Catolicismo nació en el año 325 d.C. en días de Constantino, pero no nació ahí la dictadura religiosa, pues 3 siglos más tarde, otro pionero reavivaba las guerras religiosas, poniéndolas a nivel de líneas de batalla. Entre el Islam y el Catolicismo llevaron al mundo libre a detestar a Dios, pues en ellos veían reflejado al Dios del que la Biblia hablaba. Si bien, el verdadero mensaje de Dios se perdió a finales del siglo I al tiempo de sus precursores, los judíos mesiánicos o judíos cristianos –como los llamaron en Antioquía- habían perecido.

Desde los primeros siglos de nuestra era, hasta concluida la tiranía de Adolf Hitler, el mundo no conoció la historia del Dios hebreo, sino una sarta de engaños, tergiversaciones, desinformación, desconocimiento y mentiras por parte de las instituciones que se atribuían a sí mismos la representación de Dios en la Tierra. Esto, claramente, llevó a mucha ira y resentimiento, principalmente en los países afectados por el Comunismo. Al aparecer, entonces, atisbos de nuevas ideas que pudiesen contradecir a Roma, y a todos los movimientos neo-religiosos que emergieron entre el siglo XVII y el siglo XX, la gente saltaba rápidamente a abrazarlos. Para cuando comienza a acercarse el Fin de los Tiempos, otra profecía inicia a manifestarse, cumpliendo así otra advertencia que encaja todas las piezas determinadas en antaño por la Asamblea de Dios, para traer el Nuevo Reino. Ese oráculo reza: «*Pero tú, Daniel, cierra las palabras y sella el libro hasta el tiempo del fin. Muchos correrán de aquí para allá, y la ciencia se aumentará.*» (Daniel 12:4) Al profeta hebreo Daniel se le advirtió que una de las señales de la llegada del Fin de los Días sería el trajín social, estrés, preocupaciones, crisis, etc., y el desarrollo extremo de los avances tecnológicos, algo que sabemos a ciencia cierta –nunca mejor dicho- que viene ocurriendo desde los años 40.

No obstante, a la par de dicha advertencia, también se avisó que habría engaños en el mundo, y uno de esos áreas de falsedad vendrían por la parte investigativa: «*Oh Timoteo, guarda lo que se te ha encomendado, evitando las profanas pláticas sobre cosas vanas, y los argumentos de la falsamente llamada ciencia, la cual profesando algunos, se desviaron de la fe.*» (1ª Timoteo 6:20-21) ¿Qué es la fe? Aquí entra la continua pugna entre creer lo que no se puede ver o lo que se llega a medir, pesar u observar. Si bien, tratando el tema de Dios, la mayoría piensa que no hay punto de comparación entre fe y ciencia, porque netamente parten de ciertos parámetros aún limitados, como la física y la química, pero postulando nuevas y más amplias probabilidades científicas, entran en escena sistemas de estudio como la mecánica cuántica, la teoría de las Supercuerdas o la Teoría de Todo, puesto que la ciencia limitada no puede explicar miles de interrogantes que se limitan al plano de lo material.

Aún con todo, ¿pueden existir medios para ratificar las afirmaciones bíblicas? Y en este respecto hablamos también del origen del hombre. Eso lo sabremos al entrar en materia, pero a pesar de ello, seguimos nosotros mismos, limitados, partiendo de dos paradigmas: evolucionismo y creacionismo. ¿No hay más probabilidades? La Panspermia puede dar algunas ideas de por dónde se puede llegar a estudiar en un ámbito más completo. La Panspermia misma no es concluyente, pero sirve de puente para poder comprender tantas interrogantes que ni la religión ni la ciencia convencional han podido cubrir. Pensar que el origen de la humanidad viene de otras partes del cosmos, o de otras dimensiones, es lo que en este libros queremos exponer, principalmente a la luz de evidencias arqueológicas e investigaciones profesionales de renombrados científicos.

"El problema real no es que el darwinismo sea 'una visión vacía de la vida', sino una VISIÓN DEFORMADA que convierte hechos ocasionales, incluso intrascendentes en fundamentales."
(Henry Gee, comentarista y editor sobre evolución en la revista Nature)

Parte I
SOCIEDADES SECRETAS

"Más de 30,000 documentos escritos desde todas partes del mundo cuentan de seres avanzados que, ya sea vinieron a la Tierra o ya estaban viviendo en la Tierra."
Jack Barranger (Past Shock)

Los Illuminati

El término latín "Illuminati" (iluminado), que aparece con el ocultista judío y ex jesuita, Adam Weishaupt, no surgió con él realmente en 1776 –año en el que, no por casualidad, también se fundaron los Estados Unidos de América. Este nombre se usaba, y se usa, dentro de ciertos niveles más altos de la francmasonería del rito escocés y del rito de York. También es un apelativo para referirse a los descendientes de las casas reales. ¿Y por qué se llaman así? El origen etimológico e histórico de la palabra "iluminado", es acadia. En la era antediluviana, según la escritura cuneiforme de la antigua Sumer, vinieron del espacio unos humanos de alta estatura, los cuales se llamaban a sí mismos "Anunnaki", los hombres, y "Antununnaki", las mujeres. Otro nombre que recibieron fue el de Abbennakki, aunque los acadios los llamaron "Ilu" (de donde viene "iluminado" o "ilustre"), es decir, en esa lengua, "elevados". Los Anunnaki fueron descritos por los hebreos como Nefilím (Caídos), y también los llamaban Anakím (Gigantes), en cuanto a su alta talla, voz que etimológicamente deriva, precisamente, del sumerio "Anunnaki". Es, pues, curioso que a los primeros cristianos, los del siglo I, que comenzaron siendo en su mayoría judíos, de la secta de los nazarenos, los reconocieran entre los propios creyentes como "Iluminados", por haber recibido el conocimiento y verdades del Reino del Padre, del cual predicaba Jesús de Nazaret. De manera que, la "iluminación", como la podrían comprender también en el budismo, puede ser el estado de elevación a una esencia, estancia o estatus superior, básicamente de la mente, por medio del entendimiento y comprensión de misterios universales. Claramente, estos conocimientos han llegado más a manos de hombres malvados, avaros, tiránicos e insensatos, que a los humildes y mansos.

Se esgrime de toda la mitología antigua, que estos enormes humanos fueron conocidos como los dioses de tantas culturas ancestrales. Eran, aduciendo a lo prescrito en las tablillas mesopotámicas, astronautas. Estos venían con propósitos muy concretos, entre los cuales apareció el objetivo de tener su propia estirpe en la Tierra, como lo declara detalladamente la literatura védica de la India. Tuvieron hijos con las humanas, y pasadas las generaciones los colocaron en los más altos rangos de gobiernos, como emperadores y reyes, manteniendo lo más pura posible su sangre (la literatura existente en este ámbito es bastante extensa). De Babilonia y Egipto pasaron a Grecia y Roma, luego a China y a América Central, mientras el principal grupo se asentó en Europa, especialmente en Italia, Francia, Alemania y Reino Unido (posteriormente llegó a Estados Unidos). Ellos se continuaron distinguiendo como las familias "Iluminadas", pues decían tener estirpe de realeza celeste, una sangre azul que proviene de las estrellas, y un asesoramiento y respaldo que los haría especiales. No por otra cosa alguien importante escribió a los hebreos –no se conoce realmente su autoría, aunque se presume que fue Saulo de Tarso-: *«Porque es imposible que los que <u>una vez fueron iluminados</u> y gustaron del don celestial, y fueron hechos partícipes del Viento Sagrado, y asimismo gustaron de la buena palabra de Dios y los poderes del siglo venidero, y recayeron, sean otra vez renovados para arrepentimiento, crucificando de nuevo para sí mismos al Hijo de Dios y exponiéndole a vituperio.»* (Carta a los Hebreos 6:4-6) El escritor de esta carta estaba considerando a los judíos que habían seguido a Jesucristo como "Iluminados". Y añade después: *«Pero traed a la memoria los días pasados, en los cuales, <u>después de haber sido iluminados,</u> sostuvisteis gran combate de padecimientos; por una parte, ciertamente, con vituperios y tribulaciones fuisteis hechos espectáculo; y por otra, llegasteis* *a ser compañeros de los que estaban en una situación semejante.»* (Carta a los Hebreos 10:32-33) La versión latina, Vulgata, de Jerónimo de Estridón, habla de "Inluminati", refiriéndose a los que Cristo les dijo: *«vosotros sois la luz del mundo».*

El movimiento Illuminati se conoce, en todo caso, más por la desinformación y el título robado por la masonería. Ellos se creen realmente iluminados. Pero, ¿por qué creen eso? Cuando se supera el grado 30 de la masonería, los miembros de la orden ya están al corriente de quien es su "dios", y estaban bajo las órdenes de un Maestro Oculto que lo representa en la Tierra, concretamente en la hermandad. Uno de los fines conjuntos de esta sociedad hermética, es la misma que la del satanismo de Anton Lavey y Aleister Crowley, la cual parte de opacar cualquier creencia en Dios o en Jesús, y desinformar a la sociedad sobre los principios del conocimiento del universo. Comúnmente, hoy, se llama Illuminati a los francmasones de grado 33, que sirven directamente a una figura llamaba Iblis, a la misma que rinden cuentas los jesuitas y la cúpula del Vaticano. Ese Iblis es comúnmente denominado por los altos grados como Jah-Bul-On, lo cual algunos investigadores creen que es un término trinitario de 3 dioses populares del pasado, entre los que se encuentra Baal y Osiris. Recientemente, una información filtrada de un ritual del Bohemian Grove en California, desveló que los presidentes de los EE.UU. y altos cargos británicos participaban en ceremonias en honor a Moloc, un dios búho. El búho y la lechuza son símbolos ocultistas elementales, pues la lechuza o búho (en hebreo: "lilit") simboliza a la hermana de Satanás según antiguas leyendas hebreas. La propia palabra "lilit" tiene raíz aramea, la cual proviene de "laila" o "lilitu", ambos términos referentes a la noche o el reino de las tinieblas.

No es nuevo saber que los Illuminati son la masa de poder que mantiene la hegemonía del globo, y están entremezclados con el Bohemian Grove, el Ku Klux Klan, el Majestic 12, el Concejo de

Relaciones Exteriores, los Skull & Bones, el Club Bilderberg y en general, los clubes o sociedades secretas más importantes del mundo. Por ejemplo, el ex Primer Ministro de Reino Unido, Tony Blair pertenece a la Logia Studholm, que se fundó en 1591, y en el propio edificio de Westminister, donde está el Parlamente Inglés, hay 2 logias masónicas establecidas. Otro ejemplo es que George H. Bush padre e hijo, pertenecieron a los Skull & Bones, una sociedad secreta de donde salen los líderes de los EE.UU, del FBI y del CFR (Consejo de Relaciones Exteriores), cuyos fundadores fueron piratas (la propia familia Bush es de origen pirata y está ligada a la realeza británica). Hay 600.000 masones trabajando a lo largo de Gran Bretaña, ocupando los cargos más importantes de poder. Es más, 1 de cada 6 policías en dicha nación, son masones. ¿Por qué doy más importancia a Reino Unido? Porque de ahí vinieron los Illuminati que hoy están dirigiendo a los EE.UU., y allí, a Inglaterra vinieron influenciados de Alemania. Winston Churchill era miembro de los masones y los druidas, pues son ex oficiales de las fuerzas armadas y los aristócratas lo que suben a los más altos grados de la francmasonería. La mayoría de gente no pasa del grado 3 y ni se enteran que existen más grados por encima del grado de la Maestría. Inglaterra invadió EE.UU. como España lo hizo con Suramérica, por eso es normal que actualmente halla 4 millones de personas en los EE.UU. que practican el satanismo, según el FBI. El satanismo se organiza por medio de la masonería de altos grados, o sea, los Illuminati.

Los Illuminati son prácticamente quienes dirigen el mundo, lo controlan y lo manipulan, bajo el liderazgo de un comandante mundial que oficialmente nadie conoce, pero al que denominan "Yoda", de donde el masón George Lucas sacó el personaje Jedi de la Guerra de las Galaxias. De hecho, los Jedi en la masonería, son demonios. Y ¿de dónde sacaron ellos todo esto? de Egipto y de la Cábala judía, es decir, sacando la información profunda de Salomón y adoptándola para mal, con fines ocultistas. Esto fue llevado a Reino

Unido, donde está el poder de los sionistas, los judíos oscuros que controlan el monopolio mundial. Por esa razón a los británicos, en ingles, se les llama "british" (del hebreo: "brit", que es "pacto", e "ish", que es "varón") Ellos son "el varón del pacto" de Satán, pues se consideran la cuna del Anticristo, según documentos y testimonios de líderes Illuminati. Por esta razón controlan el petróleo del mundo (BP = British Petrolium) y la economía (WB + FR = World Bank, o Banco Mundial + la Reserva Federal y el FMI = Fondo Monetario Internacional). Los dueños de las otras petrolíferas como Shell, son los Bush. Este tema es extenso, pero le hemos dejado al lector un ápice aproximado de algunas de estas intrigantes verdades, pero si desea entrar en detalle al respecto puede leer más detalladamente las obras de William Bramley, Milton William Cooper, R.A. Boulay, Alex Collier, David Icke, Alex Jones, Eric Jon Phelps, Alexander Hislop, Sixto Paz Wells o Michael Tsarion. También nosotros tratamos estos temas en nuestras obras sobre el Fin de los Tiempos.

Orden fraternal

La masonería juegan un roll trascendental en toda esta historia, pues ellos se tomaron el papel de establecer el ateísmo a toda costa, aunque los recién iniciados, igual que en Catolicismo, poco o nada saben de esto, ni de los niveles de satanismo que hay más allá del grado 33 del rito escocés. Masón significa "albañil" o "constructor" en inglés. Desde el antiguo Egipto salen las ideas que hoy se ventilan en la masonería o francmasonería, las cuales se intensificaron con la literatura mística que el rey Salomón dejó escrita. Desde los inicios de la Grecia clásica, esta información había sido pasada de sacerdotes egipcios a filósofos griegos, y era muy regular dentro de las familias reales que se distinguen por decir que tienen "sangre azul". Con la muerte de Alejandro Magno, el imperio romano comenzó su ascensión, continuando las tradiciones y las secretas monarquías, que luego subieron a Alemania, Francia e Inglaterra, asentándose en lo más secreto hasta hoy. Durante los siglos las sociedades secretas, inspiradas por la Escuela de Misterios de los antiguos sacerdotes egipcios, se movió dentro de Europa, y posteriormente pasó a los EE.UU. Estos grupos se mantenían como grupos fraternales, clubs privados, órdenes herméticas y sociedades místicas, que se esforzaban por estudiar y avivar los grandes enigmas del ocultismo y del conocimiento universal. Las fraternidades se denominaron posteriormente Logias – de donde se esgrime la palabra "lógica"- y se identificaban con la letra "G" (gnosis = conocimiento, de la voz griega que pasó al inglés "<u>know</u>ledge").

Charles Darwin, reconocido revolucionario de la teoría del origen del hombre por procesos de mutación de especies, unas hacia las inmediatamente superiores, fue el peón que la masonería necesitaba apremiantemente para conseguir la soberanía social sobre la religión. Sus obras literarias más famosas fueron "La Evolución de las Especies" y "La Selección Natural", y que dieron nacimiento oficialmente a la llamada comúnmente "Teoría de la Evolución". Charles Darwin, con el beneplácito de la francmasonería, cambió rotundamente la percepción del pasado del hombre por medio de propuestas que, a pesar de haberse tratado siempre de "hipótesis", han llegado a ser hoy un planteamiento aceptado y enseñado como "un hecho rotundo". Este conjunto de especulaciones sostienen, como dictamen absoluto del origen de nuestra estirpe humana, el advenimiento de un elevado número de hechos casuales que han llevado a supervivir y mejorar a los más fuertes. En esta ideología se basa la comunidad científica internacional para decir que el hombre proviene de los changos, y que estos, los primates, a su vez, provienen de un tipo de musaraña prehistórica que habría sobrevivido bajo tierra tras una de varias extinciones masivas, y antes de este mamífero, habríamos descendido de otras especies animales que evolucionaron de los dinosaurios. Viajando más atrás en este orden evolucionista los humanos habríamos surgido de los organismos invertebrados, y antes, de unas células que fueron las primeras en empezar a adaptarse a su entorno, y dar esta orden de mutación, la una a la otra para convertirse en organismos más complejos.

Como se puede leer en cualquier libro que enfatice sobre la biografía de Charles Darwin, él nació en Sherewsbury, Inglaterra en el año 1809, a los 8 años quedó huérfano de madre, siendo su padre, Robert Darwin, quien cuidó de la prole compuesta por sus hermanos Erasmus, Mariannne, Carolinne, Catherine, Susan y el mismo Charles. Su padre era un médico de pueblo, apasionado con el estudio de las ciencias, afición que sin duda heredó Charles, y que Robert habría adquirido de su padre Erasmus. En 1825 entró en la Universidad de Edimburgo para estudiar medicina, pero al conocer las hipótesis evolucionistas de Lamarck, volcó sus estudios hacia la zoología, no sin cierto disgusto por parte de su padre quien le recomendó que se dedicase a la carrera eclesiástica. De esta forma, inició en Cambridge los estudios en Teología (1828), logrando el título de Bachiller en Artes, el único título de su vida. En esta etapa asistió a las clases de botánica impartidas por Stevens Henslow, de quien recibe una fuerte influencia, ya que gracias a este profesor Darwin desarrolla muchas de sus ideas. Además recibe sus conocimientos en entomología, botánica, química, mineralogía y geología. El mismo profesor le anima a enrolarse sin paga en la fragata Beagle, organizada por el Almirantazgo Británico para viajar por el hemisferio Sur, con una misión mitad científica y mitad comercial.

Viajando en la mar

Charles Darwin tenía 22 años cuando embarcó en la Beagle, y en las islas Galápagos tuvo un encuentro que le fue sorprendente, al descubrir, en un territorio muy alejado de las costas suramericanas, unos lagartos gigantes que la ciencia del momento creía extinguidos. Lo importante para él fue descubrir que en otras islas cercanas existían especies totalmente diferentes, a pesar de que el clima y la orografía no mostraban variación. La explicación que se empezaba a gestar en la mente de Darwin era la de que había debido suceder una adaptación particular de las especies a las condiciones concretas de su hábitat, en un proceso que duraría millones de años y en el que las mismas especies habrían sufrido cambios y mutaciones que le permitirían desarrollar una más eficaz adaptación, teniendo presente el limitado abanico de ramas científicas que en ese entonces existían. Sus conclusiones parecían nuevas, no obstante, él ya venía de la "escuela" de su abuelo Erasmus Darwin, y sus planteamientos eran sólo otros más de aquella época inglesa de nuevas filosofías, donde ya otros tantos creían y defendían hipótesis de procesos evolutivos e ideas del azar. Creer en estas cosas y establecerlas públicamente fue un golpe social bastante duro, pues era una época en que la explicación religiosa, con base en el Catolicismo, en cuanto al origen del mundo, resultaba del todo incuestionable y era el dictamen oficial.

Darwin tomaba notas diariamente y dejaba constancia de cada evidencia que encontraba de fósiles extraños y especies desconocidas en aquel entonces. Toda la información que pudo recolectar durante su investigación lo llevó a su hipótesis evolucionista la cual plasmó en su libro "El origen de las especies a través de la selección natural". Esta obra salió a la luz en 1859 y en ella se explicaba, aparentemente de un modo científico, el origen del ser humano. No sólo le quitaba el papel de "Creador" a Dios sino que insistía firmemente en que la Naturaleza era "auto-generadora" -un punto de vista que para la sociedad de entonces era obvio, pero que siglos después se vio que era una enorme incongruencia. Desde ese mismo momento, Darwin comenzó a dedicarse a escribir artículos y a dar conferencias, colocándose en el foco de una incómoda polémica con respecto a los representantes de la religión Católico-Romana y de la ciencia tradicional. Ésta hipótesis fue completada y terminada en 1871 al publicarse su segundo libro, "El origen del hombre y la selección con relación al sexo".

Las bases más firmes y sólidas de toda una explicación del mundo y del hombre la cual se basaba en una narración genésica comenzaron a tambalearse. Narraciones mal traducidas como las que hoy día podemos ver en el famoso y antiquísimo libro de la Biblia: Génesis, comenzaron a ser puestos en duda, trayendo consigo una gran polémica. Tras el regreso a Inglaterra el 29 de enero de 1839, Charles Darwin contrajo matrimonio con Emma Wedgwood, su prima. Ambos decidieron cambiar de residencia y se trasladaron a Down en 1842, cerca de Londres, siendo ya padres de diez hijos, todos fruto de su matrimonio. Darwin redujo drásticamente las reuniones, conferencias y, en general, aparecer en público, usando excusas referentes a su salud, debido a su dedicación al estudio sobre la creación intelectual y la escritura de su pensamiento, estudio el cual más tarde daría frutos a su hijo Francis quien publicó su obra con el título de "Memorias del desarrollo de mi pensamiento y mi carácter". La aportación de las ideas de Charles Darwin de que las especies no son inmutables, coincide con lo expuesto por un contemporáneo suyo, Alfred Russell Wallace. Ambos presentaron su teoría en 1858 en la Sociedad Linneana de Londres, causando la lógica convulsión.

Teoría e Hipótesis de origen forzado

Antes de tomar la hipótesis de Charles Darwin como una "teoría", deberíamos tener en cuenta que una "teoría" es «*el conjunto de razonamientos ideados para explicar provisionalmente un determinado orden de hechos.*» El darwinismo hace ya años cayó por su propio peso. Sin embargo, estos conceptos se siguen enseñando oficialmente en la mayoría de países y continúa siendo el foco céntrico de la gran mayoría de científicos modernos, bajo una tendencia común a la defensa antropocéntrica. No obstante, la ciencia, como estudio de al cosas, no debe ser tendenciosa ni subjetiva: «*La evolución no es siquiera una teoría, sino una hipótesis, lo cual, en el "método científico" está un paso por debajo para convertirse en una teoría.*» (Carl Baugh, Ph. D. "The Dinosaur Dilemma", 1994.

Texas, EE.UU.). Ahora, si recordamos lo que es una "hipótesis", vemos que es una «*suposición de que una cosa sea posible para sacar de ella una consecuencia.*» Algo más afín a los postulados de Darwin. Estos planteamientos engloban finalmente solo suposiciones para tener una explicación provisional de la verdadera aparición de todo, así que hemos de remitirnos a los tales como "hipótesis", dado principalmente a que las evidencias arqueológicas no apoyan este paradigma popular.

Ahora bien, tratando el punto importante del meollo, Charles Darwin no perteneció directamente a la masonería -o al menos eso se cree-, pero hay que convenir que siempre estuvo muy vinculado a los hermanos de la Orden y que, sin la activa presencia e influencia de éstos, la vida del joven hubiera sido completamente otra. Fue su abuelo Erasmus Darwin quien le metió en todo el embrollo intencionado de la masonería y sus fines antirreligiosos. Éste célebre físico y botánico, masón iniciado en 1754 en la Logia de Saint David Nº 36 de Edimburgo, influyó notablemente en las decisiones de su nieto. A tal punto, que éste solía llamarlo "padre Erasmus". Tampoco habría sido posible que el entusiasta investigador fuera parte del pasaje del Beagle de no haber mediado la intervención de otro masón. Ocurre que, como Charles apenas había pasado los veinte años de edad, su padre Robert Waring Darwin, se oponía terminantemente al proyectado viaje. Por esto manifestó que sólo cambiaría de opinión si "alguien con sentido común" le persuadía de que la larga travesía era algo correcto. Ese alguien existió. Fue su tío, y futuro suegro, el masón Josiah Wedgwood quien con su intervención consiguió que su joven sobrino cumpliera tan anhelado objetivo. A su vez hay que recordar que el Dr. Thomas Henry Huxley, masón miembro de La Real Sociedad (The Royal Society), fue quien más se ocupó en que Darwin pusiera por escrito sus pensamientos sobre la supuesta evolución de las especies. Posteriormente Huxley se convirtió en lo que hoy llamaríamos el "vocero oficial" de Darwin, o el "Pitbull de Darwin".

Entre Darwin, Huxley, John Hooker, Herbert Spencer, fundaron el X Club en 1864, junto con una serie de científicos poderosos –su cabeza era Huxley, miembro de diez comisiones reales, presidente de todas las sociedades geológicas, la sociedad, lineana y demás movimientos de poder científico en Reino Unido. El objetivo de este X Club era promover el darwinismo. Para esto, ellos eran la mezcla de lo mejor de las razas, y los negros e hispanos eran los más bajo y lo que debía de eliminarse. Aún con todo, *«la ciencia no explica todo, son aproximaciones a la verdad»* (Máximo Sandín) Y añade este profesor: *«Darwin era naturalista aficionado, no profesionalmente científico. Su graduado era teología. Tampoco se distinguía por una brillantez en sus exposiciones»* (Máximo Sandín) En su biografía, el propio Darwin lo reconoce. Darwin basaba su concepto de la Selección Natural en la observación de los animales domésticos, pero la naturaleza no puede comprenderse de la misma manera que el desarrollo de los animales bajo cautiverio o en zonas comunes con gente. *«Para que exista la Selección Natural deben haber características que estén grabadas en nuestros genes, porque si no, no hay de dónde seleccionar.»* dice Sandín, concluyendo que entonces *«no podemos hablar de evolución... en realidad deberíamos llamarla Transformación.»*, porque hablamos de la evolución como si mencionáramos una novela de ficción de mutantes de Marvel Comics, donde una alteración hace a los humanos superhéroes.

La misión masónica familiar

«...un siglo y medio antes de Darwin, la ciencia no estaba separada de la religión sino que, por el contrario, era un aspecto de la religión y, esencialmente, al servicio de ella... Por lo tanto, la ciencia darwiniana pasó a representar una gran amenaza no solamente a las afirmaciones teológicas de la religión sino también a la utilidad funcional de la religión [que] confiere propósito y sentido.» (Michael Baigent, Richard

Leigh, Henry Lincoln) La publicación del libro de Charles Darwin, "El Origen de las Especies", representaba un punto culminante muy crítico en la guerra de la francmasonería contra la religión. Realmente, en el libro no hay ninguna información acerca del "origen de las especies", pero esto no evitó que se hiciera popular en un tiempo muy breve, dado que el verdadero propósito no era "científico" sino salir victorioso ideológicamente. Mucho menos dejaría de tener cabida en los años más fuertes del Materialismo y Marxismo en Reino Unido para ser el puente ideal del ateísmo. Las ideas que proponía Charles Darwin no nacieron en su cabeza, sino que vinieron a raíz de sus maestros, su familia y los libros que constantemente leía, así como "Principios de Geología" por Charles Lyell, quien utilizó los estudios de James Hutton, también aficionado a la geología. Según ambos, el mundo no era tan joven como lo pintaba la Iglesia Católica y el Islam, lo cual cree mucha gente que es lo que dice la Biblia. Una mala interpretación del Génesis del Antiguo Testamento dice que el mundo y todo lo que en él existe fue creado hace 6.000 años, pero claramente el Génesis habla de 7 días, lo cual ha de comprenderse como representativo de una cifra mayor pero desconocida. Sin embargo, Hutton y Lyell afirmaban que la Tierra era billones de años más antiguo de lo que decía el monoteísmo, algo completamente inaceptable por parte del mundo cristiano y musulmán. Evidentemente y debido a la falta de conocimientos y cultura en el campo científico en ese entonces, no había nadie que presentase una contra-investigación para tirar por tierra dicha tesis.

El Padre Erasmus

El abuelo de Charles Darwin, Erasmus, fue quien le motivó para volverse irreligioso. Charles Darwin tenía por costumbre escuchar al abuelo desde la infancia y quedó también muy influido por sus opiniones. Erasmus Darwin fue virtualmente la primera persona que planteó la noción de "evolución" en Inglaterra. La característica más importante de Erasmus Darwin fue el ser uno de los pocos precursores del "Naturalismo" en Inglaterra, tendencia de pensamiento que asumía que la esencia de la existencia del universo estaba en la naturaleza, en tanto que negaba un creador metafísico, y consideraba como el Creador a la propia naturaleza –a pesar de que nada puede crearse a sí mismo. En otras palabras, era una variación del pensamiento materialista que dominaba el siglo XIX. Los estudios naturalistas anteriormente concluidos por Erasmus Darwin allanaron completamente el camino al darwinismo. Por un lado, había realizado investigaciones de carácter botánico en un jardín que poseía de dos acres de donde sacó argumentos que formarían los elementos principales para el darwinismo, investigaciones las cuales compiló y dio forma en sus libros "El Templo de la Naturaleza" y "Zoonomía". Por otro lado, en 1784, había creado una sociedad que abriría el camino para esparcir estas ideas: la Sociedad Filosófica. No es de asombrarse que más tarde, unos diez años después, tras establecerse dicha sociedad ésta se volviese una de las más grandes y efusivas sostenedoras y defensoras de la teoría expuesta por Charles Darwin. La conclusión es que, muy posiblemente sin si quiera saberlo, Charles se hubiese llegado a convertir en la marioneta de un nuevo sistema llevado a cabo por la masonería con el objetivo de abolir la religión.

Erasmus Darwin tenía otro rasgo muy característico: era el representante de la masonería. Ésta fue la soberana y principal fuerza fundadora del Nuevo Orden Secular o Nuevo Orden Mundial (Nuevo Ordenamiento para este Siglo, eliminando las religiones y los gobiernos), el cual alcanzó un punto muy elevado en el siglo XIX y que hoy lleva al mundo a la globalización. El decano Darwin fue uno de los maestros de la conocida Logia Canongate Kilwinning de Edimburgo (Escocia). Estaba conectado también con los masones jacobinos de Francia y con la sociedad Illuminati, la cual había hecho del trabajo antirreligioso su tarea principal desde su nacimiento.

Erasmus había criado a su hijo Robert (el padre de Charles) en sus mismos pensamientos y lo había enrolado en las logias masónicas. Debido a esto, Charles Darwin iba a recibir una herencia masónica tanto del padre como del abuelo. Indudablemente, esto acarrea un sentido importante porque la masonería era uno de los poderes centrales que condujo el largo combate para abatir el orden socio-económico que se apoyaba en la religión y reemplazarlo por un orden secular como se ve hoy día ya imperando en todos los estamentos económicos, políticos, militares, informativos, corporativos y sociales.

Tal como hemos definido antes, había un solo aspecto ausente en la gala del Nuevo Orden Secular, es decir, la presentación de una explicación no religiosa para la existencia de todo lo viviente. En realidad, lo que encontró Charles no pasaba de ser un argumento sin valor, una afirmación quimérica imposible de ser verificada por medio de evidencias sólidas y verdaderas. A la inversa, era una afirmación propensa a una refutación permanente. Pero esta situación no llevaría a que perdiera valor a los ojos del Nuevo Orden Secular, que la aprovecharía como su mejor arma contra Dios y la establecería primeramente en la sociedad como una idea consolidada, y quien la refutase fuese visto como un ignorante. (Fuente: El Engaño del Evolucionismo, de Harun Yahya)

El legado

Erasmus Darwin, siendo representante de la masonería -por muchos llamada vulgarmente hoy día "La Iglesia de Satanás"-, estaría nombrado en los grados Illuminati. Los Illuminati, y masones en general, son muy similares a los partidos políticos: venden una imagen propagandística y luego detrás del telón teatral se toman unas copas. La masonería, o francmasonería, se identifica como una institución de carácter iniciático, filantrópico, filosófico y progresista, fundada en el sentimiento de fraternidad, igualdad y libertad. Como una marca o producto, se presentan diciendo que tienen como objetivo la búsqueda de la verdad y fomentan el desarrollo intelectual y moral del ser humano, además del progreso social. Los masones, tanto hombres como mujeres, se organizan en estructuras de base denominadas logias, que a su vez pueden estar agrupadas en una organización de ámbito superior normalmente denominada "Gran Logia", "Gran Oriente" o "Gran Priorato". Además de esto, la masonería es el poder principal en la conducción de los cambios intelectuales necesarios para torcer el orden espiritual, valiéndose para ello de diversos mecanismos. La masonería había obtenido una victoria considerable sobre la Iglesia Católica gracias a la alianza establecida por las fuerzas anticristianas. El siglo XIX fue la gala del Nuevo Orden Secular instituido mediante esa victoria y el cual aún hoy lucha para destruir el Vaticano y esclavizar a la raza humana. Ejemplo afín es la película: "Ángeles y Demonios" de Dan Brown.

Naturalmente

Las frases comunes como "naturalmente", "la naturaleza es sabia" o "la naturaleza sabe lo que hace", han cambiado la percepción de Dios como coordinador de las cosas creadas por él, a darle el papel a la diosa Gaia (Gea), sin que la propia sociedad se percate de ello. Ahora bien, lo que era la Teoría del Naturalismo, aceptaba solamente lo que se percibía en la naturaleza y por medio de los sentidos. Se consideraba que la naturaleza era la creadora y gobernante de sí misma. Formulaciones machistas como *"la naturaleza creó a la mujer para estorbar"*, son manifestaciones comunes de la mentalidad inyectada a la sociedad por el movimiento naturalista, el cual generalizó expresiones como "Madre Naturaleza" o "Naturaleza".

El Naturalismo fue promovido por una conocida organización: la masonería. Nuevamente aparece en nuestro mapa, y se proclama especialmente en la conocida encíclica del Papa León XIII (1.810-1.903) Humanum Genus: «*En nuestra época, con la ayuda y el apoyo de una sociedad llamada masonería, la cual posee una organización amplia y eficaz, se han unido los esfuerzos de esos que adoran el oscurantismo. Ya no sienten la necesidad de ocultar su mala voluntad y la lucha contra Dios Bendito".* El Papa divulgó la relación entre el Naturalismo y la organización masónica: "*Todos los objetivos y esfuerzos de los masones conducen a una intención: abolir todas las disciplinas religiosas y sociales de la Cristiandad y establecer un nuevo sistema de normas basadas en los principios del naturalismo y en sus propias ideas.*» Charles Darwin fue quien indiscutiblemente contribuyó en mayor medida al Naturalismo, incluyendo el hecho de que selló la puerta a la posibilidad de tirar abajo esta teoría. Aquellos quienes creían firmemente en el Naturalismo y sentían verdadera admiración e intriga por la perfección de la naturaleza, veían cómo su apasionante teoría se quedaba obsoleta al no dar con una respuesta a la pregunta de "quién o qué le dio vida" o "quién o qué la hizo tan perfecta". Sin embargo se negaban en rotundo a aceptar la existencia de un Dios, responsable de todo, ya que su enfoque positivista les obligaba a creer simplemente en los conceptos que, como resultado de experimentos y observaciones, toman cuerpo. Esto implica, ni más ni menos, que la naturaleza se haya creado a sí misma, haciéndose creadora de todo lo conocido hasta ahora incluyéndonos a nosotros. Pero tengamos presente que resulta absurda esta teoría dado que nada puede crearse a sí mismo sin más.

Obviamente, esto era lo que quería modificar el darwinismo. Sus afirmaciones constituían un "fundamento" para la pretensión de que la naturaleza se auto-creó. El criterio de selección natural afirma que los individuos débiles de una especie son eliminados en la lucha por la vida y que los fuertes que quedan son los responsables del mejoramiento de esa especie en particular. Quizás esta explicación no es errónea, pero el propio Darwin no se valió debidamente de ese proceso, aunque no es factible si se sustenta de la teoría de "mutación favorable". Lo único que podía conseguir la selección natural era hacer a ciertos individuos más fuertes, por ejemplo, para sobrevivir.

En otras palabras, la selección natural podía ser responsable solamente del mejoramiento de las generaciones. Así y todo, "el origen de las especies", que fue el nombre del libro de Darwin, no se podía explicar nunca por medio de la selección natural. Esto es así porque la selección natural no transforma un burro en un cuervo o un delfín en un rinoceronte. Estas especies fueron creadas de manera separada y la selección natural podía bien ser responsable solamente de la eliminación de los individuos "débiles" y de la supervivencia de los más dotados.

Lamarck

En resumidas cuentas, la ridiculez de Darwin empezó incluso ya con el título que le puso al libro el cual hablaría sobre "el origen de las especies" y donde no explicó, en ningún caso, dicha "hazaña". Por otro lado, debemos admitir que en la época de Charles Darwin había un déficit bastante grande en cuanto a conocimientos de biología y por tanto no es de extrañar que las hipótesis de este personaje no pareciesen tan fantasiosas, siendo incluso que pasaban como válidas. Cuanto más pasaba el tiempo y más datos e información se iba recogiendo, más evidente era la contradicción en la filosofía Darwiniana y, por supuesto, más se mantenía en secreto. Cabe destacar que además desconocía por completo ciertas distinciones genéticas puesto que, tras una revisión de sus palabras originales, llegó a plantear otra teoría en la cual decía que una subespecie de abejas se alimentó cada vez más de animales que vivían en el agua, desarrollando así sus bocas siendo cada vez estas más y más largas dando origen a las ballenas, algo completamente lógico en la fabulosa teoría de la evolución. Por otro lado, la biología y la geología crecieron en cuanto a conocimiento y descubrimientos y fueron por un mismo camino separándose cada vez más de las teorías darwinianas. Mientras tanto, Darwin afirmaba con insistencia que la tierra tenía aproximadamente una antigüedad de 300 millones de años, siendo que esa cifra no alcanza ni un 10% de lo que se calcula hoy en día en cuanto a la edad real de La Tierra se refiere.

La ratificación del naturalismo, incluso por medio de métodos engañosos, fue muy importante debido a sus consecuencias socio-políticas. El Nuevo Orden Secular aceptó los modelos social e individualista generados por el mismo y explicó la naturaleza valiéndose de ellos. Se basó en dichos modelos porque así "demostraba" que el Nuevo Orden Secular era también el orden por el que se regía la naturaleza, reflejando totalmente sus características. Este fue uno de los triunfos alcanzados por el darwinismo en nombre del Nuevo Orden Secular. El biólogo francés Lamarck pensaba que los seres vivos pasaban los conocimientos adquiridos a sus futuras generaciones, pero también pensaba que si los brazos o miembros de una familia eran cortados durante muchas generaciones, los bebés comenzarían a nacer sin ellos. Darwin fue muy influenciado por estos ejemplos e incluso agregó nuevos argumentos. En "El Origen de las Especies", plantea que algunos osos, que están en el agua mucho tiempo llegaron a evolucionar en ballenas. Pero Lamarck y Darwin estaban equivocados pues sus ideas contradecían las leyes fundamentales de la biología. En su época, ellos no tenían la genética, la microbiología o la bioquímica como campos de la ciencia. (Fuente; documental: "Evolucionismo, El Engaño Materialista".)

«Sabemos que cualquier ciencia debe tener su filosofía y que sólo por ese camino hace progresos reales [...] si la filosofía de la ciencia se descuida, sus progresos no serán reales y la obra entera quedará imperfecta.» (Jean-Baptiste Lamarck. 1744-1829) Las ideas de Jean-Baptiste Lamarck no fueron tenidas en cuenta en su época, aunque su libro "filosofía zoológica", donde plasmó su teoría, circuló por Francia y también por Inglaterra, obra a la que tuvo acceso el propio Darwin (quien posteriormente lo atacó en sus tratados). Durante el siglo XX el lamarckismo ha sido defendido por diferentes evolucionistas, y el conocido como "efecto Baldwin" (enunciado por

James Marck Baldwin y C. Loyd Morgan a finales del siglo XIX), una versión edulcorada del lamarckismo según la cual los hábitos sostenidos de las especies, por selección natural, se fijarían en la herencia, se mantiene como plausible para resolver algunas dificultades del neodarwinismo. Lamarck formuló realmente la primera teoría de la evolución. Propuso que la gran variedad de organismos, que eran formas estáticas creadas por Dios, habían evolucionado desde formas simples; postulando que los protagonistas de esa evolución habían sido los propios organismos por su capacidad de adaptarse al ambiente. Biólogos de renombre como Lynn Margulis y Máximo Sandín consideran que «*una sugerencia principal para el nuevo siglo en biología es que el difamado eslogan del lamarckismo, "la herencia de los caracteres adquiridos", no debe ser todavía abandonado: tan sólo debe ser refinado cuidadosamente.*» Indagando en la historia se puede concluir evidentemente que Charles Darwin fue un genio "fabricado" por los intereses poderosos de su tiempo, siendo hijo de un médico extremadamente rico.

Selección Natural

Como proceso de la naturaleza, la selección natural era algo familiar para los biólogos anteriores a Charles Darwin, quienes la definieron como "*un mecanismo que mantiene a las especies inalterables sin que sean corrompidas*". Charles Darwin fue la primera persona en afirmar que este proceso tenía capacidad evolutiva y después montó su hipótesis sobre ese fundamento. El nombre que le dio a su libro indica que la selección natural era la base de la teoría: "El Origen de las Especies Por Medio de La Selección Natural". Sin embargo, desde la época de Darwin no ha habido una simple pizca de evidencia que muestre que la selección natural hace que lo viviente evolucione. Colin Patterson, paleontólogo y decano del Museo de Historia Natural de Inglaterra, un evolucionista prominente, enfatiza que nunca se ha observado que la selección natural tenga la facultad de hacer que las cosas evolucionen: «*Nadie ha producido jamás una especie por medio de los mecanismos de selección natural. Nadie se ha acercado nunca a ello, en tanto que la mayoría de los actuales argumentos de los neodarwinistas se ocupan de esta cuestión.*» (Colin Patterson, "Cladistics", entrevista con Brian Leek, Peter Franz, 4 de marzo de 1.982, BBC)

La selección Natural no contribuye en nada a La Teoría de La Evolución porque nunca puede aumentar o mejorar la información genética de una especie. Tampoco puede transformar una especie en otra: un caracol en un pez, un pez en un sapo, un sapo en un caimán o un caimán en un ave. El mayor defensor del equilibrio puntuado, Gould, se refiere a esta discordancia insuperable de la selección natural: «*La esencia del darwinismo yace en una sola frase: la selección natural es la fuerza creativa del cambio evolutivo. Nadie niega que la selección natural jugara su papel para eliminar lo inepto. (Pero) las teorías darwinistas requieren que también origine lo conveniente.*» (Charles Darwin, The Origin of Species: A Facsimile of the First Edition, Harvard University Press, 1964, p. 189)

Trucos y métodos fraudulentos

De acuerdo al profesor Harun Yahya, escritor del libro "El Engaño del Evolucionismo", otro de los métodos engañosos que también emplean los evolucionistas en la cuestión de la selección natural, es presentar este mecanismo como si estuviese obrando un diseñador consciente. Sin embargo, la selección natural no posee ningún tipo de conciencia. No posee voluntad para decidir qué es bueno y qué es malo para lo viviente. En consecuencia, la selección natural no puede explicar los sistemas biológicos y los órganos que tiene el carácter de "complejidad irreductible". Esos sistemas y órganos se componen por la cooperación de un gran número de partes y no sirven para nada si una de esas partes se pierde o resulta defectuosa (por ejemplo, el ojo humano no funciona a menos que su constitución abarque todos los detalles que lo hacen apto para la visión). Por lo tanto, la voluntad que reúne todas las partes del caso debería ser capaz de imaginarse el futuro anticipadamente y apuntar directamente al beneficio que tiene que ser adquirido en la última etapa. Dado que el mecanismo de selección natural no posee ninguna conciencia o voluntad, no puede hacer nada de eso. Este hecho, que también demuele los fundamentos de la teoría de la evolución, atormentó asimismo a Darwin: «*Si pudiese demostrarse que existió algún órgano complejo, el cual, quizá, no se habría formado por medio de numerosas, sucesivas y lentas modificaciones, mi teoría se derrumbaría absolutamente.*»

La selección natural solamente separa los individuos deformes, débiles o ineptos de una especie. No puede producir especies nuevas, información genética nueva u órganos nuevos. Es decir, no puede hacer que algo evolucione. Charles Darwin aceptó esta realidad diciendo: «*La selección natural no puede hacer nada hasta que ocurran fortuitamente las variaciones favorables.*» (El Origen de las Especies. Pág. 177). A esto se debe que los neodarwinistas hayan tenido que presentar a las mutaciones, contiguas a la selección natural, como "la causa de los cambios benéficos". Sin embargo, las mutaciones solo pueden causar "cambios dañinos" pero nunca favorables. «*Los representantes máximos de la ciencia se ven a sí mismos como encerrados en una batalla desesperada contra los fundamentalistas religiosos, etiqueta que tienden a aplicar de manera general a cualquiera que cree en un Creador que cumple un papel activo en los asuntos del mundo. El darwinismo juega un papel ideológico indispensable en la guerra contra el fundamentalismo. Por esa razón, las organizaciones científicas se dedican a proteger al darwinismo antes que ponerlo a prueba, motivo por el que las normas de investigación científica fueron moldeadas para resultar exitosas en tal sentido.*» (Philip E. Johnson, Universidad de California) El escenario de la evolución de que la vida se ha generado de materia inerte por azar, es rechazado por los científicos del presente. De hecho no hay ningún mecanismo de la naturaleza para fundamentar el mencionado proceso llamado "evolución". No existe ningún mecanismo natural por el cual una simple célula pueda transformarse en una criatura más compleja. (Fuente; documental: "Evolucionismo, El Engaño Materialista")

¡Es la guerra!

¿De dónde salió concretamente el paradigma aceptado? Para hablar con propiedad sobre la hipótesis evolutiva debemos remitirnos una vez más a la época de Erasmus Darwin, el abuelo de Charles, y nuevamente a la guerra entre la masonería y La Iglesia Católica, así mismo, a los vínculos entre los Darwin y los francmasones en pro de abolir cualquier creencia en un Dios supremo. Convencionalmente la gente sigue cánones de forma continua, cuyos orígenes ni siquiera conocen y muchas veces los defienden a capa y espada. Ésta es una idiosincrasia tópica de la sociedad, donde es más cómodo "recibir la comida masticada". La gente no investiga las fuentes de las cosas. Simplemente siguen a otros que profesan cosas que a su vez dicen terceros y así sucesivamente continúa la cadena. Es como el grupo de científicos que elabora un experimento en una habitación con varios monos. Estos monos ven un plátano colgado del techo –ellos no lo saben, pero no es un plátano real, y está conectado a la electricidad-, y justo debajo hay una escalera metálica. Uno a uno trepa la escalera y tocan el plátano. Cada uno ha de subir para pasar por su propia experiencia, pero resulta que introducen en la habitación un nuevo grupo de monos que nada saben del plátano conectado a la corriente. El nuevo grupo trata de subir a tomar el plátano y los anteriores empiezan a saltar y gritar, de manera que éstos, sin saber cuál es el problema, simplemente no suben la escalera. De esta misma manera actuamos los seres humanos.

En 1776 se fundó en el sur de Alemania, en Baviera, una sociedad llamativa. El fundador de esta sociedad llamada "Illuminati", es decir,

"Iluminada", fue el profesor de derecho, jacobita renegado, masón y ocultista Adam Weishaupt. Dicha sociedad poseía dos atributos que la hacían muy interesante a la gente negada a Dios: era una secta satánica y establecía un programa político muy pretencioso, redactado por Weishaupt, donde se definía el propósito principal de la siguiente manera:

1. La abolición de todas las monarquías y sistemas gubernamentales.

2. La abolición de todas las religiones "teístas".

Esta sociedad era extremadamente opuesta a la religión. De acuerdo con lo que expresa el historiador inglés Michael Howard, Weishaupt sentía un "odio patológico" hacia las religiones divinas. En realidad dicha sociedad era una logia masónica más, dada a infundir potencialmente el darwinismo. Muy pocos de los asistentes a la logia podían ver cara a cara al "gran maestro" Weishaupt. En 1780, con la participación del Barón Von Knigge, uno de los más grandes maestros de las logias masónicas alemanas, el poder de la sociedad se expandió mucho más. Weishaupt y Knigge empezaron los preparativos para hacer una revolución que se la definiría como "socialista". No obstante, cuando el gobierno descubrió este emprendimiento, los maestros iluminados, Weishaupt y Knigge, decidieron participar solamente en las actividades ordinarias de sus logias y disolvieron la sociedad antedicha. Este paso lo dieron en 1782, tiempo en el cual también otras ramas de la masonería se establecían en Inglaterra bajo la bandera ateísta.

Marx

En los primeros años del siglo XIX se estableció en Alemania una nueva sociedad que buscaba preservar la tradición "Illuminati". Esa sociedad se pasó a llamar "Asociación de los Hombres Honestos". Transcurrido cierto tiempo cambió su nombre por el de "Asociación de los Comunistas". Karl Marx (padre del Marxismo) y Federico Engels escribieron el Manifiesto Comunista de acuerdo con las instrucciones recibidas de la última asociación nombrada. Como se sabe, dicho Manifiesto definió a la religión como "el opio del pueblo", asegurando que una de las condiciones de una sociedad ideal debería ser una "sociedad sin clases", a la vez que consideraba que el único camino para la salvación de la humanidad era la eliminación de todas las creencias religiosas. En realidad, la sociedad francmasónica "Illuminati" fundada por Weishaupt, y su extensión, la "Asociación de los Hombres Honestos", eran dos más de otras organizaciones masónicas similares que se establecieron en Europa en el siglo XVIII. La característica común de todas ellas, en paralelo con la filosofía del iluminismo dominante en esa época, era su vigorosa oposición a las religiones monoteístas. Puesto que la filosofía iluminista impuso la idea de que la única guía de los seres humanos era su propio razonamiento, se proclamó que no se necesitaba para nada la guía Divina o inspiración divina.

La consecuencia política más importante del Iluminismo fue La Revolución Francesa. El rasgo más evidente de ésta fue el odio a la Iglesia y, aún más, contra la propia religión. En los días más caóticos de La Revolución se desarrolló un amplio movimiento para "liberarse de la religión" como resultado de la intensa propaganda de los jacobinos, pioneros de la asonada. Además, a la gente se le presentó un nuevo "espíritu religioso". En consecuencia, se empezó a difundir por medio de la propaganda el "culto a La Revolución", de lo cual se dio testimonio por primera vez en el Festival de La Federación que se llevó a cabo el 14 de julio de 1790. Robespierre, el conocido líder de La Revolución, presentó algunas normas para este "culto revolucionario". Definió las máximas de esta adoración en un informe que denominó "Culto al Ser Supremo". Una consecuencia notable de esto fue la transformación de La Iglesia Notre Dame en el "templo de la razón". Por lo tanto, las imágenes ubicadas sobre las paredes de la iglesia fueron bajadas y en medio del edificio se colocó la estatua de una mujer, a la que se definió como La Diosa de la Razón.

La primera Revolución Francesa en 1789, marcó el comienzo de una larga serie de rebeliones en Francia. El nuevo Duque de Orleans, Luis Felipe, llegó a ser la figura decorativa de una revuelta en Julio de 1830, la cual lo colocó en el trono de Francia como gobernante de una monarquía constitucional. Asistiéndolo estaba el Marqués de La Fayette. Otro soporte importante de Luis Felipe fue un hombre llamado Luis Augusto Blanqui, quien fue condecorado por el nuevo gobernante por haber ayudado al éxito de la revolución de 1830. Blanqui continuó siendo un activo revolucionario después de 1830 y proveyó significativo liderazgo a una larga cadena de rebeliones. Según Julius Braunthal, escrito en su libro, "Historia de La Internacional": «*Blanqui fue el inspirador de todas las rebeliones en París desde 1839 hasta La Comuna en 1871.*» Blanqui pertenecía a una red de sociedades secretas de Francia, las cuales organizaban y planeaban las revoluciones. Casi todas aquellas sociedades secretas eran retoños de la actividad de la famosa Hermandad masónica, y estaban constituidas a imagen de sus organizaciones. Cada sociedad tenía una función diferente y bases ideológicas para reclutar gente dentro de la causa revolucionaria. Aunque algunas veces las sociedades revolucionarias difieren en materia de ideología y táctica, aquellas tenían un objetivo en común: traer la revolución. Muchos líderes revolucionarios participaron en varias de esas organizaciones simultáneamente.

Uno de los grupos secretos de revolucionarios franceses más efectivos fue La Sociedad de las Estaciones, de la cual Blanqui compartía el liderazgo. Esta sociedad fue planificada explícitamente para propósitos de tramar y llevar a cabo conspiraciones políticas. Una de las organizaciones aliadas a La Sociedad era La Liga de los Justos. Años después de este levantamiento, a La Liga se le unió un hombre que más tarde llegó a ser el más famoso portavoz revolucionario: Karl Marx. Karl Marx fue un alemán que vivió desde 1813 hasta 1883. Muchos lo consideran el fundador del Comunismo moderno. Sus escritos, especialmente el Manifiesto Comunista, son de una importante piedra fundamental de la ideología comunista. Sin embargo, como algunos historiadores han afirmado, Karl Marx no originó todas sus ideas. Él actuó por algún tiempo como un portavoz para una organización política radical a la cual pertenecía. Fue durante su militancia en La Liga de los Justos cuando Marx escribió el Manifiesto Comunista con su amigo Federico Engels. Aunque el Manifiesto contiene muchas ideas propias de Marx, su verdadero logro fue poner en forma coherente la ideología comunista, la cual ya estaba inspirando a las sociedades secretas de Francia para la rebelión. Esto fue un intento de recuperar la ideología Illuminati del ocultista Adam Weisaupt con la Asociación de los Hombres Honestos en el siglo XIX (fue en ese tiempo Karl Marx (fundador del marxismo) y Federico Engels escribieron el Manifiesto Comunista. Para ellos la religión era el opio del pueblo y creían que la salvación de la humanidad sería la eliminación de todas las religiones). Tanto Marx como Erasmus fueron piezas fundamentales en esta guerra sin cuartel.

Debido a su intelecto, Marx ganó considerable poder dentro de La Liga de los Justos y su influencia causó unos pocos cambios dentro de esta organización. A Marx no le gustaba el carácter conspirativo romántico de la red de sociedades secretas al cual pertenecía y logró eliminar algunos de esos rasgos dentro de La Liga. En 1847, el nombre de La Liga fue cambiado por el de "Liga Comunista". Asociado con La Liga Comunista estaban varias organizaciones de trabajadores tales como: La Sociedad Alemana de los Trabajadores Educacionales GWES. Marx fundó una rama de la GWES en Bruselas, Bélgica. De estas sociedades de los trabajadores vemos el surgimiento también de Adolf Hitler casi un siglo más tarde. En este punto, podemos ver la extraordinaria ironía en esos acontecimientos. La misma red de las organizaciones de la Hermandad masónica que dieron nacimiento y poder a los Estados Unidos y otros países capitalistas por medio de la revolución, ahora estaban activamente creando la ideología que se oponía a estos países: la ideología comunista. Es crucial que este punto se comprenda: ambos lados de la lucha moderna, —comunistas versus capitalistas—, fue creada por la misma gente en la misma red de organizaciones secretas de la "hermandad" masónica como "método de Maquiavelo". Este hecho vital es casi siempre pasado por alto en los libros de historia. Dentro de un corto período de cien años, la red de La Hermandad dio al mundo dos filosofías opuestas que proveen la entera fundación para la llamada Guerra Fría: un conflicto que duró cerca de medio siglo. (Fuente: William Bramley en "God´s of Eden")

La relación entre las sociedades secretas, el ocultismo, el satanismo, el ateísmo y el darwinismo debe tenerse claro: si no sabemos de dónde venimos, no podemos saber a dónde vamos. Lo mismo ocurre con nuestras creencias: debemos saber de dónde surgen y con qué razón se han promovido. Algunas de ellas se han disfrazado muy discretamente con máscaras de humanismo y pro-religión, cuando en el fondo su interés está arraigado en los objetivos del Nuevo Orden Secular. El marxismo es altamente apocalíptico. Habla de una Batalla Final, envolviendo a las fuerzas del bien y del mal, seguida por una utopía en La Tierra. La diferencia primordial es que Marx moldeó esta idea dentro de una estructura no-religiosa y trató de hacer que ésta sonase como una ciencia social en vez de una religión. En el esquema de Marx, las fuerzas del bien están representadas por las clases trabajadoras oprimidas, y el mal, por la clase propietaria. El conflicto violento entre las dos clases es descrito como natural, inevitable y últimamente sano, debido a que tal conflicto eventualmente resultará en el surgimiento de una utopía en La Tierra. La idea de Marx de la inevitable lucha de clases refleja la creencia del Calvinismo de que el conflicto sobre La Tierra es sano, porque significa que las fuerzas del bien están activamente combatiendo al servidor del mal.

Otrosí, ¿qué relación directa tuvo Karl Marx con Charles Darwin? Los darwinistas afirman que Karl Marx envió su obra literaria a Darwin, aunque éste ni siquiera la leyó, pero no añaden las opiniones del propio Marx sobre Darwin, que les escribió después a Federico Engels: «*En cuanto a Darwin, al que he leído otra vez, me divierte cuando pretende aplicar igualmente a la flora y a la fauna la teoría de Malthus, como si la astucia del señor Malthus no residiera precisamente en el hecho de que no se aplica a las plantas y a los animales sino sólo a los hombres –con la progresión geométrica- en oposición a lo que sucede con las plantas y los animales. Es curioso ver cómo Darwin descubre en las bestias y en los vegetales su sociedad inglesa, con la división del trabajo, la concurrencia, la apertura de nuevos mercados, las "invenciones" y la "lucha por la vida" de Malthus.*» (Karl Marx)

La Masonería y la francmasonería

¿Qué es la masonería en sí misma? La masonería defiende que es una hermandad o círculo de sabiduría donde guardan y celan grandes conocimientos. Pero ¿de dónde sale? La masonería se inspiró de la legendaria Escuela de Misterios egipcia donde los dioses daban grandes conocimientos a los sacerdotes y faraones y estos las guardaban cada vez más celosamente, al grado que ya no permitían a nadie el acceso al conocimiento. De esta manera los grupos herméticos o sociedades secretas siguen este patrón como primera regla. De acuerdo al Dr. H. Spencer Lewis, fundador de La Sede Central de La Orden Rosacruz en San José, California, el primer templo construido para uso de La Escuela de Misterios, fue erigido por el Faraón Keops. Dentro de ese templo, el conocimiento espiritual sufrió el deterioro que causó que los faraones momificaran sus cuerpos y enterraran barcos de madera. De acuerdo a informaciones del antiguo Egipto, la enseñanza distorsionada de La Escuela de Misterios fue creada por el "gran maestro" Ra.

También vemos los niveles de iniciación, similares a los del antiguo Egipto. La palabra francmasón viene del inglés: "free-mason", que significa "libre-albañil", y esta secta lleva un orden escalonado en 3 fases: aprendiz, oficial y maestro. Esto surge del Libro Egipcio de los Muertos fechado del año 1591 a.C. Tenemos en el mismo orden los 3 símbolos importantes de la masonería: una regla, una escuadra y un mazo. Pero ¿De dónde nacen estos íconos? Eso se responde en la clásica novela de los Maestros Masones que habla sobre Hiram Abiff, rey de Tiro en Fenicia –descendiente de la tribu israelita de Neftalí-, tal como dice la Biblia, ayudó al rey Salomón a construir el primer Templo de Jerusalén (1ª Reyes 7:13), pero según los MM.MM (Maestros Masones) una noche Hiram fue transportado al inframundo y el último descendiente de Satanás, llamado Tubalcaín (Génesis 4:22) le dijo: «*Al comienzo de los tiempos, hubo dos dioses que se repartieron el Universo, Adonai, e Iblis* (también llamado: Samael, Lucifer, Prometeo, Bafomet), *el amo del fuego. El primero creó al hombre del barro y lo animó, y luego creo a Eva. Fue entonces que Iblis envió a su hermana Lilith y la convirtió en la amante de Adán, Mientras tanto Iblis seducía a Eva y la fecundaba* (según las tradiciones talmúdicas Caín nació de los amores de Eva e Iblis, y Abel de la unión de Eva y Adán). *Más tarde, Adán no sentirá más que desprecio y odio por Caín, que no es su verdadero hijo. Un día, Caín, cansado de ver la ingratitud y la injusticia, se rebelará y matará a su hermano Abel.*»

Luego de esta visión Hiram vuelve atónito a la superficie. Casi terminadas las obras del Templo de Jerusalén, tres compañeros que veían difícil ser admitidos en la maestría, decidieron conseguirla por la fuerza. Apostados cada uno en una puerta del Templo, invitaron a Hiram a desvelar sus secretos. Como éste no quiso revelarlos, cada uno le asestó un golpe (uno con una regla sobre el gaznate, otro con una escuadra de hierro sobre el pecho izquierdo y un tercero con un mazo en la frente) Los asesinos escondieron el cuerpo sin vida de noche en un bosque, plantando sobre su tumba una rama de acacia. De ahí el nacimiento de los principales símbolos masones y que casi todas las ciencias estén plagiadas de La Cábala (estudio que comprende el significado y peso de los números y las letras) e infundidas silenciosamente por los mal llamados "sionistas".

La Cúspide de la Pirámide

En relación a esto vemos un notorio símbolo Illuminati-masón: la pirámide. Este logo identifica la jerarquía y es un símbolo hebreo dado a David, en el cual se ve la institución u orden de gobierno en el universo. La pirámide que se ve en el billete de dólar y en muchos emblemas corporativos es el claro ejemplo de a quién se honra. La cúspide de la pirámide separada tal como en Keops –de donde desapareció la cúspide- simboliza que la cabeza del ángulo principal de la pirámide o "el rey del gobierno universal" será quitado o se evitará que tome su lugar. Por esa razón hay un ojo de Ra (hebreo: "ver") que todo lo observa y registra, esclaviza a la humanidad y sustituye al verdadero rey. Pero ¿Quién es ese "rey" cuya insignia representa la cúspide de la pirámide? La respuesta está en el Nuevo Testamento: «*Jesús les dijo: ¿Nunca leísteis en las Escrituras: La piedra que desecharon los edificadores-albañiles, Ha venido a ser cabeza del ángulo. El Señor ha hecho esto, Y es cosa maravillosa a nuestros ojos? Por tanto os digo, que el reino de Dios será quitado de vosotros, y será dado a gente que produzca los frutos de él. Y el que cayere sobre esta piedra será quebrantado; y sobre quien ella cayere, le desmenuzará.*» (Mateo Leví 21:42-44) Otro sentido de la masonería o francmasonería es la deidad. Oficialmente se dice que son irreligiosos, pero los principales maestros y profetas de la masonería veneran a "Iblis", que es otro nombre de Satanás, pero sólo los ascendidos más allá del grado 30 son enterados de esta verdad, y por ello desde este nivel en adelante se consideran "iluminados" (latín: "Illuminati"), pues ahora sí saben a quién realmente sirven.

Albert Pike: un masón de grado 33, fundador del Ku Klux Klan. Francmasón, Soberano gran Comendador de la jurisdicción oriental del Rito Escocés Antiguo y Aceptado. Gran comandante soberano del supremo concilio de los grandes inspectores soberanos generales de grado 33. Comandante Magnífico de la Francmasonería. General confederado en La Guerra Civil Norteamericana que fue condenado por traición y encarcelado. Albert Pike dijo: «*La masonería, como todas las religiones, todos los misterios encubre sus secretos de todo, excepto a los adeptos y sabios, o los elegidos, y usa falsas explicaciones y acomodadas interpretaciones de estos símbolos para engañar solamente a los que merecen ser engañados. Para Ustedes, soberanos grandes inspectores generales, nosotros decimos esto, que ustedes pueden repetírselo a los hermanos de los grados 32, 31 y 30. La Religión Masónica debe ser mantenida por todos nosotros los iniciados de los más altos grados, en la pureza de las doctrinas luciferinas. ¿Si Lucifer no fuera Dios, podrían Adonai y sus predicadores calumniarlo? Si, Lucifer es Dios, y desafortunadamente Adonai también es Dios. Bafomet, el carnero hermafrodita de Mendes, es el principio vital al que históricamente se ha rendido adoración.*»

Giuseppe Mazzini: Masón grado 33, fundador de La Mafia Italiana. Luchó por instaurar la república en Italia, expulsando a Pio Nono de Roma, el Papa que excomulgó a los masones. En 1834 asumió el liderazgo de la logia de los Illuminati, manteniendo este puesto hasta su muerte en 1872. Mazzini dijo: «*Debemos dejar que todas las federaciones sigan igual, con sus mecanismos, autoridades centrales y distintos modos de correspondencia entre los grados altos del mismo rito, organizados como están en la actualidad; pero debemos crear un "súper rito" que permanezca desconocido, para el cual sólo convocaremos a aquellos masones de grado superior a quienes seleccionamos. Con respeto a nuestros hermanos masones, deben jurar mantener sus actividades bajo el más estricto secreto. Mediante este rito superior controlaremos a todos los masones dando lugar a un único* *centro internacional, el más poderoso porque su dirección sería desconocida. Los miembros de los tres primeros grados de Aprendiz, Compañero y Maestro, ignoran la significación de los símbolos, y, por consiguiente, no se hallan aún en condiciones de tener un trato físico o sensible con Satanás ni sospechan que puedan lograrlo ya que muchos de ellos manifiestan que no creen en el Demonio. Pero desde el punto de vista moral e intelectual, sin embargo, tienen una perfecta relación con el Satanismo: "quiéranlo o no están en nuestras filas".»*

Eliphas Levi: Sacerdote renegado cuya madre se suicidó por su culpa, se convirtió en masón grado 33, ocultista, y mago negro. Llegó a niveles no entendidos de hechicería. Fue el creador de la figura de Bafomet o la cabra de Mendes (Egipto). Y de símbolos como el pentáculo invertido. Este judío dijo: «*La fe es una superstición y una locura. Que es más absurdo y más impío que atribuir el nombre de Lucifer al Diablo, Lucifer es el espíritu, es el paracleto, es el espíritu santo, a la vez de Lucifer físico el gran agente del magnetismo universal.*»

Manly Palmer Hall: rosacruz, autor masónico, y fundador de la Sociedad de Investigación Filosófica –la cual apoyaba fervientemente Erasmus Darwin. Dijo: «*Yo prometo por este medio al gran espíritu Lucífugo, Príncipe de los demonios, que cada año yo traeré hasta él un alma humana, para hacer con ella como bien le plazca y a cambio lucífugo promete conceder sobre mí los tesoros de la Tierra, y satisfará cada uno de mis deseos a lo largo de mi vida natural. Y si fallo en traerle cada año, el ofrecimiento arriba especificado, entonces mi propia alma será confiscada a él.*» Firmado.

Helena Petrovna Blavatsky: fue la sacerdotisa más importante de la teosofía oriental. Llamada "Madamme Blavatsky" fue seguida y admirada por Papus, Levi y muchos otros ocultistas. Creadora de la sociedad secreta más satanista de la historia. Dijo: «*Lucifer es el logos...la serpiente, el sabio. Es Satanás quien es el dios de nuestro planeta y el único dios. La Virgen celestial la cual viene siendo la Madre* *de los dioses y los demonios a una y al mismo tiempo, porque ella es la deidad benefactora siempre cariñosa...pero en la antigüedad y en la realidad Lucifer o Luciferius es su nombre. Lucifer es la divina y terrenal luz, "el espíritu santo" y "Satán" a una y al mismo tiempo.»*

Conde Alessandro di Cagliostro: título nobiliario falso con el que Giuseppe Balsamo, médico, charlatán, alquimista, ocultista y alto masón de origen siciliano, recorrió las cortes europeas del siglo XVIII. Su delito más famoso fue estafar a un hombre todo su dinero, aduciendo que poseía aptitudes para la alquimia. Cagliostro afirmaba haber nacido en una familia cristiana de noble cuna, pero fue abandonado al poco de nacer en la isla de Malta. También aseguraba que siendo niño viajó a Medina, La Meca y el Cairo, y al regresar a Malta, fue iniciado en la Soberana Orden Militar de los Guerreros de Malta, donde estudió alquimia, La Cábala y magia. Fundó el Rito Egipcio de la Francmasonería en La Haya, y tuvo influencia en la fundación del Rito Masónico de Misraim (del hebreo: "Egipto", es también el nombre del principal hijo de Ham/ Cam, el hijo maldecido de Noé. Su descendencia plagó las tierras de Canaán con el ocultismo, satanismo y la hechicería). Su nombre masónico fue Ouroboros: Debido a sus muchos delitos fue condenado a cadena perpetua y finalizó sus días en las mazmorras del castillo de San León, en Urbino en el año 1795. Cagliosotro fue el que instituyó el uso del altar triangular, la Shekinah, en el centro de los Templos Rosacruces. Reclamaba estar poseído por espíritus poderosos que le concedían el impresionante poder de obrar prodigios aún ante los más críticos e incrédulos. Puso de moda el ocultismo y popularizó las prácticas esotéricas y mágicas en ambientes sociales naturalmente reacios a estas prácticas negras. Dijo: «*El mal y el pecado son estados mentales, existe la santidad del pecado.*»

Papus: fue un masón grado 33, obispo de la iglesia gnóstica de Francia y miembro de la Ahathoor Temple de la Golden Dawn, quien se hizo miembro en octubre de 1887 de la rama francesa de la Sociedad Teosófica de H.P. Blavatsky en la Logia Isis. Creador de la Orden de los Superiores Desconocidos, comúnmente conocida como la Orden de los Martinistas. Organizó, la conferencia masónica internacional. Fue precisamente en el curso de esta conferencia donde Papus recibió del masón Theodor Reuss la patente para establecer un Supremo Gran Consejo General de los ritos unificados de la masonería antigua y primitiva, y, muy posiblemente, el control de la OTO (Ordo Templi Orientis). Dijo: «*Cuando el iniciado culmina la iniciación y conoce a Bafomet, también llamado Lucifer, se puede decir que ha descubierto su poder real.*»

S.L. Mac Gregor Mathers: luciferino y masón grado 33. Fundadores de la Golden Dawn, Praemonstrator del Templo Thoth-Hermes de la Golden Dawn. Dijeron: «*Quizá para abreviar podríamos decir que el mal en el universo podría entenderse como energía desequilibrada, ó aplicada en un lugar incorrecto y que al rescatar las partes oscuras de su ser, que están en relación a las jerarquías demoníacas. El mago las está sometiendo a su verdadera voluntad para convertirse en un ser integro liberado de las contradicciones que conviven dentro de cada uno.*»

Aleister Crowley: masón grado 33, fundó la Astrum Argentum, la orden que debía suplantar a la Golden Dawn y extender Thelema. Cabeza de la OTO inglesa desde 1912 y responsable internacional de la misma desde 1922, extendió Thelema y la dio a conocer al mundo. Miembro de la Golden Dawn, fue el mayor mago y ocultista del siglo XX. Dijo: «*Construiré un nuevo cielo, simplemente fui cerca de Satanás y todavía no sé porque, pero me encontré apasionado de servir a mi nuevo amo. Para practicar magia negra, hay que violar todo principio de la ciencia, decencia e inteligencia.*»

Adam Weishaupt: sacerdote jesuita renegado, masón y ocultista, creador de los Illuminati, padre del plan para eliminar los gobiernos y la religión, para establecer el Nuevo Orden Mundial. Dijo que se debía abolir la monarquía, cualquier tipo de gobierno organizado, la propiedad privada, la herencia, el patriotismo y la familia. Fue quién ordenó la infiltración de la masonería para convertirla en la base de su movimiento.

Organizaciones creadas

David Icke, uno de los grandes investigadores sobre estas logias-sectas escribió al respecto: «*Los hombres que van a su logia local en tu ciudad no tendrán ni la más remota idea de cómo su organización los utiliza. Para que el plan funcione, hay que mantenerlos a oscuras y qué mejor manera de lograrlo que mediante los distintos niveles de iniciación. Sólo los que ellos llaman "aceptables" progresan a los niveles superiores y averiguan lo que realmente ocurre. La gran mayoría de los masones ocupan los tres niveles inferiores. Son la carne de cañón de la organización. Entre los grados 4 y 33, encontrarás a los que, según ellos, "piensan correctamente", y que tienen influencia en la sociedad hasta los presidentes de Estados Unidos. Después del grado 33 existen los "grados Illuminati". Algo que no se menciona en ningún manual de la masonería. Estos últimos son los que controlan el espectáculo y son agentes de la secta del "Ojo que todo ve", los motores del Nuevo Orden Mundial. La masonería global es una enorme pirámide de manipulación que controla a todo el planeta.*»

Uno de los satanistas de este calibre fue, por ejemplo, el ex presidente de los EE.UU. y masón grado 33, Franklin Delano Roosevelt, y decir también que prácticamente todos los presidentes de los EE.UU. –salvo 3 de ellos, entre los que estaban Abraham Lincoln y John F. Kennedy- fueron masones y pertenecientes a sociedades secretas, por ejemplo, George W. Bush, tanto el hijo como el padre, pertenecían a los Skull & Bones. El propio Bush padre fue director de la CIA cuando ésta asesinó a John F. Kennedy y es parte importante del núcleo de poder y control del MJ 12. Ahora podemos entender el interés potencial del darwinismo en establecer el evolucionismo como una verdad, a pesar de no estar sujeta a un sustento científico real. ¿Pudo tener tanto poder la masonería para dar nacimiento a la nueva filosofía naturalista? Existe una fuerte influencia de las logias masónicas, tanto hoy como a lo largo de la historia de la humanidad, con intereses destructivos y esclavizadores.

Los masones-Illuminati han creado e influido fuertemente, entre otras muchas, en corporaciones, organizaciones y empresas globales, entre ellas encontramos brevemente:

• **Religiones**: Protestantismo, Testigos de Jehovah, "La Iglesia de Jesucristo de los Santos de los Últimos Días" (Mormones), vertientes del Catolicismo del primer siglo en adelante, Ortodoxos, Anglicanos, Jesuitas, Jacobitas y Calvinismo.

• **Universidades más conocidas**: Yale y Harvard.

• **Sectas**: Raelianos, Iglesia de la Cienciología, Ku Klux Klan (KKK), Mafia Italiana, Shiítas (orden Ismaelita), Hashishím (latín: "Asesinos". Orden ismaelita).

• **Sociedades Secretas**: Skull & Bones, Rolls & Keys, Vril, Thule, Jason Scholars, Caballeros Hospitalarios, Caballeros Teutones, Caballeros Templarios y Rosacruces.

• **Movimientos potencialmente promovidos**: Tráfico Internacional de Drogas, Revolución Francesa y Americana, Revolución Sexual, Campos de Concentración, Cambio Climático, Independencia Femenina –para que más personas estén constantemente trabajando para el sistema-, Manipulación Social, chantajes con armas geomagnéticas, Corporatocracia (poder indivisible de las corporaciones), la Independencia, I y II Guerra Mundial, I y II Guerra del Golfo Pérsico, Guerra de Afganistán, Guerra de Vietnam, apoyo en la Santa Inquisición, Control Mental Televisivo, Codex Alimentarius (con el WFP, para contaminar alimentos y el agua junto con el fenómeno "Chemtrail"), La Gran Depresión, la Crisis de 1955, la Crisis Económica actual (2008 en adelante), Sistema de Educación, las Modas, la Globalización, la Conspiración del 11-S, 11-M y 7-J, el Holocausto Nazi, Movimientos Revolucionarios (terroristas), Inflación, Sistema de Papel-Moneda, Teoría de la Evolución y el proyecto "Blue Beam".

• **Filosofías**: Aristocracia, Nazismo, Monarquía-Realeza, Revolución, Comunismo, Fascismo, Antisemitismo, Racismo,

Xenofobia, Maquiavelismo, Anarquismo, Aristocracia Monetaria, Naturalismo, Marxismo, Anti-Cristo, Dialéctica y Ley Marcial.

• **Organizaciones**: Corporaciones Farmacéuticas, Empresas Cinematográficas, Comunidad Bancaria, Monopolio de Compañías Petroleras, Ejército Continental, Star Wars (Militarización del Espacio), Naciones Unidas (ONU), OTAN, Concejo de Relaciones Exteriores (CFR), Comisión Trilateral (TC), Agencia Central de Inteligencia (CIA), Agencia Nacional de Seguridad (NSA), Majestic 12 (MJ12), La Unión Europea (UE), La Unión Asiática, Senado de EE.UU., Congreso de EE.UU., Espacio Económico Europeo (EEE), Cámara de Representantes de EE.UU., la Mesa Redonda, Parlamento Europeo, FMI (Fondo Monetario Internacional), Club Rotario, la NASA, Programa Espacial Secreto, G-8, G-12, G-20, el Club Bilderberg (donde participan todos los líderes de medios de comunicación más importantes del mundo) y el Nuevo Orden Internacional.

Mass Media

Los dueños de las más prestigiosas revistas, prensa y cadenas de televisión son miembros asiduos de una moderna sociedad secreta internacional: Club Bilderberg. Por esta razón los medios de comunicación continúan promoviendo y dando propaganda al engaño. «*En conclusión, me gustaría decir lo siguiente: el más grande deber masónico y humanista es adherir a la ciencia y al razonamiento positivos, adoptar la idea de que la ciencia positiva es la mejor y única manera para [estudiar la teoría de la] evolución, para difundir esta creencia entre la gente y para educar a los pueblos a la luz de la misma.*» Dr. Selami Insindag, decano de la masonería. Algunas revistas como "Scientific American", "Nature", "Focus" y "National Geographic", son publicaciones sobre cuestiones biológicas y de las ciencias naturales respetadas en Occidente, que hacen de la teoría de la evolución su teoría oficial y la propagan como algo demostrado.

La información que suministramos en lo que escribimos hasta ahora indica de manera patente que la teoría de la evolución casi se ha convertido en la ideología oficial del orden mundial secular. Y todas y cada una de las ideologías de éste -sea de derecha o de izquierda- se basan directamente en la evolución. A esto se debe que la teoría de la evolución se propague intensamente en todo el mundo y se imponga sobre la sociedad a pesar de las contradicciones y absurdos que la caracterizan. En otras palabras, quienes apoyan la infundada teoría de la evolución y la promueven como algo demostrado, son las "fuerzas sociales" que consideran esencial la existencia de la misma para poder subsistir política y socialmente. El término "fuerzas sociales" incluye en su significado una amplia variedad de grupos, como fascistas, marxistas, capitalistas y racistas. De todos modos, entre esos grupos hay una "fuerza central" particular que reconoce más que ninguna la importancia socio-política de la teoría de la evolución y por lo tanto concibe la popularidad de la misma no sólo como una necesidad sino como "el deber más grande". Esta "fuerza central" estuvo totalmente comprometida en la construcción del Nuevo Orden Secular y mantiene la continuidad de sus derivados, es decir, del marxismo, el fascismo, etc. Además posee una estructura interna disciplinada y muy jerárquica. En consecuencia, posee el aparato necesario para mantener el control social.

Por supuesto, estamos hablando de la masonería, la línea de poder más grande de los últimos siglos, que estableció el Nuevo Orden Secular y que, debido a la guerra que impulsó contra la religión, pasó a auto-idolatrarse, llegando a recibir considerable apoyo de las principales clases de los países más "sobresalientes" del mundo. Sin duda, el revivir de la religión en todo el mundo -en palabras del escritor francés Gilles Keppel, autor de "La Revancha de Dios"- es el comienzo del colapso de la masonería. Así y todo, esta situación no la convierte en pasiva. Por el contrario, hace que se vuelva más agresiva: está determinada a mantener el liderazgo en la larga guerra contra Dios, tanto en lo filosófico como en lo político. Las publicaciones de hoy día de las logias masónicas están llenas de textos acerca de la historia de la lucha llevada contra la religión y poseen siempre el tono de la determinación ineludible de seguir con esa guerra como se ve patente en la película "Ángeles y Demonios" (los Illuminati contra la Iglesia Católica).

Por ejemplo, en uno de los textos de la Logia Masónica de Turquía que se titula "Lo que se puede lograr hoy día con las Logias Masónicas", se da el siguiente mensaje: «*Actualmente tenemos hermanos en todos los niveles de dirección y cubriendo importantes obligaciones. Todos ellos son responsables de cumplimentar sus deberes dentro de la estructura de los valores masónicos. Cuando pensamos acerca de los dogmas que nos cercan y vemos las agresiones sobre nuestras instituciones, incluso por parte de personas que se educaron en ellas, deberíamos creer que no hay límites en nuestros objetivos. Si no nos empeñamos a fondo en los campos políticos y sociales con el poder que tenemos, no estaríamos procediendo apropiadamente con respecto a nuestra historia gloriosa. Los masones de hoy día tienen que estar determinados a comprometerse con los hermanos que les precedieron prestando sus servicios a la masonería.*»

Cuando en la actualidad se analizan los medios de comunicación en Occidente, nos encontramos frecuentemente con noticias que se basan en la teoría de la evolución de Darwin. Periódicos y distintos medios de comunicación populares, prominentes y "respetados", promueven continuamente dicha teoría. El estilo utilizado siempre lleva el tono de una teoría absolutamente demostrada y que no deja ningún lugar para la discusión. El latiguillo usado con más frecuencia es "*se descubrió finalmente el 'eslabón perdido' de la cadena de la evolución*". En esos casos y especialmente, un cráneo "descubierto" en algún lugar remoto se convierte en una evidencia importante para la teoría de que el ser humano tiene sus ancestros en los monos. «*La gente que no sabe nada acerca de la teoría de la evolución, ve esas noticias como leyes absolutamente ciertas. La teoría que afirma que los organismos vivientes pasaron a existir por casualidad, es aceptada como una ley por todos aquellos que creen en la ciencia.»* (Harun Yahya, El Engaño del Evolucionismo) Esas noticias son transmitidas por los gigantes de entre los medios de comunicación a través de los periódicos locales en casi todos los países del mundo. Transmiten las noticias al respecto con una peculiaridad clásica que es común a casi todos los medios informativos: *"De acuerdo a Time, un importante fósil descubierto llena el vacío en la cadena de la evolución"*, o *"De acuerdo a Newsweek, los científicos nos esclarecieron acerca de los puntos no explicados de la evolución"*. Esas sentencias se convierten siempre en titulares. Es interesante observar que todas ellas apuntan a hacer que la sociedad acepte el proceso de evolución como un hecho demostrado. No obstante, lo que se presenta como hechos y evidencias comprobados, son las pruebas falsificadas de las que hablaré en breve.

Además de los medios de comunicación, se observa el mismo cuadro en las investigaciones científicas, en las enciclopedias y en los libros sobre biología. Casi todas esas fuentes presentan a la evolución como una realidad absoluta. En resumen, los medios de comunicación que están bajo el control de las fuerzas seculares y académicas, mantienen completamente un punto de vista evolucionista y lo imponen sobre el público. Esta influencia es tan fuerte que, con el paso del tiempo, la teoría se convirtió en un tabú. La negación de la teoría de la evolución se presenta como algo que contradice a la ciencia y rechaza las realidades concretas. Por esta razón, especialmente desde el decenio de 1950, a pesar de todo lo que se reveló, explicó y proclamó abiertamente acerca de los errores que sustentan la teoría de la evolución, los órganos de prensa y las publicaciones científicas no expresan una sola palabra crítica.

Douglas Dewar, un conocido evolucionista, en su detallada investigación sobre los pájaros de la India, concluyó que las especies no se pueden transformar una en otra y explica también la fuerte relación entre la teoría de la evolución y los medios de comunicación: *«Solamente unas pocas personas pudieron concebir porqué para los evolucionistas es importante controlar los medios de comunicación. Hoy día no se ven muchos artículos en los diarios que se opongan a la teoría de la evolución. Por otra parte, la mayoría de los diarios religiosos están controlados por los modernistas que aceptan la fábula de 'los antepasados monos'... En términos generales, los editores de todos los periódicos consideran a la teoría de la evolución como un hecho comprobado y a los que la rechazan se los llama ignorantes y locos. Los periódicos son editados por los evolucionistas que evitan publicar cualquier artículo que critique mínimamente la teoría de la evolución... Los editores no publican ningún libro que se oponga a una teoría popular dado que provocaría objeciones desde distintos sectores de la sociedad.»* Y aunque el escritor esté dispuesto a pagar la publicación del caso, la compañía editora no le daría curso al entender que perdería crédito en la opinión pública. Por lo tanto la sociedad es informada solamente desde un punto de vista y las personas asumen entonces que la teoría de la evolución es un hecho comprobado.

En realidad no resulta extraño dado que los "hechos" nunca han sido importantes para la teoría de la evolución. Lo importante es "dar vida" a la leyenda darwiniana, a pesar del examen al que ha sido sometida. La propaganda diseminada por los medios de comunicación no se limita sólo a los periódicos. Los canales de televisión y las emisoras radiales también hacen una importante contribución a la propaganda de la evolución.

Blue Beam

Los amos de este mundo, unificando logias masónicas y objetivos han entretejido todos los estamentos de la sociedad. Reúnen anualmente a las personas más destacadas del mundo con el nombre de "Club Bilderberg" quienes llevan años creando y desarrollando todo tipo de planes para generar guerras y globalizar el sistema monetario e implantar a los seres humanos un biochip con el cual sepan a dónde van y qué hacen, al tiempo que los humanos con este dispositivo son vulnerables de ser mentalmente manipulados. Suena a ciencia ficción, pero en el presente, con los avances tecnológicos de los que poseemos, ya no se puede hablar de "ficción", sino únicamente de "ciencia". Estos hombres están repartidos básicamente en dos grupos: MJ12 (los Illuminati de EE.UU.), una orden de masones que determinan quién ha de presidir las agencias de Seguridad Nacional, la Presidencia de Gobierno y la Política de la Nación; el segundo grupo son las logias europeas, donde está la realeza, los políticos, los dueños de corporaciones y demás grupos influyentes basados en la masonería.

Las instituciones que los masones han creado, tales como la Organización de las Naciones Unidas (ONU), Agencia Central de Inteligencia (CIA) o la Agencia Nacional para la Aeronáutica Espacial (NASA) cumplen detenidamente sus objetivos. Es pecar de ingenuo creer que el mundo funciona como nosotros creemos que lo vemos a través de la televisión: eso es sólo propaganda mediática. La realidad es que ni siquiera el cine se salva de la influencia de la masonería. De manera que aún las empresas de Hollywood reciben apoyo a cambio de influir en las masas por medio de los mensajes que se nos envían en cada largometraje. ¿Hay alguna relación entre el Proyecto Blue Beam y los objetivos neo-darwinistas? La teoría evolutiva está siendo bombardeada a través del cine más que por cualquier otro medio. Algunas de tantas películas que fomentan la imaginación y dan cabida a una mutación favorable o la posibilidad de que un organismo evolucione son, por ejemplo: X-Men, Monstruos contra Alienígenas, Godzilla, Dragon Ball, Underworld, El Planeta de los Simios, Hellboy, La Liga de Los Hombres Extraordinarios, Lluvia de Albóndigas, La Máquina del Tiempo, Water World... A esto hemos de incluir la cantidad de films sobre fantasía, magia, y todo tipo de cosas imposibles que permiten que el subconsciente e inconsciente conciban la factibilidad de que este tipo de cosas sucedan, aunque conscientemente la persona esté mentalizada en que es sólo la pantalla grande.

Lo que ocurre con esto, es que cuando cosas realmente sobrenaturales o sorprendentes ocurren, o bien no resultan tan chocantes, o bien parecen parte de una teoría conspiratoria. A ese respecto tenemos la revelación del canadiense Serge Monast sobre el proyecto Blue Beam, tras de cuya revelación fue asesinado. En ella revelaba un plan en varias fases motivado por el MJ12 y los Illuminati, e instaurado en la ONU para a su vez ser llevado a cabo por la NASA y las Fuerzas Armadas:

1. Derrumbar todo conocimiento arqueológico, histórico y educacional, incluyendo la implantación cada vez más estricta de la teoría de la evolución en todos los ámbitos.

2. Desplegar todo un show espacial holográfico proyectando a un nuevo dios que los MJ12 han perfeccionado.

3. Recepción en bajas frecuencias de "supuestas" comunicaciones divinas, lanzadas desde satélites.

4. Manifestaciones sobrenaturales:

1ª. Inventar una invasión extraterrestre. Por esta razón promueven tantas películas sobre OVNIs y ETs. El objetivo de esto es desarmar a todas las naciones en un intento por defender el planeta de la falsa invasión.

2ª. Engañar a los creyentes cristianos con su anhelado Rapto (regreso de Jesucristo para sacar de la Tierra a sus escogidos. Ref.: Lucas 17:34, Mateo 24:31 y Apocalipsis 12:5).

3ª. Ondas de Baja Frecuencia utilizadas para hacer manifestarse a espectros, poltergeist y seres satánicos en todo el globo y hacer que el mundo quede preparado para recibir a su "nuevo mesías".

Parece un tema de algún lunático, pero un ex satanista, el hermano Jesús Salcedo, también ex sacerdote de María Lioza, escribió en su libro titulado "De sacerdote del diablo a ministro de Jesucristo" que en una reunión en la montaña del Sorte, donde él estuvo, uno de los puntos de la agenda de dichas sectas era que los brujos y los demonios ya están preparados para torturar y matar a los evangélicos que se queden en el periodo de la Gran Tribulación. ¿A raíz de qué salen estas cosas? El lector está en su total derecho de tomar o rechazar estas afirmaciones. No obstante, cuando todo esto tenga lugar no habrá cabida para mirar a atrás y tratar de cambiar algo.

Éxito

Sin duda, no tenemos que esperar que la masonería lleve el proceso de "lavado de cerebro" abiertamente. Esa práctica va absolutamente en contra de los métodos tradicionales de la organización. Un masón de la Logia Turca, Halil Mülküs, explica el método: «*La masonería no ejecuta nada ella misma. Muestra el camino a los individuos. Los que comparten los puntos de vista masónicos y los masones que contribuyen al desarrollo de nuevas ideas, llevan a la práctica sus profesiones en distintos niveles. Ejercen influencia en las universidades, son rectores, profesores, estadistas, ministros, médicos, abogados, etc. Imponen los puntos de vista masónicos sobre la sociedad por medio de las instituciones donde están presentes.*» Claramente es una cuestión de quién consigue más propaganda y control sobre las masas: «*Antes de discutir el papel de los medios de comunicación como una herramienta para el adoctrinamiento de los puntos de vista evolucionistas, será beneficioso explicar la función general de los mismos. Bajo la consigna "noticias = vida", los medios de comunicación aseguran reflejar lo que sucede en la vida real. De acuerdo a esto, los medios de comunicación se convierten en nuestros ojos y oídos que perciben el mundo exterior. Por lo tanto, así como confiamos en nuestro sentido auditivo y visual, deberíamos confiar en los medios de comunicación. No obstante, la realidad es distinta. La principal función de los medios de comunicación no es comunicar lo que ocurre efectivamente en el mundo real sino formatear nuestras mentes respecto al mundo exterior de una manera determinada. "Noticias = vida" resulta cierto en un sentido. Se exige que conozcamos el mundo exterior por medio de lo que se nos presenta como "noticias".»* (Harun Yahya, El Engaño del Evolucionismo)

El conocido lingüista y científico norteamericano Noam Chomsky hizo el estudio más pormenorizado acerca de la función de los medios de comunicación en su libro "Ilusiones Necesarias: El Control de las Ideas en las Sociedades Democráticas". En esta obra revela como los medios de comunicación se convierten en una herramienta para controlar los procesos sociales de las ideas. En primer lugar dice Noam Chomsky que en su país la democracia es un sistema totalmente distinto de lo que nosotros definimos como "democracia". Según él se trata de un sistema oculto y de un tipo de totalitarismo invisible, dado que el sistema funciona, obviamente, basado en el "consentimiento" público, aunque dicho "consentimiento" se forma como resultado del proceso de "lavado de cerebro" generado por medio de algunos "instrumentos". Chomsky brinda notables ejemplos acerca del totalitarismo invisible, que también se puede llamar "totalitarismo democrático". Los ejemplos que da indican que los responsables de la política norteamericana usan eficientemente los medios de comunicación. En otras palabras, cuando deciden intervenir en el extranjero, primero aprovechan la magia irresistible de los mismos para preparar la opinión pública. Antes que nada, los dirigentes norteamericanos presentan al público como "demonios" los objetivos que quieren atacar, como Saddam Hussein, Noriega, grupos islámicos, los sandinistas, Bin Laden, etc.

Para ello usan eficientemente distintos métodos de propaganda o técnicas psicológicas. En consecuencia, el público aplaude la invasión de un país extranjero por los soldados norteamericanos y da su consentimiento a las políticas formuladas por las distintas administraciones, aunque en realidad ese consentimiento lo establecen los aparatos políticos. Por esta razón Chomsky define este sofisticado mecanismo totalitario como "elaboración del consentimiento".

Uno de los más formidables ejemplos de este método tuvo lugar durante el período gubernamental del ex presidente de los EE.UU. Woodrow Wilson. Este ejemplo, considerado por Chomsky como *"la primera operación de propaganda moderna de un gobierno"*, se le puede esbozar como un plan para convencer al pueblo que dé el consentimiento para que el país marche a la guerra en la primera conflagración mundial. Durante los primeros años de la misma la mayoría de los norteamericanos estaban determinados a no participar. Sin embargo, a los centros de poder, que tenían una profunda influencia sobre el gobierno, les interesaba que se interviniese en el conflicto armado. Por lo tanto se formó una comisión, llamada Creel Comission, que se hizo cargo de la propaganda por cuenta del gobierno. La Creel Comission logró transformar en sólo seis meses a ese pueblo pasivo en otro de características histéricas con una fuerte voluntad por destruir a la nación alemana, ir a la guerra y salvar al mundo. Como producto de ese programa Norteamérica fue a la guerra.

Un teórico prominente de esta técnica totalitaria es Walter Lippmann, uno de los más conocidos columnistas norteamericanos. Es uno de los fundadores del Consejo de Relaciones Exteriores, importante institución extraoficial ocupada oficialmente de la política exterior de los EE.UU. -aunque en realidad es aparato funcional de las relaciones de los MJ12 con otros países y su control sobre estos. Este señor se esforzó al máximo por desarrollar los mejores sistemas de control de las sociedades a través de las élites y sin que nada se le interponga en la tarea. Es por eso que Chomsky considera a Lippmann *«el arquitecto de la teoría de la 'elaboración del consentimiento' para conseguir que el pueblo apruebe incluso decisiones no deseadas bajo la influencia de nuevas técnicas de propaganda.»* Lippmann argumenta que el gobierno de un estado debería ser manejado solamente por *«un grupo especial de gente inteligente que sea capaz de asumir la responsabilidad, en tanto que la masa poblacional debería ser mantenida totalmente al margen de los mecanismos de decisión.»* De acuerdo con Lippmann, la gente no es más que *«un rebaño estúpido»* y no debe participar del proceso de administración (gubernamental) sino que tiene que permanecer como obediente seguidora de las decisiones. Chomsky enfatiza que este enfoque totalitario de Lippmann es muy similar a la teoría leninista. La política actual de los EE.UU. representa un sistema basado en lo que Lippmann indica como "elaboración del consentimiento".

Sin duda, esta situación señala una realidad acerca de las actuales democracias representadas por los EE.UU. y los países occidentales: en estos países la "soberanía" no está en manos de sus respectivos pueblos sino capturada, evidentemente, por el poder que controla el proceso de las ideas a nivel masivo como sucede en Venezuela con Hugo Chávez y los medios de comunicación, por ejemplo. En este contexto, los medios de comunicación son usados como una de las herramientas más importantes para controlar el proceso de pensamiento. Por supuesto, no se puede poner bajo esta categoría a todos los medios de comunicación. No obstante, "los gigantes de entre los medios de comunicación", presentes en casi todos los países del mundo hoy día, caen en esa categoría de "herramientas controladoras". A esto se debe que en algunos casos, a pesar de la supuesta abierta oposición a los gobiernos, los medios de comunicación tienen íntimas relaciones con los poderes que están a cargo de los "gobiernos" siendo así mismos parte del Grupo Bilderberg, o "los Amos del Mundo". De todos modos, el "control sobre las ideas" no se limita solamente a cuestiones políticas puesto que el poder que hoy día está establecido sigue siendo en parte religioso, y por tanto debe fomentarse la perspectiva antirreligiosa, es decir, la abolición de la autoridad religiosa. Ese poder puede seguir manteniéndose solamente si la sociedad continúa aceptando de manera generalizada los puntos de vista antirreligiosos. La aceptación de los puntos de vista religiosos y el ver a éstos como la única fuente legítima de conducta, es totalmente inaceptable para el sistema establecido.

Sponsors

A pesar de la naturaleza contradictoria de la mal llamada teoría de Darwin, se la adoptó ampliamente ya que proporcionaba una suerte de explicaciones que servían para llenar el gran agujero del materialismo y el orden secular en su sentido más amplio. Un grupo de científicos se hicieron cargo voluntariamente de la tarea de promover dicha teoría. El más conocido entre ellos fue Thomas Huxley, a quien se lo conocía por el sobrenombre de "el bulldog de Darwin". Thomas Huxley, cuya ardiente defensa del darwinismo fue el único factor responsable de su rápida aceptación, atrajo la atención de todo el mundo hacia la hipótesis de la evolución por medio de la conocida "discusión de Oxford", es decir, la discusión que sostuvo en 1.860 con el obispo de Oxford, Samuel Wilberforce.

No resulta complicado comprender por qué Huxley dedicó todos sus esfuerzos a propagar la tal teoría de la evolución si tenemos en cuenta sus "vínculos societarios". Huxley era Decano de la Masonería y, al igual que otros partícipes de ésta, miembro de la Real Sociedad, una de las instituciones científicas más importante de Inglaterra. Todos ellos promovieron explícita y pormenorizadamente la teoría alternativa de la selección natural prefigurada por Erasmus Darwin. Esta institución masónica dio tanta importancia a Charles

Darwin y al darwinismo que algún tiempo más tarde empezó a premiar anualmente a los científicos exitosos con la "medalla Darwin", al estilo de los premios Novel actuales. En otras palabras, no era solamente Darwin quien llevaba a cabo esa misión. La masonería, uno de los más importantes cuarteles generales de la guerra promovida contra la religión, suministró un completo apoyo a esa hipótesis el día que fue presentada. La hipótesis de la evolución, a pesar de que no convenció a mucha gente cuando fue defendida por primera vez, ganó una inmensa popularidad en pocas décadas debido al apoyo ideológico que recibió. Y es a causa de ese apoyo que los seguidores de Darwin no se conmovieron cuando se presentaron los estudios biológicos que desaprobaban el darwinismo.

¿Venimos del mono? La respuesta es un certero "NO", pero ¿Qué pasa con los fósiles? Se nos ha hecho creer en los últimos dos siglos, que existen un número abrumador de evidencias que avalan la hipótesis de que el hombre moderno proviene de un proceso de evolución de organismos "inferiores" que empezó en el mar con la primeras células. Dicha ideología es netamente una forma de querer ver la vida pero ante el peso de la realidad no es más que una fábula que jamás se ha llegado a observar por un microscopio y a registrar en una cámara. Y ¿Cuáles son las evidencias físicas de las que se apoya el evolucionismo para decir que provenimos del chimpancé? ¿Por qué solo el hombre evolucionó? ¿Por qué otras especies no siguieron evolucionado?, los monos siguen siendo monos; los peces, peces; los reptiles, reptiles; las aves, aves; y los mamíferos, mamíferos. Ninguna de estas especies ha evolucionado e incluso cientos de especies se han extinguido porque no se han podido "adaptar" a su entorno. La información recogida a lo largo y ancho del mundo demuestra que antes de los peculiares homínidos y de Adam (Adán, del hebreo "el Altísimo en la sangre") y Java (Eva), la Tierra así como el Universo ya estaban y están "pobladas", por eso hizo hincapié el propio Jesús: «*En la casa de mi Padre muchas moradas hay; si así no fuera, yo os lo hubiera dicho; voy, pues, a preparar lugar para vosotros.»* (Juan Zebedeo 14:2)

Nuevo Orden Mundial

De acuerdo a un estudio de David del Fresno, hoy vemos que dentro de los dogmas de fe más contundentes de nuestra sociedad actual en referencia al conocimiento, el primer mandamiento es, por extraño que parezca, la concepción del desarrollo humano como el enemigo potencial de todos los animales, hombres, plantas, y en general, de todo el planeta. Según él, esto no es algo nuevo: «*Se trata de un proceso intelectual que hunde sus raíces en los albores del siglo XX: En un proceso muy similar al que ahora sucede con el polémico uso de las llamadas "células madre", por aquel entonces empezaba a circular en los ámbitos intelectuales, científicos, académicos y políticos occidentales la concepción del hombre como mero animal, despojado de la dignidad que le es intrínseca, y que le sitúa por encima del resto de los animales.*» Por sorprendente que nos pueda parecer, entre las personas célebres que apoyaban estas ideas figuraban:

Alexander Graham Bell (inventor del teléfono)

Margaret Sanger (fundadora de la entidad abortista Planned Parenthood, que traduce: "Paternidad Planificada"), así como varios ganadores del Premio Nobel.

George Bernard Shaw (famoso dramaturgo)

Lelan Stanford (fundador de la universidad que lleva su nombre)

H.G. Wells (novelista y autor de "La Guerra de los Mundos")

Según David del Fresno, varios estados de EE.UU. aprobaban por aquel entonces diversas leyes que promovían la eugenesia (la eliminación, mediante la esterilización forzosa, de las razas "inferiores"). Esos esfuerzos legislativos no hubieran podido prosperar de no ser por el apoyo explícito de tres importantes entidades académicas y científicas norteamericanas:

La Academia Nacional de Ciencias (National Academy of Sciences)

La Asociación Médica Americana (American Medical Association)

El Consejo Nacional de Investigación (National Research Council)

¿Quién financiaba y dirigía esas entidades científicas? Pues nada más y nada menos que las fundaciones Carnegie y Rockefeller, de manera preferente. Bajo la tutela y promoción directa de estas dos fundaciones, las teorías eugenésicas pronto fueron aceptadas en Europa y más concretamente en Alemania, siendo financiadas hasta 1939, pocos meses antes del comienzo de la Segunda Guerra Mundial. Los eugenistas alemanes llegaron a progresar tanto que, a partir de 1920, el liderazgo mundial del movimiento pro-eugenesia correspondió por completo al Gobierno de Alemania.

Después de la supuesta derrota nazi –ya que los servicios secretos rusos y norteamericanos, junto con los altos mandos de dichos gobiernos sabían que Hitler y lo más prominente del ejército alemán habían huido a New Swabia (Polo Sur)-, los eugenistas desaparecieron, pero sólo aparentemente: En realidad tan sólo habían cambiado su denominación, comenzando ellos mismos a denominarse "Darwinistas Sociales" en honor y memoria de Charles Darwin. Ya vemos que Darwin había hallado una explicación que, según él, probaba la existencia de un proceso evolutivo como una ley natural, a la que denominó "supervivencia de los más aptos". Sin embargo, la explicación darwiniana se basaba en una falacia lógica llamada razonamiento circular: «*¿Quiénes son los más aptos? Los que sobreviven. Y, ¿quiénes son los que sobreviven? Los más aptos.*» A pesar de esta falacia evidente, el principio darwinista pronto generó toda una estructura ideológica que le vino como caído del cielo al clan Rockefeller, que halló en la fórmula darwinista de la supervivencia de los más aptos la justificación moral que necesitaba para llevar a cabo sus actividades encaminadas a eliminar la competencia. Los Rockefeller y sus socios de la banca internacional aunaron su poder y sus fortunas con el propósito de promover el darwinismo y otras ideologías similares, y a tal fin crearon dos organizaciones a su amparo que les servirían como centro de mando para coordinar sus esfuerzos en América y Europa:

El Council of Foreign Affairs (Nueva York)

El Royal Institute for International Affairs (Londres)

Ambas organizaciones integradas al parecer en otra estructura más antigua y denominada "El Grupo de la Mesa Redonda" (The Round Table Group) de tradición masónica según algunos afamados analistas, y ramas de la tapadera que lleva el nombre de "Council of Foreing Relations" (CFR - Concejo de Relaciones Exteriores). Por insólito que pueda parecer, las organizaciones filantrópicas que dependen del clan Rockefeller están fundamentadas en un mismo propósito: Un somero estudio de hacia dónde canalizan sus fondos evidencia que la mayor parte de sus esfuerzos está dedicada a financiar a terceras organizaciones cuyo fin, tanto directo como indirecto o encubierto, es el control del crecimiento de la población. No en vano, en un estudio publicado por el Club de Roma (una de las muchas organizaciones vinculadas a los Rockefeller) se afirma explícitamente: «*Si la lucha contra un nuevo enemigo nos une, hemos concebido la idea de que la contaminación, el calentamiento global, la escasez de agua y el hambre, son el enemigo perfecto. Y todos esos peligros son causados por la intervención humana. Por tanto, el verdadero enemigo es la propia humanidad.*» Esto no es correcto, ya que la culpa es de los estamentos que ellos mismos han establecido. El ser humano no es más que una marioneta que ha sido discretamente dirigida hacia la situación en la que hoy se encuentra el planeta.

Para llevar a cabo su plan de reducción de la población mundial, afirma David del Fresno, los Rockefeller y sus socios −entre los que están las familias Morgan, Rothschild, Whitney, Bush y las casas reales- parten de esta idea madre: «*Mejor que hacer uso de un proceso violento que pueda antojarse inaceptable y generar una rebelión incontrolable, es mejor hacer uso de un proceso gradual, presentándolo de una manera tan atractiva que lo haga aceptable para la mayoría de la población.»* Con esto en mente podemos ver que sus objetivos son claros:

1º La reducción drástica de la población. Lo magno es eliminar el 93% de la población global.

2º La reducción del consumo a niveles preindustriales.

Se hace evidente por qué todos los grandes temas promovidos por los Rockefeller a partir de 1960 conducen de una u otra forma a lograr ese resultado. No obstante, después de haber dedicado sus esfuerzos y su dinero a tal fin durante largas décadas, los Rockefeller y sus socios han acabado concluyendo que el crecimiento de la población del planeta es incontrolable, a no ser que se tomen medidas drásticas para detenerlo. La mejor carta es ocasionar una Tercera Guerra Mundial, y los mejores candidatos para ser la "chispa" son judíos y musulmanes. Y la única forma de lograr toda esta agenda es con la implantación de un sistema político y económico de alcance global que han convenido en denominar como "New World Order" (Nuevo Orden Mundial). David del Fresno añade que sus promotores parten de las siguientes premisas:

1º El sistema político democrático está agotado.

2º El sistema económico capitalista está agotado.

3º El cristianismo es el mayor obstáculo para la implantación de una nueva y necesaria "mentalidad ecológica universal".

«Es por esto por lo que cada vez se van percibiendo más síntomas de que existe un proceso intelectual diseñado para destruir el cristianismo y sustituirlo por un nuevo sistema ético universal que consagre la ecología como la nueva religión universal. ¿Se entiende entonces el por qué del auge del Gnosticismo y de las creencias de los masones, así como del éxito de las novelas, comics y dibujos animados en los que se exalta la veneración de la madre naturaleza como fundamento de la verdad y del bien? Todo ello forma parte -en nuestra opinión- de un proceso que

no es casual, y que creemos contribuye a inocular en las impresionables mentes menos formadas una aceptación, tan favorable como inadvertida, de todo un sistema de creencias y valores trufado de relativismo, ecologismo panteísta, ocultismo, magia... Desde luego, nada que tenga que ver con la promoción y defensa de la vida humana, la familia, y la dignidad del ser humano. ¿A quién puede beneficiar todo este proceso? Será parte de otro análisis que desvelaremos más adelante.» (David del Fresno. 19 de noviembre, 2009. CAMINEO.INFO) Consideremos que una vez esos hombres hayan conseguido el objetivo de implantar un sistema monetario por medio de un chip biotérmico en la mano derecha de cada ser humano, cuando así mismo hayan dado todo el poder militar de La Tierra a una sola organización (ONU), y junto con esto establezcan un único poder político mundial liderado por un solo hombre quien establecerá una nueva y única religión, entonces el mundo será llevado a la total esclavitud y hundimiento espiritual. Este nuevo sistema implantado por estos miembros del Club Bilderberg, ya tiene nombre: "La Bestia", y ostenta su sede en Bruselas.

A sabiendas de esto, el misionero benjaminita Pablo, escribió a los griegos de Tesalónica: *«Nadie os engañe en ninguna manera; porque no vendrá [Cristo] sin que antes venga El Distanciamiento, y se manifieste el Hombre de Pecado, el Hijo de Perdición, el cual se opone y se levanta contra todo lo que se llama Dios o es objeto de culto; tanto que se sienta en el templo de Dios como Dios, haciéndose pasar por Dios.»* (2ª carta de Pablo a los Tesalonicenses 2:3-4) Ergo, sobre este hombre, que será líder de La Tierra por 3 años y medio, escribió también el misionero judío Juan en la isla griega de Patmos: *«Y hacía que a todos, pequeños y grandes, ricos y pobres, libres y esclavos, se les pusiese una incisión [subcutánea] en la mano derecha, o en la frente; y que ninguno pudiese comprar ni vender, sino el que tuviese la marca o el nombre de La Bestia, o el número de su nombre.»* (Libro de la Revelación de Juan, "Apocalipsis" 13:16-17) También sobre ese "Distanciamiento" del que habló Pablo a los Tesalonicenses fue mencionado por el propio judío Jesús de Nazaret cuando le preguntaron sobre su regreso: «*Os digo que en aquella noche estarán dos en una cama; el uno será tomado, y el otro será dejado. Dos mujeres estarán moliendo juntas; la una será tomada, y la otra dejada. Dos estarán en el campo; el uno será tomado, y el otro dejado.*» (Médico Lucas 17:34-36) Querido lector, lo uno lleva a lo otro. Todo hace parte del engranaje.

EUGENESIA

Según Sir Francis Galton, «*la eugenesia es el estudio de las agencias bajo control social, que mejoran o menoscaban las cualidades raciales de las siguientes generaciones física y mentalmente.*» El primo de Darwin, Francis Galton, quien tiene el crédito de ser el padre de la eugenesia, vio una oportunidad de hacer alcanzar a la especie humana, tomando las riendas de la teoría de la evolución de Darwin para aplicarla a principios sociales, de manera que así se desarrollase un darwinismo social. Las familias, Darwin, Galton, Huxley y Wedgwood estuvieron tan obsesionadas con su nueva teoría de diseño social que ellos juraron que sus familias únicamente procrearían entre ellas, lo cumplieron. Ellos predijeron equivocadamente que con tan solo unas pocas generaciones, ellos producirían superhombres. La emergente pseudociencia solo ayudó a fortalecer la práctica de endogamia, que ya era popular entre la élite por milenios, el experimento de las 4 familias fue un desastre, en menos de 2 generaciones de endogamia, cerca de un 90% de su descendencia murió al nacer o tuvieron serios problemas de discapacidad física y mental. El darwinismo es el apéndice científico de la teoría del Libre Mercado de Adam Smith.

Darwin se basó en Herbert Spencer, concretamente de su libro "La estática social", de donde sacó la frase de "*la supervivencia del más apto*", que salió 5 o 6 años antes del libro del "origen del hombre", de Darwin. Décadas después, Sir Horace Darwin, hijo de Charles Darwin, fue el 2ª presidente de la sociedad eugenésica, en la cual prohibían reproducirse a aquellos que ellos consideraban imperfectos. En los EE.UU. salieron entonces leyes eugenésicas y eliminaron a miles de personas con la excusa de que los males, los borrachos, los pobres y cosas similares eran asuntos hereditarios, principalmente negros e hispanos. Sir David Frederick Attenborough, el divulgador naturalista y darwinista pertenece a una de las grandes sociedades secretas de los poderosos científicos, como la Optimum Population, que promueven la eugenesia. El propio Jacques-Yves Cousteau, el explorador y fotógrafo subacuático, era eugenista, pero la bandera del liderazgo de este movimiento ha sido la familia Rockefeller. Ahora hay otro que lidera un nuevo grupo, el cual es Robert Edward Turner III, que es precisamente un magnate norteamericano que es el fundador de la CNN, el cual dice que sobra el 90% d la población, para que podamos vivir adecuadamente. Darwin decía que el hombre estaba en un proceso evolutivo entre el gorila y el hombre, y que la mujer estaba en proceso de evolución de las tribus primitivas hacia el hombre, pero debajo de éste. También dijo que a los trabajadores y a los pobres, para controlar las malas disposiciones, o se les ejecuta o se les metía en la cárcel por mucho tiempo.

El propio libro de Adolf Hitler "Main Kampf" (Mi Lucha) se basa en "el Origen de las Especies" de Darwin, o "el mantenimiento de las razas favorecidas en la lucha por la existencia". Como lo dijo otro magnate: «*El mantenimiento de un gran negocio es simplemente la supervivencia del más apto... es simplemente la combinación de una ley de la Naturaleza con una ley de Dios.*» (John D. Rockefeller, 1839-1927) Es como llamarlo "determinismo genético" o sea, una ley de justificación, para hacer con las razas lo que deseen, u hoy, con la economía, lo que les dé la gana, porque es ley de supervivencia del más apto. Ya más recientemente, Richard Dawkins, un zoólogo darwinista, publicó la obra "El gen egoísta" en 1976, donde se interpreta la evolución de las especies desde el punto de vista genético, diciendo que los genes se la pasaban peleando y compitiendo unos contra otros en todas partes, y surgían de repente unos que se hacían superiores y avanzaban el desarrollo de una especie... algo totalmente demencial. Thomas r. Malthus publicó en 1798 "ensayo sobre el principio de la población", que va sobre la lucha por la vida. Es un libro indignante el cual discrimina a los pobres solo por querer sumar: población + consumo por persona, y cosas similares también planteadas recientemente, y de forma pública, por Bill Gates. En resumen, «*si no tienes quien te sostenga no tienen la más mínima oportunidad para una ración de alimento, o sea, el que no tenga posibilidades, que se muera.*» (Critica de Máximo Sandín, Bioantropólogo y profesor de Evolución Humana de la Universidad de Madrid, contra el darwinismo)

Parte II

DETERMINISMO EN EL UNIVERSO

"Cuanto más estadísticamente improbable es una cosa, más nos cuesta creer que ocurrió por ciego azar. Superficialmente, la alternativa obvia al azar es un Diseñador inteligente."
R. Dawkins, (The Necessity of Darwinism - New Scientist, vol. 94, 15 de abril de 1982, p. 130.)

Los Extraterrestres

Como el lector podrá comprobar, nuestro objetivo no es promocionar el Creacionismo, sino la Panspermia, con el toque sustancia de las Sagradas Escrituras. ¿Por qué? Porque estas fueron inspiradas por extraterrestres. Como puede comprobarse estudiando mis otras obras, es un hecho que existen civilizaciones extraterrestres y han estado involucradas en nuestra historia. Dejemos clara una cosa, Moisés no se inventó las Tablas de la Ley ni la Tora, sino que la recibió de civilizaciones superiores venidas del cosmos. Las antiguas culturas llamaron a los astronautas "dioses", y a los "extraterrestres" denominaron, bajo el prisma platónico y socrático, "ángeles" y "demonios". Si bien, la mayoría de astronautas eran, empero, extraterrestres, pero se hicieron pasar por dioses. Esta acción provocó la ira de Jehová, quien permitió el Diluvio para eliminar esta problemática, y a la estirpe que estos alienígenas habían tenido con las humanas terrestres. Nada de esto es ya secreto, simplemente no es algo que se grite a los cuatro vientos en los medios de comunicación o en los sistemas de educación, por meros intereses creados.

Precisamente, el famoso libro del periodista estadounidense Michael Drosnin, titulado "El Código Secreto e la Biblia", es un claro ejemplo de cómo este avanzado grupo de hermanos de la galaxia dieron a Moisés, y a los profetas de Israel, una cantidad de información codificada, tal como ocurrió con Juan al recibir la visión futura que popularmente llamamos "Apocalipsis" (que significa en griego: "Revelación"). En otras palabras, la Biblia es un registro universal de conocimiento codificado en hebreo –y hasta en griego-, con numerología, simbología, terminología y matemática. Hablamos de cuántica en un aparente libro de religión. ¿Con qué objetivo? Que los "entendidos" dicen con las claves del origen, situación y destino de la raza humana, e incluso de otros 31 planetas en el nuestra Galaxia. La Biblia misma no es la única información al respeto, ya que existen decenas –y puede que cientos- de manuscritos que acompañan esta documentación. Si bien, llamados despectivamente "pseudo-epigráficos", místicamente "apócrifos" y "deuterocanónicos", todo este material lleva a comprender que vivimos en medio de una guerra que se ha desarrollado en nuestro universo hace muchos miles de años, y en medio de la cual estamos ciegamente nosotros. La razón de la venida de Cristo, desde el 6º -o en términos modernos, de dimensiones superiores-, es crucial, pues de ella depende el destino de cada uno de los seres humanos (esto lo expongo detalladamente en mis obras "Alcanzar a la Deidad" y "Un Mensaje Olvidado", con ciertos matices relevantes en "Camino a la Maestría").

Ciencia y Fe

La ciencia, como estudio de las cosas, por medio de 13 métodos base, cuya cúspide son la física y la química, no ha dado lugar, en las últimas 2 centurias, al género "espiritual". El culpable de esto ha sido la Iglesia Católica. Diciendo que representan a Dios han cegado al mundo con sus engaños, evitando que la humanidad acceda a Dios. Por centrarse en la guerra contra el Vaticano, muchos han metido a Dios y a Jesús en la historia, creyendo que son culpables de las acciones de Roma, o en todo caso, son inventos suyos para controlar al pueblo. El asunto es que prácticamente todos los conceptos que, gracias al Catolicismo, tiene la humanidad sobre Dios o sobre Jesús son falsos. La fe no es creer sin más, o creer sin ver. La fe es la convicción de algo con base a la visualización de ello. Si no comprendes de lo que te hablan, ¿en qué crees? Yo digo no creer en George Bush. ¿Significa eso que no creo que exista o más bien que no creo en lo que él representa o presenta al mundo? Para creer o no creer en él, por ejemplo, debo saber qué es lo que él es y lo que busca. Sin embargo, sobre Dios, obviamente, es difícil creer porque lo que de él se conoce es basura, por culpa del Imperio Romano. Del Catolicismo salió el Protestantismo, Anglicanismo, la Ortodoxia, los Carismáticos y otros. Posteriormente, de estos, especialmente de los Protestantes, salieron la mayoría de vertientes populares, entre ellas los Evangélicos, Adventistas, Bautistas, Calvinistas, Luteranos, Pentecostales y Unitarios. Aunque todos los que se destetaron de Roma lo hicieron por contradecirla, siguieron, a la larga, creyendo prácticamente todas sus insensateces e incongruencias asociadas a lo que se denomina equívocamente "Fe".

Para comprender lo que es Fe, no podemos irnos al cristianismo moderno –ni al de los últimos 14 siglos-, porque, como tal, es contrario a las enseñanzas de Jesucristo. Así es, y es irónico, porque llevan su nombre. Por consiguiente, para entender esto hay que ir a la fuente: los judíos. No se trata de pro-sionismo, sino de analizar la fuente de las cosas. Hoy existe tanta desinformación al respecto de todas estas cosas, que se hace toda una escuela de aprendizaje quitarse tanto veneno social y comenzar a ver con claridad. Roma no escribió la Biblia, e iniciemos dando luz sobre este punto, pero sí fue Jerónimo quien recopiló todo el material literario de los israelitas, que estaba disponible en el Imperio Romano. Antiguamente no existía la Biblia, como tal, pero sí una cantidad de pergaminos hebreos pasados a lengua griega antigua en Alejandría. El trabajo de 70 eruditos judíos, llamado la Septuaginta, recopiló y tradujo al idioma de la época –antes de Jesús- toda la historia del pueblo de Israel. Esta escritura incluía la Torá (la ley de Moisés, expuesta en 5 libros llamados Pentateuco en griego, o sea, "Cinco Bloques"), los Neviím (las historias y advertencias de los profetas de Israel) y los Ketuvím (escritos históricos, básicamente de los jueces, reyes y otros personajes importantes). Ese conjunto de 3 grupos se llama TANAK o Tanaj, que el occidente denominó Antiguo Testamento, porque lo asociaron con el Pacto de Jehová con Abraham. Todo esto ocurrió antes del nacimiento de Jesús, posiblemente bajo el gobierno asmodeo.

Con la revolución que generó Jesús, lo más poderoso del Sanedrín en Jerusalén, vio un peligro dejar la Septuaginta en manos del pueblo, pues con ella los seguidores de Jesús podían demostrar que él es efectivamente el Mesías que había sido prometido a Israel. Por esa razón cambiaron de estrategia y quitaron algunos textos, pasando el estudio de las escrituras al lenguaje local. Los que los líderes religiosos judíos llamaban Los del Camino o de la Secta de los Nazarenos, o sea, los Judíos Mesiánicos (cristianos primigenios), se volvieron un dolor de cabeza para ellos, y comenzaron a hostigarlos en toda región donde imperaba Roma y a donde hubiese comunidades judías y/o sinagogas. Los principales interesados en eliminar la historia de Jesús fueron los que ostentaban el poder en Jerusalén, y eran miembros importantes del Sanedrín.

Los milagros y el crecimiento de las masas era tal que los judíos religiosos que estaban contra los nazarenos o cristianos primigenios, se esmeraron, hasta hoy, en eliminar toda prueba histórica de Jesús entre los israelitas. Pasados los siglos, el emperador romano Constantino vio envuelto su reino en una nueva religión y quiso adoptarla para sí y monopolizarla. Ya habían muerto los seguidores de Jesús, y el cristianismo se había helenizado, mezclándose con las tradiciones y creencias europeas paganas. Los siguiente fue trastocar la historia de Israel: borraron el nombre de Judea de los mapas de Roma, quitaron y escondieron libros de la historia de los hebreos, añadieron frases a la literatura de los israelitas, adoptaron palabras latinas y griegas para reemplazar los términos hebreos relevantes, manipularon frases enteras, y para concluir, prohibieron la lectura de este género literario hasta hace unas décadas. Es evidente, que con toda esta manipulación, hoy la gente tenga conceptos tan equivocados sobre Dios, Jesús y la Biblia.

Las cartas y versiones históricas de Jesús fueron recopiladas por Roma e incluidas en el género de Nuevo Testamento, comprendiendo que Cristo hizo una Nueva Alianza. El compendio de la Tanak y el material sobre Jesús y sus apóstoles, en su contexto, recibió el nombre griego de "Biblia" (Compendio de Libros). No obstante, el latín, e incluso el griego, desdibujaron notoriamente las enseñanzas "bíblicas", y fue precisamente el latín el arma de manipulación que se engrandeció con la traducción de Jerónimo, llamada "Vulgata" (para el pueblo). Roma, para definir a lo que se oponían a ellos, los llamó "herejes", pero esa voz simplemente significaba "de distinta opinión". ¿Dónde está el misterio? A los que querían distinguir de forma humillante llamaban "paganos", que en latín significa "campesinos"; a los que querían hacer dioses ante el pueblo los denominaban "santos", o sea, del latín "santi", que traduce: "consagrados". A los libros que quisieron dejar fuera del orden oficial, llamaron "Deuterocanónicos", o sea, "Medidos, Puestos Aparte", y a los que desearon mantener totalmente fuera del acceso de los de debajo del control religioso, llamaron "Apócrifos", que significa en griego: "Guardados", "Secretos" o "Escondidos". Así, con esta mezcla de griego y latín, crearon un vocabulario místico y peyorativo. El término "espiritual" salió del latín "sutil", pero se visualizó como algo etérico o fantasmal, siendo que en griego se refería al "aire" y en el hebreo al "viento". ¡Cómo cambian las cosas de un idioma a otro! Lo términos filosóficos de los mensajeros de los dioses griegos, "daimones" (demonios), se adoptaron como figuras maléficas, y los otros mensajeros, entre los propios dioses, fueron los buenos: "aggelou" (ángel). Es decir, el griego, la palara "heraldo", "mensajero" o "emisario" es ángel. Tampoco hay mito en esto. Decir "religión" es hablar de "volver a ligar" o "volver a unir"; hablar de infierno es hablar de una leyenda no bíblica, pues no existe en las Sagradas Escrituras. Así, con estos ejemplos, espero que el lector visualice la dispar relación entre las enseñanzas e historia bíblica original y la cantidad de engaño que vino a surgir cuando la "Biblia" cayó en poder de Roma.

Por esta, y muchas otras razones -que pueden estudiar mejor en mi libro "Discipulado Volumen III - ¿Realidad o Religión?-, han aparecido supuestos conocedores de simbología e historia antigua que tropiezan en sus análisis, ya que parten de su propias culturas occidentales, y no de la raíz hebrea, porque creen que Israel surgió de Egipto, la Biblia de Roma y Jesús de personajes mitológicos hindúes. Por ejemplo, por mera ignorancia, la gente cree que Génesis se refiere a los "genes de Isis", ya que parten de la historia romana, la cual ciertamente adoptó criterios egipcios, pero no del sencillo idioma griego, en cuyo lenguaje génesis simplemente traduce: "generaciones", pues de eso trata ese libro: las generaciones de Israel, partiendo desde Adán. Dado que la tradición de la Creación era prácticamente la misma en todas partes, los sumerios tenían su propia versión, casi idéntica al relato del primer capítulo del Génesis, al cual lo llamaron "Enuma Elish". Otrosí, esto ya se ha convertido en razón de múltiples tergiversaciones, desinformación y debate, como el propi término Zión, el cual se refiere al Gobierno de Dios en la Tierra, el cual estaba enmarcado en el monte Hermón (actual zona del sur del Líbano). Sion, Tzion o Zión era una referencia antigua para esperar el Reino de Dios viniendo a nuestro planeta, pero en los últimos siglos fue el nombre adoptado por una élite financieramente poderosa de judíos, cuyo interés era establecer, por su propia cuenta, este reino, y hacerlo a expensas del Estado de Israel, sin que los judíos de a pie e israelitas lo supieran.

Cristo y sus homónimos

DIONISIO. Pasados muchos siglos, todos aquellos resentidos contra Roma, en su mayoría protestantes o masones —antes de que la masonería y semejantes se introdujeran en el Vaticano-, buscaban todo tipo de argumentación en contra de la Iglesia Católica. Este deseo imperativo llevó a creer hallar en otros personajes, básicamente mitológicos, homólogos de Jesucristo, pues consideraban que Jesús era una invención de Roma para tener control sobre las masas. Sin tener en cuenta que la principal deidad de Roma es la Virgen María, la restructuración de la diosa egipcia Nefertiti, se tomó la figura de Jesús como el blanco a desmoronar. Por ejemplo, el investigador Barry Powell cree que las nociones cristianas de comer y beber la «carne» y la «sangre» de Jesús fueron influidas por el culto a Dioniso, o Dionisio. Ya que el vino era importante para Dioniso, a quien se imaginaba como su creador, se creyó hallar paralelismo con Jesús, por el milagro de las Bodas de Caná: «*Al tercer día se hicieron unas bodas en Caná de Galilea; y estaba allí la madre de Jesús. Y fueron también invitados a las bodas Jesús y sus discípulos. Y faltando el vino, la madre de Jesús le dijo: No tienen vino. Jesús le dijo: ¿Qué tienes conmigo, mujer? Aún no ha venido mi hora. Su madre dijo a los que servían: Haced todo lo que os dijere. Y estaban allí seis tinajas de piedra para agua, conforme al rito de la purificación de los judíos, en cada una de las cuales cabían dos o tres cántaros. Jesús les dijo: Llenad estas tinajas de agua. Y las llenaron hasta arriba. Entonces les dijo: Sacad ahora, y llevadlo al maestresala. Y se lo llevaron. Cuando el maestresala probó el agua hecha vino, sin saber él de dónde era, aunque lo sabían los sirvientes que habían sacado el agua, llamó al esposo, y le dijo: Todo hombre sirve primero el buen vino, y cuando ya han bebido mucho, entonces el inferior; mas tú has reservado el buen vino hasta ahora. Este principio de señales hizo Jesús en Caná de Galilea, y manifestó su gloria; y sus discípulos creyeron en él.*» (Apóstol Juan 2:1-11)*

Ahora bien, en el siglo XIX, Bultmann y otros compararon ambos temas y supusieron que la teofanía dionisíaca estaba transferida a Jesús. Heinz Noetzel discrepa, argumentando que Dionisio nunca transformó realmente el agua en vino. Martin Hengel replicó que las tradiciones opuestas serían anacrónicas, y que dado que todos los judíos de la región estaban familiarizados con la transformación del agua en vino como un milagro, se esperaba que el Mesías lo realizase. Peter Wick arguye que el uso del simbolismo del vino en el Evangelio de Juan, incluyendo la historia de las Bodas de Caná en la que Jesús transforma el agua en vino, está destinado a mostrar a Jesús como superior a Dionisio. Si bien, las discrepancias no pueden ser mayores: Jesús tiene dos características principales: Es representante del Padre Celestial y también es el representante del género humano. También, por añadidura, es el rey del universo. No obstante, Baco o Dionisio, era el dios del vino, el jolgorio y las fiestas. Es uno de los 12 de la asamblea de Zeus. Está claro que no hay paralelismo, dado que aún Zeus, su padre, era una deidad supeditada a una región exclusiva (los cielos). Jesús mismo, por ejemplo, fue criado por su madre biológica, la cual luego tuvo más hijos, en cambio Baco fue criado por ninfas, pues su madre fue carbonizada, no apropósito, por Zeus. Otra versión dice que su madre fue la reina del inframundo, y esto sí que es un antagonismo radical.

Jesús no fue el libertador que esperaban los judíos, porque, dice la Escritura, que era necesario que antes de reinar el Mesías padeciera, muriese y resucitara al tercer día. Si bien, Jesús enseñó el perdón de pecados y la vida espiritual, obedeciendo por gracia y comprensión, lo elementos más preeminentes de la ley de Moisés. En contraposición a esto, Baco, se dice, que fue una especie de libertador; donde dicha liberación acarreaba y se resumía en un éxtasis del ser normal, mediante la locura, el desenfreno y el vino. Por otra parte, se sabe, gracias a Mateo Leví –uno de los 12 apóstoles-, que Jesús pasó su infancia en Egipto, lo cual, los detractores de la historia de Jesús dicen que fue tomado del relato de Baco (Dionisio), pues, según la mitología griega, fue enviado a África en su infancia. No obstante, el relato no dice que fuera enviado a Egipto sino a Etiopia. Se dice que Jesús pasó por la India en algún momento, antes de comenzar su ministerio en Galilea, aunque realmente su infancia es desconocida. Los críticos afirman que eso es igual que el relato de

Baco, pues, oficialmente, no se conoce su infancia, pero afirman que estuvo en la India.

En cuanto a lo que a símbolos se refiere, Jesús tiene muchos, entre los que consta la cruz, y posteriormente el pez –adoptado por el cristianismo, no por Jesús-, pero especialmente el pan y el vino. Por su parte los símbolos de Baco son antagónicos, pues se identifica con la serpiente y el toro, precisamente los emblemas anti-judíos, especialmente porque el toro usurpa el honor a Jehová (Abraham tomó el símbolo del toro, llamado Alef, y lo dedicó a Jehová, hacia el 2000 a.C.). Por eso, si Baco tiene por eslóganes al toro, la serpiente, la hiedra y el vino, y a veces la higuera, es un mal ejemplo para relacionarlo con Jesús. Jesús no es el vino, pero usó este simbolismo, que asemeja la sangre, para sellar la Nueva Alianza, como lo había hecho Abraham con Melquizedec 20 siglos antes, pues era su modo de sellar un pacto –junto con el pan. Ahora bien, Jesús incita a la castidad y la vida piadosa, y él mismo vivió en castidad. En cambio, Baco incitaba a las borracheras y a la lujuria, y vivió en orgías, además de haber estado casado con Ariadna, tras haber sido ella abandonada por Teseo. En ese orden de cosas, Jesús tampoco se identificó con la higuera, pero la higuera es el símbolo de la nación de Israel, la cual surge como tal antes incluso de Moisés, sobre el 1900 a.C.

En cuanto al tema del vino, Jesús se presenta como *«la vid verdadera»*, *«la resurrección»*, *«la vida»*, *«la luz que ha venido al mundo»*, mientras Baco se conocía como dios del vino y con el símbolo de la parra de la viña (la vid falsa). ¿Qué quiere decir esto? Si Jesús habló de *«vid verdadera»*, era porque daba por sentado que existía una vid que no era verdadera: *«Yo soy la vid verdadera, y mi Padre es el labrador. Todo pámpano que en mí no lleva fruto, lo quitará; y todo aquel que lleva fruto, lo limpiará, para que lleve más fruto. Ya vosotros estáis limpios por la palabra que os he hablado. Permaneced en mí, y yo en vosotros. Como el pámpano no puede llevar fruto por sí mismo, si no permanece en la vid, así tampoco vosotros, si no permanecéis en mí. Yo soy la vid, vosotros los pámpanos; el que permanece en mí, y yo en él, éste lleva mucho fruto; porque separados de mí nada podéis hacer.*» (Apóstol Juan 15:1-5) El apóstol Juan registra este diálogo, y se comprende que Jesús habla de dar un resultado con base al mensaje que él viene a enseñar, esperando de sus discípulos que ellos llevaran «*más fruto*», es decir, más resultados de los que él mismo dio en sus 3 años y medio de obra. Es obvio, Jesús utilizó como referencias las cosas que la gente de los entornos conocían, en especial la labranza de la tierra. También sabía de la influencia griega, porque Galilea era un punto de convergencia donde Grecia tenía mucha parte en la cultura –por esto llamaban a la región «*Galilea de los gentiles*».

Sobre la castidad y pureza, Jesús no se parece a ninguno de los personajes que le atribuyen, como invención que apareció por influencia de todos ellos. Es masculino e incita a la obediencia de los mandamientos de Moisés, mientras que Baco es representado como afeminado o medio hombre y medio mujer, de la misma manera que ocurre con Atis. Si bien, Jesús sorprendía por su sabiduría y elocuencia, habiendo sido probado en todo, pero sin haber pecado en nada. En cambio, Baco fue vuelto loco por Hera y anduvo errante por un tiempo, entretanto Deméter era desechada del panteón olímpico. Jesús enseñó a desechar las riquezas y el materialismo, mientras Dionisio podía facultar a otros el tener poder de convertir todo lo que tocase en oro. Esta es una de tantas contradicciones: «*Mirad, y guardaos de toda avaricia; porque la vida del hombre no consiste en la abundancia de los bienes que posee.*» (Médico Lucas 12:15) Y con muchas más palabras Jesús enseñó que «*Es más fácil pasar un camello por el ojo de una aguja, que entrar un rico en el reino de Dios.*» (Apóstol Mateo Leví 19:24)

Otro asunto de debate en este sentido es el hecho de que Jesús resucitó tres días después de morir, cuando tenía unos 33 años. Como paralelismo, algunos ven a Dionisio como resucitado en su infancia tras la mutilación que le hicieron los titanes por orden de Hera, no obstante, esa aparente resurrección no sucedió en lo absoluto como se cuenta. No es que diga que fuera cierta, sino que el mito está tergiversado, pues los titanes se comieron a casi todo el niño, menos el corazón, le cual Zeus puso en el vientre de Sémele. Eso, por ende, no es una resurrección a la manera como se enseñó en el judaísmo. De hecho, Jesús no fue la primera persona en resucitar ni el único en Israel. Antes de él resucitaron muchas personas en Jerusalén (Apóstol Mateo Leví 27:52-53), él mismo regresó a la vida a muchas personas –entre ellas su amigo Lázaro-, y sus discípulos también lo siguieron haciendo, porque esta era una de las claves del poder y misión de Jesucristo: «*Sanad enfermos, limpiad leprosos, resucitad muertos, echad fuera demonios; de gracia recibisteis, dad de gracia.*» (Apóstol Mateo Leví 10:8) Es más, durante el tiempo del reinado de Israel, siglos antes de Jesús, el profeta Eliseo resucitó a un joven: «*Y venido Eliseo a la casa, he aquí que el niño estaba muerto tendido sobre su cama. Entrando él entonces, cerró la puerta tras ambos, y oró a Jehová. Después subió y se tendió sobre el niño, poniendo su boca sobre la boca de él, y sus ojos sobre sus ojos, y sus manos sobre las manos suyas; así se tendió sobre él, y el cuerpo del niño entró en calor. Volviéndose luego, se paseó por la casa a una y otra parte, y después subió, y se tendió sobre él nuevamente, y el niño estornudó siete veces, y abrió sus ojos.*» (Segunda narrativa de los Reyes de Israel 4:32-35) Es obvio que Jesús se identificase con la Resurrección y con la Vida, pues esa era su misión: «*El ladrón no viene sino para hurtar y matar y destruir; yo he venido para que tengan vida, y para que la tengan en abundancia.*» (Apóstol Juan 10:10) ¿Qué es esa vida en abundancia? Que Jesús ha venido a erradicar la muerte, traer la Resurrección sobre todos los hombre y concedernos una vida Eterna, sin muerte, sin envejecimiento, sin enfermedad y sin deterioro, pero a su debido tiempo, «*hasta que todo se haya cumplido.*» (Apóstol Mateo Leví 5:18)

Continuando con estos aparentes paralelismos hallamos que Jesús se proclama como león de la tribu de Judá. En una ocasión, Dionisio se convirtió en león, en una embarcación, pero no es su característica. Esto no es una similitud, es más, Jesús se llama león porque el león es un animal extranjero –en Israel-, que es lo máximo en soberanía. Es el mejor ejemplo para caracterizarle, y porque Judá, la tribu con el que se caracteriza, entendía que el león era su emblema, es decir, Jesús dijo que él era el representante y rey de Judá, la casta israelita de donde proviene la monarquía de la descendencia de Jacob. No hay que ir más lejos para ver otros de los ejemplos dispares entre Jesús y Dionisio, como que Jesús es «*Príncipe de Paz*», mientras Dionisio, según la literatura griega, tenía cierta naturaleza destructiva. Ahora bien, sobre su naturaleza, Jesús es el primogénito de toda Creación y señor de todo el universo, mientras Dionisio era meramente una deidad más del panteón olímpico. Jesús enseñó que su sangre es la nueva alianza y su carne es el cuerpo u organización que le precede, rememorando la alianza como tal, que se hizo ya en días de Abraham y Melquizedec. Como ya he dicho, usó el pan y el vino como símbolos, básicamente el porqué se dice que fue creador del vino, aunque nunca se menciona que él convirtiera el agua en vino. Jesucristo es el Mesías de Israel, su propia nación, mientras Baco fue un dios extranjero. Si bien, los únicos paralelismos lógicos radican en que Jesús tuvo padrastro, pero murió cuando él tenía 14 años, mientras que Baco vivió con su padre adoptivo.

ATIS. Esta figura griega, como no, es otro aparente emblema del cual se dice, ignorantemente, que los cristianos inventaron a Jesús –siendo que Jesús, como hemos visto ya, es un personaje más que histórico. Para empezar, la primera referencia literaria sobre Atis es el tema de uno de los poemas más famosos de Catulo, pero parece que el culto de Atis en Roma no se acopló con el culto preexistente a Cibeles hasta comienzos del Imperio, o sea, vino a ser algo más bien reciente. Inicialmente Atis era un semidiós local de Frigia, que se conoció más concretamente en la montaña Agdistis, que era personificada como un daemon (demonio). Las identificaciones del nombre Atys se remontan al siglo XIX y se encuentran en Heródoto, pero como el nombre histórico del hijo de Creso, en «*Atys el dios sol, herido por el colmillo del jabalí*», y como una deidad de vida, muerte y resurrección tal como lo describe James Frazer, son erróneas. Ya sabemos más sobre la naturaleza de Jesús, por lo que no tiene sentido proclamar una fuente del mito de Atis, quien era linaje del daemon Agdistis, quien inicialmente tenía atributos tanto masculinos como femeninos, y a quien, se dice que, le cortaron su órgano masculino y lo arrojaron lejos, creciendo en el sitio donde cayó un almendro, del cual, posteriormente salió Atis. Igual que en casos de otros personajes griegos como Dionisio, Hefaistos o Zeus, fue criado fuera del seno paterno y materno, siendo cuidado por un carnero –un emblema que no corresponde en nada con Jesucristo, sino que es un opuesto suyo. También se habla de los padres adoptivos de Atis, quienes lo enviaron a Pesino, donde debía contraer matrimonio con la hija del rey. ¿Dónde está el paralelismo con Jesús?

De las cosas particulares de Atis se cuenta que enloqueció y se cortó los genitales, lo cual, aparentemente, le llevó a la muerte. Atis renació como un pino siempre verde. Este renacimiento era celebrado el 25 de marzo y, si bien, tiene más parecido con Dionisio que con Jesús. Los relatos de resurrecciones absurdas se ven también en la historia de Dumuzi y el árbol de Nimrod. De Jesús no se dice que estuviera muerto necesariamente tres días, sino que murió, «*fue vivificado*», y en esa condición bajó al Hades con el objetivo de tomar propiedad de las llaves de la muerte y dar testimonio a los muertos y a los ángeles caídos. Fuera de esto, Atis no tiene parecido con Jesús ni viceversa. Estos personajes mencionados fueron renacidos de cosas ya creadas y transformados por aparente obra de otros dioses, que en muchos casos, no pudieron ayudarles a volver a su estado normal: «*Porque también Cristo padeció una sola vez por los pecados, el justo por los injustos, para llevarnos a Dios, siendo a la verdad muerto en la carne, pero vivificado en espíritu; en el cual también fue y predicó a los espíritus encarcelados, los que en otro tiempo desobedecieron, cuando una vez esperaba la paciencia de Dios en los días de Noé, mientras se preparaba el arca, en la cual pocas personas, es decir, ocho, fueron salvadas por agua.*» (Primera Carta de Pedro 3:18-20)

KRISHNA. Se dice en el hinduismo que Krishna era uno de los tantos avatares del dios Vishnu, y en el krisnaísmo, Krisná –como se dice entre ellos- es la forma principal de Dios, de quien Visnú y los demás dioses emanan. Lo que se conoce como Dios, o Brahama, es un concepto hindú, el cual no se conocía en Israel, y que tardó tiempo en conocerse en la Roma de aquel tiempo. Según el sanscritólogo británico Monier-Williams (1819-1899), el término sánscrito krishná significa: negro, oscuro, un tipo de demonio o espíritu de la oscuridad, comportarse de manera oscura, nombre de un infierno, la era oscura. Según los yainas, Krishná es uno de los nueve vasu devas negros. Según los budistas es el jefe de los demonios negros, que son enemigos de Buda y de los demonios negros. Otros dicen que es el nombre de un asura (demonio), etc. Todas semejanzas con seres oscuros y diabólicos no parece ser un ejemplo de Jesucristo, quien, precisamente, expulsaba fuera demonios, y quien dijo claramente a los líderes religiosos judíos que decían que era ministro de Belcebú: «*Yo no tengo demonio, antes honro a mi Padre; y vosotros me deshonráis.*» (Apóstol Juan 8:49) Básicamente el término Krisna está asociado al color negro, por lo que le llaman El Señor Oscuro, una cualidad y designación opuestas a Jesús. Se decía que Krishna era un dios pastor. Si bien, Jesús nunca dijo que fuera un dios –aunque se sobreentendía por su forma de hablar del Padre-, ni un pastor o dios pastor. Es más, las referencias de los dioses politeístas era totalmente contraria al teísmo hebreo, y en eso se caracterizaba su abismal diferencia en todos los ámbitos. Para los israelitas únicamente existe un Dios, Jehová, y los demás son usurpadores y fatuos.

Precisamente uno de los argumentos de los judíos para negar a Jesús es el hecho de que los cristianos los consideran "el Hijo de Dios", y eso es claramente anti-judío, ya que no existe referencia a que Jehová tuviese un hijo. Es más, la Tora dice que Dios es el único Dios, y no hay más sino Él. Quienes llamaron a Jesús "Hijo de Dios" o "un dios", eran los que no eran judíos. Sus discípulos, en su momento, no llegaron a comprender la significancia de esto, precisamente porque no tenían conocimiento de que Dios tuviera un hijo, pues ellos esperaban era a un rey libertador de la tribu de Judá, el cual debía ser el Ungido de Dios para gobernar a toda Israel y liberarla de la opresión de los pueblos foráneos. Cuando algunos hablaban de Jesús lo llegaron a identificar como "un hijo de Dios", pero no como "el hijo de Dios", ya que por esa regla todos somos hijos de Dios. Ahora bien, se aducía por el estudio de la Tanak que era muy probable que el Mesías tuviera una naturaleza divina e inmortal, pero no se llegaba a comprender esto en su contexto –de hecho, a los discípulos les tomó mucho tiempo entenderlo y asimilarlo. Si bien, aunque a ambos se les llama pastores, Krisná lo fue de vacas, mientras Jesús lo es de los hombres, a quienes denomina cariñosamente ovejas. Además, Jesús, sabiendo todas estas tradiciones pues se caracterizaba por su gran erudición, dice: «*Yo soy el buen pastor; el buen pastor su vida da por las ovejas. Mas el asalariado, y que no es el pastor, de quien no son propias las ovejas, ve venir al lobo y deja las ovejas y huye, y el lobo arrebata las ovejas y las dispersa. Así que el asalariado huye, porque es asalariado, y no le importan las ovejas. Yo soy el buen pastor; y conozco mis ovejas, y las mías me conocen, así como el Padre me conoce, y yo conozco al Padre; y pongo mi vida por las ovejas.*» (Apóstol Juan 10:11-15) Si habla de ser «*el buen pastor*», es porque expone que hay otros que no son buenos pastores o que son impostores. Ningún dios ha dado jamás la vida por la humanidad, ni algunos de estos epítetos supuestos, que estaban antes de Jesús.

Además de que el concepto de la reencarnación es contrario a las tradiciones hebreas, es un indicativo de acciones satánicas, pues se considera violación de las leyes naturales la posesión humana a menos que sea de tu propio y único cuerpo: «*Y de la manera que está establecido para los hombres que mueran una sola vez, y después de esto el juicio, así también Cristo fue ofrecido una sola vez para llevar los pecados de muchos; y aparecerá por segunda vez, sin relación con el pecado, para salvar a los que le esperan.*» (Carta a los Hebreos 9:27-28) Bien, Krisná pertenecía a la tribu de los iadus, de la dinastía de la Luna, lo cual choca con el judaísmo, ya que la luna era un símbolo naturalmente negativo. Se dice que Kriná fue avisado por un sabio llamado Nárada Muni de que moriría en manos de un hijo de su hermana la princesa Devakī con su esposo Vasudeva. Aparentemente hay un cierto parecido, pero Jesús no fue asesinado por un pariente, sino por un pueblo extranjero. Si bien, la cultura Krisna no encaja con este paralelismo, pero puede buscarse una raíz en el hinduismo, donde se dice que Vishnu encarnó en Krisná. No obstante, aunque parece un relato semejante al de Jesús, en un pequeño aspecto, la relación del Espíritu Santo y Jehová con Vishnu está totalmente fuera de contexto. Vishnu ha sido importante para los hindúes, pero no es primigenio ni superior a Brahama. En el caso de Jesús, él dejó claro que no hay soberano sobre el Padre Celestial, del cual él procedía. Jesús no era una encarnación de Jehová ni del Padre Celestial ni del espíritu Santo, sino se representante: «*A Dios nadie le vio jamás; el unigénito Hijo, que está en el seno del Padre, él le ha dado a conocer.*» (Apóstol Juan 1:18)

Jesús vino a presentarnos al Padre, un concepto que solo se olía en Escandinavia, donde llamaban a Odín el Padre de Todos. Con todo, aunque hubiese epítetos semejantes, sus características, vida e historia fueron totalmente dispares. De lo que se trataba, en la misión de Jesús al enseñar al Padre, era que la humanidad supiese que existe una paternidad con un Dios, el cual es Creador de todo cuanto existe, mientras en el politeísmo los dioses eran de una casta superior y utilizaban a los mortales a su antojo: «*El Dios que hizo el mundo y todas las cosas que en él hay, siendo Señor del cielo y de la tierra, no habita en templos hechos por manos humanas, ni es honrado por manos de hombres, como si necesitase de algo; pues él es quien da a todos vida y aliento y todas las cosas. Y de una sangre ha hecho todo el linaje de los hombres, para que habiten sobre toda la faz de la tierra; y les ha prefijado el orden de los tiempos, y los límites de su habitación; para que busquen a Dios, si en alguna manera, palpando, puedan hallarle, aunque ciertamente no está lejos de cada uno de nosotros. Porque en él vivimos, y nos movemos, y somos; como algunos de vuestros propios poetas también han dicho: Porque linaje suyo somos. Siendo, pues, linaje de Dios, no debemos pensar que la Divinidad sea semejante a oro, o plata, o piedra, escultura de arte y de imaginación de hombres.*» (Hechos de los Apóstoles 17:24-29)

Las otras características de Krisná solo empeoran las cosas para quienes buscan argumentación que consiga afirmar que Jesús es un personaje mitológico de origen Hindú: se portaba mal de niño, tuvo amoríos con pastoras, fue un héroe tramposo, mató a gigantes que querían asesinarle en su infancia, levantó su reino en su tiempo, se movió notoriamente en un entorno politeísta, tuvo 16.108 esposas, tuvo miles de hijos, fue matado accidentalmente por un cazador, murió a la edad de 125 años. Jesús no tiene ninguna de estas características: todas son opuestas a él. Otro aspecto a denotar es la referencia védica de que Krisná es un ser eterno, sin nacimiento ni muerte, quien habría adoptado un cuerpo temporal para poder nacer y morir en la Tierra, pero simultáneamente él estaría presente eternamente en su planeta espiritual. Sus devotos consideran que entregarse a él (tener krisná chaitania, "conciencia de Krisná"), los lleva a la perfección espiritual y a la felicidad eterna. Evidentemente, algunos habrían postulado que esto es similar a la postura cristiana de la Salvación y la Vida Eterna. Sin embargo, Jesús, aunque habla del avance espiritual en todos, hasta llegar a su «*plenitud*», hace hincapié en la Esperanza en la promesa de la Resurrección de todos los muertos para adquirir un cuerpo «*incorruptible*» e «*inmortal*». También Cristo afirma que regresará con el Reino de su Padre para gobernar en la Tierra, y que ahora está en su ciudad celeste, la cual viene de alguna parte lejana del universo. Aunque Krisná muriese y se viese como un ser etérico, no ocurre esto con Jesús, quien si está físicamente vivo –valga la redundancia-, como mostró a sus discípulos tras resucitar: «*Mirad mis manos y mis pies, que yo mismo soy; palpad, y ved; porque un espíritu no tiene carne ni huesos, como veis que yo tengo.*» (Médico Lucas 24:39)

MITRA. Conocido como dios de la luz solar, Mitra aparece como otro de los supuestos seres que inspiraron al cristianismo a dar lugar a la figura de Jesús. Como se va viendo ya, todos estos personajes nada tiene que ver con Jesús, quien, claramente es superior a todos ellos, y claramente una figura histórica que ha marcado a la humanidad. Bien, Mitra, una personalidad persa e india que pasó a la Roma antigua, es represento como un hombre joven, con un gorro frigio, matando con sus manos un toro. Durante el Imperio romano, el culto a Mitra se desarrolló como una religión mistérica, y se organizaba en sociedades secretas, exclusivamente masculinas, de carácter esotérico e iniciático. Gozó de especial popularidad en ambientes militares. Obligaba a la honestidad, pureza y coraje entre sus adeptos. Por los hallazgos arqueológicos se sabe que el culto a este ser es una religión de origen persa, adoptada por los romanos en el año 62 a. C., que compitió con el cristianismo hasta el siglo IV.

Existen realmente pocos textos escritos por autores mitraístas. Se conservan algunas pinturas e inscripciones, así como descripciones de esta religión por parte de sus oponentes, entre los que hay neoplatónicos y cristianos. Buena parte de lo que ha circulado acerca de este mitraísmo se ha basado en las teorías de un erudito belga llamado Franz Cumont. Su obra titulada "Los misterios de Mitra", publicada en 1903 condujo a aseveraciones por parte de la Escuela de la historia de las religiones, en el sentido de que el mitraísmo había influenciado algunas prácticas del incipiente cristianismo, pero siendo esto meramente su punto de vista. Con el tiempo, esto provocó que en ambientes más populares de académicos, y junto con la semilla que Kersey Graves había plantado con su libro (considerado de pseudo-historia, por estudiosos tanto cristianos como no cristianos) "The World's Sixteen Crucified Saviors", en 1875, se formara una leyenda urbana muy elaborada sobre un presunto nacimiento virginal de Mitra, así como de una supuesta muerte y resurrección de este personaje, y varios puntos más que relacionan íntimamente su vida con la de Jesús de Nazaret. Esta hipótesis no tiene fundamento histórico, y no se corresponde con los datos que se tienen sobre el Mitraísmo, ni mucho menos con la historia que se puede extraer de los hallazgos históricos sobre Mitra.

Las propias ideas del revolucionario Alfred Loisy no tienen apoyo ante la base de la cultura hebrea. Loisy fue uno de los precursores que decían que el cristianismo era basado en un judaísmo pagano que absorbió las otras culturas de Europa, pero esta afirmación es no menos que ridícula, si consideramos que el judaísmo es precisamente anti-pagano. Aún con eso, la hipótesis se mantuvo fuertemente arraigada hasta hoy. Por ejemplo, el secreto del mitraísmo no era la fe sino los ritos, algo aceptable para Israel, si se desconoce de las tradiciones judías, pero no aplicable al cristianismo. Las cofradías de Mitra admitían solamente varones y no mujeres quienes no participaban en las funciones del culto, contrario al cristianismo. Es más, el paganismo de la trinidad de Atanasio que impuso el catolicismo sí tiene aquí semejanza, pues el Padre es Zeus-Ormazd, el hijo es Mitra y el otro es el toro. No obstante, a la luz histórica, Zeus está asociado con el enemigo de Jehová, Baal, el cananita, y el toro es también un usurpador de Jehová. La trinidad en sí misma es anti-bíblica y está descartada en el judaísmo, como lo fue con los primeros cristianos –luego la adoptó Constantino.

Sobre otras referencias, como el mito del sacrificio del toro, casi todo es ambiguo. Dicho sacrificio simbólico durante el rito a manos de Mitra tenía como finalidad la redención e inmortalidad de los adeptos. Sobre el sacrificio del toro (representando a Mitra) reposaba el equilibrio del mundo y la salvación de los hombres. Si bien, esto parece más un plagio del mitraísmo al cristianismo original que a la inversa. El resto de la asociación con el toro es una completa "herejía" -si usamos la valoración que Roma dio a esta palabra latina. A sabiendas del rechazo de la ley de Moisés al culto a las estrellas, en los ritos de Mitra se da culto a los 7 astros, que claramente son similitudes de los *«principados y potestades»* que señaló Pablo como *«huestes de maldad en los lugares celestes.»* (Carta de Pablo a los Efesios 6:12) Luego está el hecho de que los israelitas consagraban el séptimo día, sin relación con los astros –pues estaba prohibido-, mientras los de Mitra, como en el Catolicismo, dan culto al sol. También, como en Roma, los de Mitra tenían a líderes como padres, cosa que en el judaísmo y en el cristianismo primigenio estaban destinadas alegóricamente a los líderes de Israel como Abraham, Isaac y Jacob, aunque ciertamente Jesús no aceptó el trato con nadie a manera de Padre: «*Y no llaméis padre vuestro a nadie en la tierra; porque uno es vuestro Padre, el que está en los cielos.*» (Apóstol Mateo Leví 23:9)

Mitra bautizaba a sus creyentes y prometía la expiación de los pecados por el efecto del baño. Sólo en este culto se unía al bautismo la imposición de un signo en la frente, como en la Iglesia Católica. En cualquier caso, el bautismo no fue algo nuevo en el Jordán en días de Juan el bautista. Hay referencias de bautismo hasta en Escandinavia, ya sea para iniciación, nacimiento simbólico o para liberación, porque ese es precisamente la base de su significado: "sumergirse" (griego: "baptos"). Otros autores también ven un paralelismo entre el cristianismo y el mitraísmo en que el nacimiento de Mitra se celebraba el 25 de diciembre, pero Jesús no nació en invierno. Roma, la siempre culpable en toda esta sarta de desinformación, adoptó el 25 de diciembre para el nacimiento de Jesús, para encajar con su paganismo y politeísmo. Por eso los atributos del pater —máximo nivel de iniciación en el mitraísmo— eran el gorro frigio, la vara y el anillo, muy similares a la mitra, el báculo y el anillo de los obispos católicos. La Roma Católica es un disfraz del culto egipcio, babilonio y griego. Desde el concilio de Nicea en el 325 d.C., cuando nació el Catolicismo, ya el verdadero mensaje, enseñanzas y principio de Jesús y sus apóstoles, se había perdido. Precisamente, ya hablando del nacimiento de Jesús, «*Había pastores en la misma región, que velaban y guardaban las vigilias de la noche sobre su rebaño.*» (Médico Lucas 2:8) ¿Pastores en medio de una noche de invierno? Esto pasa por la falta de cultura, porque nadie saca a pastar en las noches de invierno porque son heladas.

Además de ser una deidad absorbida por los romanos, Mitra es una figura védica de la India, un supuesto dios. Según el Bhagavata Purana es el dios que controla el movimiento intestinal (en idioma sánscrito el término mitra significa "amigo"). Para comprender la importancia del proselitismo del politeísmo hay que centrarse en la raíz mitológica de todas estas personalidades. Mitra es, según otra versión, uno de los Aditya, los hijos de la diosa Aditi. Según algunas fuentes sus hermanos pueden ser siete u ocho, aunque otras referencias llegan a decir que hasta treinta y uno. Aditya indica su clasificación de dioses solares y/o del cielo. Según el Rig Veda, Aditi es una deidad femenina, madre de todos los dioses, esposa de Kashyapa e hija de Daksha, un dios menor progenitor del universo. Se dice que ella lo contiene todo, y se le podría considerar como "naturaleza" o "diosa primigenia creadora", que es lo mismo del concepto común de la "madre Tierra", que es popular en el naturalismo. Es importante de notar que para creer en Jehová o aceptar el monoteísmo, la sociedad suele cerrarse en banda, pero para creer en otras figuras divinas como la Madre Naturaleza o en Santos Católicos o Vírgenes de piedra, madera, porcelana o yeso, todos son fervientes devotos. Mitra es un dios secundario del sol, y este, al igual que el resto de sus características, nada tienen que ver con Jesús. De entrada Jesús nunca se identificó con el sol, además de ser, ésta idea, una violación de los mandamientos dados a Moisés, y los cuales el profeta Jeremías recriminó a Israel. Por regañar al pueblo, estos dijeron a Jeremías: «*a la palabra que nos has hablado en nombre de Jehová, no la oiremos de ti; sino que ciertamente pondremos por obra toda palabra que ha salido de nuestra boca, para ofrecer incienso a la reina del cielo, derramándole libaciones, como hemos hecho nosotros y nuestros padres, nuestros reyes y nuestros príncipes, en las ciudades de Judá y en las plazas de Jerusalén, y tuvimos abundancia de pan, y estuvimos alegres, y no vimos mal alguno. Mas desde que dejamos de ofrecer incienso a la reina del cielo y de derramarle libaciones, nos falta todo, y a espada y de hambre somos consumidos. Y cuando ofrecimos incienso a la reina del cielo, y le derramamos libaciones, ¿acaso le hicimos nosotras tortas para tributarle culto, y le derramamos libaciones, sin consentimiento de nuestros maridos?*» (Profeta Jeremías 44:16-19) Por esta tozudez y desobediencia los israelitas fueron posteriormente entregados en manos de sus enemigos.

Estas palabras y estos sucesos los recordó luego el apóstol: «*Y Dios se apartó, y los entregó a que rindiesen culto al ejército del cielo; como está escrito en el libro de los profetas: ¿Acaso me ofrecisteis víctimas y sacrificios en el desierto por cuarenta años, casa de Israel? Antes bien llevasteis el tabernáculo de Moloc, Y la estrella de vuestro dios Renfán, figuras que os hicisteis para adorarlas. Os transportaré, pues, más allá de Babilonia.*» (Hechos de los Apóstoles 7:42-43) Si Jehová castigó a los israelitas por estas prácticas, y precisamente por dar culto a estos dioses que comparan con Jesús, ¿cómo iban los judíos a crear un Mesías que representase todo aquello que violaba los códigos de Jehová, si el mismo Jesús mandó al pueblo a obedecer a Dios? Por eso afirmó: «*De manera que cualquiera que quebrante uno de estos mandamientos muy pequeños, y así enseñe a los hombres, muy pequeño será llamado en el reino de los cielos; mas cualquiera que los haga y los enseñe, éste será llamado grande en el reino de los cielos.*» (Apóstol Mateo Leví 5:19) Y en otra ocasión dijo a un joven rico que le preguntaba la manera de heredar el Reino de Dios: «*Mas si quieres entrar en la vida, guarda los mandamientos. Le dijo: ¿Cuáles? Y Jesús dijo: No matarás. No adulterarás. No hurtarás. No dirás falso testimonio. Honra a tu padre y a tu madre; y, Amarás a tu prójimo como a ti mismo.*» (Apóstol Mateo Leví 19:17-19) Posteriormente, de forma resumida Jesús expuso su aprobación a las ley de Jehová: «*Y uno de ellos, intérprete de la ley, preguntó por tentarle, diciendo: Maestro, ¿cuál es el gran mandamiento en la ley? Jesús le dijo: Amarás al Señor tu Dios con todo tu corazón, y con toda tu alma, y con toda tu mente. Éste es el primero y grande mandamiento. Y el segundo es semejante: Amarás a tu prójimo como a ti mismo. De estos dos mandamientos depende toda la ley y los profetas.*» (Apóstol Mateo Leví 22:35-40)

Otros de los paralelismos que tratan de asociarle a Jesús con respecto de Mitra, es el hecho de que éste está relacionado con los juramentos, las promesas, los contratos, la honestidad, la amistad y los encuentros, así como considerado como el suave sol del alba. No obstante, ¿qué tiene que ver eso con Jesús? Lo único aquí que Cristo sí enseña es el amor a la amistad y la confraternidad, además de obviamente enseñar, con su ejemplo, la honestidad, pero para partir de estos ejemplos no hace falta copiar a nadie. Jesús no es el sol ni mucho menos el sol del alba, aunque tiene el poder sobre la estrella del alba: «*Al que venciere y guardare mis obras hasta el fin, yo le daré autoridad sobre las naciones, y las regirá con vara de hierro, y serán quebradas como vaso de alfarero; como yo también la he recibido de mi Padre; y le daré la estrella de la mañana.*» (Apocalipsis de Juan 2:26-28) Jesús no es una estrella como tal, evidentemente, y además, si él entrega esta estrella al vencedor, ¿se entrega a sí mismo? Ahora bien, es obvio que el concepto de la estrella de la mañana no puede ser algo literal, pues él mismo sí dice: «*Yo Jesús he enviado mi ángel para daros testimonio de estas cosas en las iglesias. Yo soy la raíz y el linaje de David, la estrella resplandeciente de la mañana.*» (Apocalipsis de Juan 22:16) Si Jesús asocia el ser descendiente de David con el símbolo de la estrella de la mañana, es posible que quiera referirse a la estrella de David, otra vez un símbolo. En la cultura hebrea los ángeles son representados como estrellas. De hecho, se dice que Satanás era la estrella del alba, algo meramente referente a un título que ostentaba y el cual Jesús le quita. El mero concepto se refiere a ser el origen de las cosas, la luz que primero tuvo lugar, ya que Jesús es conocido como «*la imagen del Dios invisible, el primogénito de toda creación.*» (Carta de Pablo a los Colosenses 1:15) Estamos hablando de que Jesús tiene los mayores títulos que ninguna deidad ha tenido jamás y tiene un origen y naturaleza aún mayores que todos ellos.

¿Qué quiere decir todo esto? que los dioses esos que supuestamente estaban antes que él, son considerados por Jehová como ángeles desertores, a los cuales Jesús ridiculizo con su llegada, ministerio, muerte y Resurrección: «*Y a vosotros, estando muertos en pecados y en la incircuncisión de vuestra carne, os dio vida juntamente con él, perdonándoos todos los pecados, <u>anulando el acta de los decretos que había contra nosotros</u>, que nos era contraria, quitándola de en medio y clavándola en la cruz, y <u>**despojando a los principados y a las potestades, los exhibió públicamente, triunfando sobre ellos en la cruz.**</u>*» (Carta de Pablo a los Colosenses 2:13-15) Podemos seguir hallando incongruencias sobre los aparentes paralelismos de Jesús con estas deidades, como la referencia del Rig Veda, donde se menciona el papel de dios lunar o Chandra, posteriormente asignado a Shiva, que recibía Mitra. La luna, como ya he dicho antes, es un símbolo anti-hebreo, como culto –aunque se basaban en el calendario lunar. Como veremos con el siguiente aspirante, la historia de los dioses enemigos de Jehová no era un mito ni una forma de hablar, ya que trataban de personajes que, como afirman los teóricos de astronautas del pasado, bajaron del cielo a la Tierra en tiempos muy antiguos y se hicieron dioses.

ZOROASTRO. Ahora bien, fuera de estas divinidades, la única personalidad humana que se atribuye a ser un predecesor de Jesús es Zoroastro. Se dice que nació de una virgen, que fue bautizado en un río, que comenzó a predicar a los 30 años, que fue tentado en el desierto por los demonios, devolvió la vista a un ciego, reveló los misterios del cielo, la Resurrección del alma y la Salvación, y que se le celebraba comiendo como símbolo su cuerpo –una especie de eucaristía como la desarrollan los católicos. Y bien, aunque se trata de un humano, de hecho, profeta, como también es Jesús, nada de lo anteriormente mencionado pude ser respaldado históricamente. La razón es simple, se sabe poco o nada de él de manera directa, y las pocas referencias que se conocen están rodeadas de misterio y leyenda. Como referencias oficiales de Zoroastro, ninguna de las afirmaciones anteriores consta, salvo que fue uno de los primeros precursores del monoteísmo y que influenció fuertemente la antigua Persia y Afganistán. Habló prácticamente de las mismas cosas que posteriormente se vislumbraron también en el cristianismo y el Islam, de los cuales se creía entre los hebreos, y que semejaban ideas que llegó a creer el faraón Akenatón, y los romanos en un tiempo en que consideraron que efectivamente solo existió un único Dios, llamado Numen. De manera que, es más probable que todos estos supuestos paralelismos sean un invento de quienes tratan de desacreditar a Jesús de Nazaret. Las enseñanzas de Zoroastro o Zaratustra, depende del lenguaje usado, están recopiladas en lo que queda del Avesta, donde expone sus creencias a manera de canticos.

HORUS. Su nombre significa "el Elevado", un título muy propio para una deidad. Jesús significa "Salvación", pues vino humildemente para Salvar a los hombres de sus pecados. Horus es asociado directamente con el griego Apolo, cuyo apodo era Febo, el dios del sol, sucesor de Helios. Horus era identificado como un halcón u hombre con cabeza de halcón. Desde el Imperio Antiguo, el faraón es la manifestación de Horus en la tierra, aunque al morir se convertirá en un Osiris, y formará parte del denominado dios creador Ra. Durante el Imperio Nuevo se le asoció al dios Ra, como Ra-Horajty. Forma parte troncal de la Gran Enéada (el panteón básico y primigenio del Antiguo Egipto). Forma parte de la tríada Osiriaca: Osiris, Isis, Horus. Por estas razones el Catolicismo cimentó la idea de un Dios Trino: Dios Padre, Dios Hijo y Dios Espíritu Santo, una idea rechazada tajantemente por el judaísmo, y la cual no puede, en ninguna instancia, ser respaldada por la Biblia, ya que son ideas politeístas. Ciertamente los israelitas absorbieron mucha influencia egipcia durante su estancia en dicha nación. Sin embargo, su nombre, Israel, fue netamente hebreo: Ish-Ra-El (Varón-Ve-Altísimo), por la promesa de Dios a Jacob, el nieto de Abraham, a quien le cambió el nombre: «*Y le dijo Dios: Tu nombre es Jacob; no se llamará más tu nombre Jacob, sino Israel será tu nombre; y llamó su nombre Israel.*» (Génesis 35:10. La Torá) Siglos después de esto, su descendencia entró a vivir a Egipto. La palabra "Ra" es tan antigua como enigmática, pero el que sea muchas veces asociado Horus con un ojo, o Ra, es porque el hecho de verlo todo. De ahí que venga la frase de "el que todo lo ve". También la palabra "El" tiene su origen en Canaán, pues esa voz vino de Mesopotamia, concretamente de Acad, donde a los dioses se les llamaba "Ilu". De esa conocida palabra, para describir deidades, sino Alá o El, porque eran netamente las formas de llamar a una divinidad, por otra cosa. Posteriormente, Jehová se tomó el trabajo de cambiar las tradiciones y el valor que tenían las palabras en todas estas regiones.

Algunos vuelven a errar tratando de buscar en Jesús un origen hindú o egipcio –o hasta griego-, en especial tratando de asociarlo con un completo opuesto suyo: un dios de guerra. Al poco tiempo de nacer, Horus, hijo de Osiris, fue escondido por su madre Isis y lo dejó al cuidado de Tot, dios de la sabiduría, que lo instruyó y crio hasta convertirse en un excepcional guerrero. Claramente, Moisés también fue escondido en su infancia, y quien haya leído el Libro de Jaser sabrá que también Abraham fue oculto en su infancia para no morir a manos de Nimrod. Es más, se sabe menos de la infancia de Juan el bautista, o su predecesor, el profeta Elías, que del propio Jesús. Jesús nunca fue entrenado para ser guerrero ni para luchar ni entrar en combate, es más, e rey David dijo sobre él: «*Jehová dijo a mi Señor: Siéntate a mi diestra, Hasta que ponga a tus enemigos por estrado de tus pies.*» (Salmo 110:1. Escrito por el rey David o por Asaf) Jehová estaba diciendo a Jesús que se ponga al mando entretanto Jehová elimina a sus enemigos, par que entonces Jesús pueda tomar el Reino. Se tiene constancia también, que el padre de Horus, Osiris, fue asesinado y tras su fallida resurrección se hizo juez del inframundo. ¿Guarda esto alguna relación con la historia de Jesús o del padre Celestial? En todo caso, Horus es un dios guerrero por naturaleza y en toda regla, un dios solar y un líder de todo Egipto –aunque comenzó solo con el Bajo Egipto, hasta que venció a su tío Seth y le desterró.

Además de estas ideas, las representaciones de Horus son variadas y dependiendo de la zona de Egipto y el mandato en que se desarrollo cada zona. A Horus se le aplican casi todos los epítetos en relación a la batalla y al paso del sol, aún en su propia infancia. Claramente no hay prácticamente ninguna relación entre esta deidad y Jesús de Nazaret. Horus ya hacía sus funciones siendo niño, pero Jesús únicamente mostraba su precocidad y sabiduría, ya que «*no había llegado su hora*», como afirmó su discípulo Juan. Fue tras su bautismo en el Jordán cuando Jesús inició su ministerio, y lo hizo en lo que quedaba de Israel durante el reinado de Tiberio en Roma. Es de recalcar también, que era absurdo que naciera una tradición de Jesús en Judea en el siglo I a la manera que sus opositores tratan de exponer. Otra cosa muy distinta ya son las invenciones que Roma generó en el siglo IV, al dar nacimiento a la religión universal (Catolicismo), donde tomó ideas de todos los pueblos de antaño y creó una mezcolanza que opacó el verdadero mensaje de Jesús y sus discípulos en todas esas regiones.

El problema de no conocer historia antigua, literatura hebrea, arqueología y mitología es que se pueden llegar a estas crasas incongruencias y falacias, muy delicadas, pues ponen en tela de juicio la identidad del personaje más importante de toda nuestra historia: Jesús, el Mesías. Ahondando en el pasado debemos reconocer que hubo ángeles que desertaron del cielo y bajaron a la Tierra a vivir a su manera. Ellos, por esta acción, fueron destituidos del Reino de los Cielos. Esos ángeles, que hoy, por nuestro avanzado vocabulario, llamamos extraterrestres, se hicieron dioses, principalmente en Egipto, Babilonia y la India. Posteriormente se establecieron en Canaán y luego en Grecia, hasta el tiempo en que Jehová inició la guerra directa contra ellos. Desde entonces, es posible, que emigraran a Escandinavia, Suráfrica, Oriente Lejano y América, huyendo de los combates que Jehová y sus ejércitos libraron contra ellos. Por esta razón es imperativo que uno tenga conocimiento de todas estas cosas y las investigue con diligencia. Jesús vino, cuando estos dioses ya habían sido prácticamente opacados, para enseñar a la humanidad que la muerte no es el final y que nos espera una resurrección de entre los muertos y una Vida Eterna, cundo tenga lugar un juicio sobre todos los hombres, para determinar el destino de cada uno. Si bien, Jesús no podía venir antes por culpa de la soberanía de esos dioses, los cuales, tuvieron su mayor apogeo o Edad Dorada, desde los días del jardín del Edén, hasta la caída de la Dinastía XVIII egipcia, aprox. Así lo explicó Pablo, refiriéndose a este lapso de tiempo sin Dios, como "muerte": «*No obstante, **reinó la muerte desde Adán hasta Moisés**, aun en los que no pecaron a la manera de la transgresión de Adán, el cual es figura del que había de venir.*» (Carta de Pablo a los Romanos 5:14)

El Jesús histórico

Como toque de gracia en esta guerra religiosa, el lugar de Jesucristo ha venido a ser segundario, a la hora de darle protagonismo, pero primario a la hora de querer desenmascarar al Catolicismo. Como he dicho antes, el problema de Roma fue tomar la historia de los hebreos y aprovecharla en su favor, ya que los judíos ya no estaban en escena para quejarse de esta arbitrariedad. ¿Por qué no estaban? Porque habían sido echados de Judea por los romanos, tras las tres guerras judeo-romanas del siglo I, y también fueron expulsados de Roma, como escribió el médico Lucas: «*Después de estas cosas, Pablo salió de Atenas y fue a Corinto. Y halló a un judío llamado Aquila, natural del Ponto, recién venido de Italia con Priscila su mujer, por cuanto **Claudio había mandado que todos los judíos saliesen de Roma**.*» (Hechos de los Apóstoles 18:1-2) Esto lo confirma Gayo Suetonio Tranquilo, al hacer la biografía de Claudio, sobre el año 121 d.C.: «*expulsó de Roma a los judíos.*», añadiendo que la razón era porque «*provocaban alborotos continuamente*», por estar hostigando a los cristianos. Esto aparece en su obra denominada "Sobre la Vida de los Césares". También se sabe que los judíos perdieron las guerras contra los romanos en la antigua Judea, comenzando de esa manera el deterioro de su control sobre las Sagradas escrituras, las cuales se quedaron en Babilonia con textos relevantes como la Septuaginta –aunque el Sanedrín quería evitar esta traducción griega para evitar que los judíos supiesen que Jesús es el Mesías que los profetas de Israel habían advertido que vendría.

La historia pública de Jesús se vio sumamente enturbiada desde ya el inicio de su ministerio en Judea, Galilea y Cesarea. Sus principales oponentes fueron los más negros miembros del Sanedrín, que le llamaban Belcebú y mago samaritano. Posteriormente, con la desaparición de Jesús, el trabajo de sus misioneros y poneros fue dura, precisamente contra los judíos de todas partes a donde llegaba su mensaje, ya que la mitad aceptaba que Jesús era el Enviado, pero otros lo negaban y hacían una fuerte guerra a los judíos mesiánicos. Tras caer Jerusalén en el año 135 d.C., los judíos desaparecieron del mapa –literalmente- y se vieron obligados a emigrar en todas direcciones y permanecer en el exilio. Jerónimo tomó la literatura de los hebreos y tradujo la latín lo que hoy se llama Biblia, pero sin el permiso o aprobación de los judíos, a quienes pertenecía esta historia. Fue Constantino el Grande quien legalizó la religión cristiana por el Edicto de Milán en el 313, dando nacimiento en sus días al Catolicismo, que se organizó poderosamente cuando convocó el Primer Concilio de Nicea en el 325, donde se otorgó legitimidad legal al cristianismo en el Imperio romano por primera vez, aunque en sí mismo ya nada tenía que ver con el cristianismo primigenio, el conocido como judeo-mesianismo.

Hacia el año 112 d.C., Plinio el Joven, legado imperial en las provincias de Bitinia y del Ponto (situadas en la actual Turquía), escribió una carta al emperador Trajano para preguntarle qué debía hacer con los cristianos (Plinio el Joven. Epístola X, XCVI, C. Plinius Traiano Imperatori), a muchos de los cuales había mandado ejecutar. En esa carta menciona tres veces a Cristo a propósito de los cristianos. En la tercera oportunidad dice que los cristianos *«afirmaban que toda su culpa y error consistía en reunirse en un día fijo antes del alba y cantar a coros alternativos un himno a Cristo como a un dios.»* Poco después, cerca del año 116, el historiador romano Tácito escribió sus "Anales", y también mencionó a Jesús. En el libro XV de los Anales, Tácito narra el pavoroso incendio de Roma del año 64. Se sospechaba que el incendio había sido ordenado por el emperador Nerón. Tácito escribe que *«para acabar con los rumores, Nerón presentó como culpables y sometió a los más rebuscados tormentos a los que el vulgo llamaba cristianos, aborrecidos por sus ignominias. Aquel de quien tomaban nombre, Cristo, había sido ejecutado en el reinado de Tiberio por el procurador Poncio Pilato; la execrable superstición, momentáneamente reprimida, irrumpía de nuevo no sólo por Judea, origen del mal, sino también por la Ciudad...»* (Anales, 15:44:2-3)

Más adelante, en la segunda mitad del siglo II, el escritor Luciano de Samosata, oriundo de Siria, se refirió a Jesús en dos sátiras burlescas ("Sobre la muerte de Peregrino" y "Proteo"). En la primera de ellas habla así de los cristianos: «*Después, por cierto, de aquel hombre a quien siguen adorando, que fue crucificado en Palestina por haber introducido esta nueva religión en la vida de los hombres... Además su primer legislador les convenció de que todos eran hermanos y así, tan pronto como incurren en este delito, reniegan de los dioses griegos y en cambio adoran a aquel sofista crucificado y viven de acuerdo a sus preceptos.*» A fines del siglo I, el sirio Mara ben Sarapión se refirió así a Jesús en una carta a su hijo: «*¿Qué provecho obtuvieron los atenienses al dar muerte a Sócrates, delito que hubieron de pagar con carestías y pestes? ¿O los habitantes de Samos al quemar a Pitágoras, si su país quedó pronto anegado en arena? ¿O los hebreos al ejecutar a su sabio rey, si al poco se vieron despojados de su reino? Un dios de justicia vengó a aquellos tres sabios. Los atenienses murieron de hambre; a los de Samos se los tragó el mar; los hebreos fueron muertos o expulsados de su tierra para vivir dispersos por doquier. Sócrates no murió, gracias a Platón; tampoco Pitágoras, a causa de la estatua de Era; ni el rey sabio, gracias a las nuevas leyes por él promulgadas.*»

Si bien, es irrefutable el hecho de que no hubo Mesías en el siglo I, salvo Jesús. No es que existieran en alguna otra época, sino que efectivamente existieron personalidades importantes, muchos como Salvadores, otros como Libertadores –como el propio Moisés en el 1.500 a.C.-, más no en el siglo I, y mucho menos bajo esos estándares. Claramente había más personas llamadas Jesús en la antigua Israel dividida, el propio conquistador israelita Josué, aprendiz de Moisés, recibe el nombre hebreo de "Yeshua" (Salvación), como Jesús –luego vienen las adaptaciones de los nombres al latín, como Ieshua a Yehoshua o Jesua o Yesous. Sin embargo, el término griego concreto de Cristo, era único. Se trataba del equivalente al hebreo Mashiaj, que decíamos Mesías, y que de la lengua hebrea traducía "Ungido". Si bien, no existen dos cristos conocidos, por lo que el nombre griego de Jesús es el que le identifica históricamente, además de dar nombre a los cristianos. The New Encyclopædia Britannica (1995) afirma: «*Estos relatos independientes demuestran que en la antigüedad ni siquiera los opositores del cristianismo dudaron de la historicidad de Jesús, que comenzó a ponerse en tela de juicio, sin base alguna, a finales del siglo XVIII, a lo largo del XIX y a principios del XX*».

En el propio siglo I, también el historiador samaritano Thallos aludió en sus escritos a las tinieblas que sobrevinieron en ocasión de la muerte de Jesús, e intentó explicarlas como un eclipse de sol. Esta parte de sus escritos fue citada luego por los historiadores romanos Julio Africano y Flegón Tralliano. En otro caso, el Talmud (compendio de la antigua literatura rabínica), contiene varias referencias a Jesús. Ellas están inspiradas por una actitud polémica anticristiana, que les da un carácter calumnioso. No obstante pueden ser de alguna utilidad para una investigación histórica sobre Jesús, no tanto por lo que afirman falsamente, sino por lo que suponen: la existencia histórica de Jesús, su condena a muerte con intervención de las autoridades religiosas judías, sus milagros (rechazados como producto de la magia): «*En la víspera de la fiesta de pascua se colgó a Jesús. Cuarenta días antes, el heraldo había proclamado: "Es conducido fuera para ser lapidado, por haber practicado la magia y haber seducido a Israel y haberlo hecho apostatar. El que tenga algo que decir en su defensa, que venga y lo diga." Como nadie se presentó para defenderlo, se lo colgó la víspera de la fiesta de pascua.*» (Sanedrín 43a).

En el ámbito de Israel, hubo un famoso historiador judío que habló de Juan el bautista (Antigüedades Judías 18:5:2), pero dejó contar también su conocimiento sobre la vida pública de Jesús. Este hombre es el más conocido de los testigos extra-bíblicos que hablaron sobre Jesús: el historiador judío Tito Flavio Josefo, del siglo I. Flavio Josefo se refirió a Jesús en dos pasajes de sus Antiquitates judaicae (Antigüedades Judías 18:3:3). El primero de ellos es el célebre Testimonium Flavianum sobre el 93-94 d.C. El texto recibido dice lo siguiente: «*Por aquel tiempo existió un hombre sabio, llamado Jesús, si es lícito llamarlo hombre; porque realizó grandes milagros y fue maestro de aquellos hombres que aceptan con placer la verdad. Atrajo a muchos judíos y muchos gentiles. Era el Cristo. Delatado por los príncipes responsables de entre los nuestros, Pilato lo condenó a la crucifixión. Aquellos que antes lo habían amado no dejaron de hacerlo, porque se les apareció al tercer día de nuevo vivo: los profetas habían anunciado éste y mil otros hechos maravillosos acerca de él. Desde entonces hasta la actualidad existe la agrupación de los cristianos que de él toma nombre.*» Aunque pudiese parecer que un testigo judío era obvio que apoyase a Jesús, no lo es si conocemos la historia y persecuciones de los judíos. Había una gran disensión, porque unos lo aceptaban y otros no.

En otra parte Josefo escribió: «*Ananías era un saduceo sin alma. Convocó astutamente al Sanedrín en el momento propicio. El procurador Festo había fallecido. El sucesor, Albino, todavía no había tomado posesión. Hizo que el sanedrín juzgase a Santiago, el hermano de Jesús, [llamado Cristo] y a algunos otros. Los acusó de haber transgredido la ley y los entregó para que fueran apedreados.*» (Antigüedades Judías, 20:9:1) Si bien, el médico de Antioquía, el sirio Loucas, quien escribió el "evangelio" que lleva su nombre (Lucas) y los Hechos de los Apóstoles, fue el mejor redactor y notario del siglo I, que recopiló lo mejor que pudo e la vida pública e Jesús y sus discípulos –él mismo fue aprendiz de Pablo: «*Puesto que ya* *muchos han tratado de poner en orden la historia de las cosas que entre nosotros han sido ciertísimas, tal como nos lo enseñaron los que desde el principio lo vieron con sus ojos, y fueron ministros de la palabra, me ha parecido también a mí, <u>después de haber investigado con diligencia todas las cosas desde su origen,</u> escribírtelas por orden, oh excelentísimo Teófilo, para que conozcas bien la verdad de las cosas en las cuales has sido instruido.*» (Médico Lucas 1:1-4) El trabajo de Lucas fue, un siglo después, recapitulado por Jerónimo en Roma, a sabiendas de que existía mucha literatura sobre Jesús, la cual hoy ha desaparecido o permanece escondida apropósito –teniendo en cuenta todos los manuscritos que han sido quemados, deteriorados y destruidos a lo largo de los siglos, como el famoso Evangelio según los Hebreos.

En todo caso, Tiberio Cesar se escribió con Pilatos en textos muy concisos, en lo referente a la condena injusta de Jesús: «*Por cuanto tuviste la osadía de condenar a muerte a Jesús Nazareno de una manera violenta y totalmente inicua y, aun antes de dictar sentencia condenatoria, le pusiste en manos de los insaciables y furiosos judíos; por cuanto, además, no tuviste compasión de este justo, sino que, después de teñir la caña y de someterle a una horrible sentencia y al tormento de la flagelación, le entregaste, sin culpa alguna por su parte, al suplicio de la crucifixión, no sin antes haber aceptado presentes por su muerte; por cuanto, en fin, manifestaste, sí, compasión con los labios, pero le entregaste con el corazón a unos judíos sin ley; por todo esto, vas tú mismo a ser conducido a mi presencia, cargado de cadenas, para que presentes tus excusas y rindas cuentas de la vida que has entregado a la muerte sin motivo alguno. Pero ¡ay de tu dureza y desvergüenza! Desde que esto ha llegado a mis oídos, estoy sufriendo en el alma y siento que se desmenuzan mis entrañas. Pues ha venido a mi presencia una mujer, la cual se dice discípula de Él (es María Magdalena, de quien, según afirma, expulsó siete demonios), y atestigua que Jesús obraba portentosas curaciones, haciendo ver a los ciegos, andar a los cojos, oír a los sordos, limpiando a los leprosos, y que todas estas curaciones las verificaba con su sola palabra ¿Cómo has consentido que fuera crucificado sin motivo alguno? Porque, si no queríais aceptarlo como Dios, deberíais al menos haberos compadecido de Él como médico que es. Hasta la misma relación astuta que me ha llegado de tu parte, está reclamando tu castigo, ya que en ella se afirma que Éste era superior a todos los dioses que nosotros veneramos.»*

Y en otra carta, Tiberio le expuso: «*¿Cómo ha sido para entregarle a la muerte? Pues sábete que, así como tú le condenaste injustamente y le mandaste matar, de la misma manera yo te voy a ajusticiar a ti con todo derecho; y no sólo a ti, sino también a todos tus consejeros y cómplices, de quienes recibiste el soborno de la muerte.*» En esta correspondencia, Tiberio César aplicará a Poncio Pilato la ley del talión. Cosa extraña es que un romano aplicase la ley judía a un pagano como Pilato. El tribunal que juzgó a Jesús fue más bien un "tribunal de la venganza", donde se violó el derecho penal romano, el procesal y el derecho hebreo emanado del Pentateuco y los Mandamientos de Dios dados a Moisés. Claro está, todo esto es una evidencia fehaciente, no solo por lo escrito, sino por testimonios incontables de la presencia física de Jesús a los largo de la historia, y donde, poner en evidencia cada testimonio es ya cosa de otro género de investigación, igual como hacen aquellos que afirman, de forma ridícula, que el tema OVNI es un fenómeno de histeria colectiva.

De la Biblioteca del Congreso de EE.UU.

Hace no muchos años cierta persona descubrió en la Biblioteca del Congreso de los Estados Unidos en Washington unas cartas que registraban la existencia histórica de Jesús de Nazaret. El profesor Alexander Backman las tradujo tras recibirlas de un amigo suyo, que las había retirado de dicha Biblioteca. Publicó estos registros en la Ensanada (Baja California, México) el 27 de abril de 2011. Estos escritos eran cartas personales entre Tiberio Cesar y Poncio Pilato, también de Pilato y Herodes. Algunas de estas cartas, mantenidas en la custodia de Roma, eran incluso de civiles, soldados y otras personas seculares. Entre dichas palabras mencionadas, se habla de las características físicas de Jesús y de su forma de ser: «*Un hombre joven apareció en Galilea predicando con unción humilde, una nueva ley en el Nombre de Dios que lo había enviado a Él.*» Esta carta concreta añadía: «*Un día yo observé entre un grupo de personas a un hombre joven que estaba inclinado sobre un árbol, dirigiéndose a la multitud de forma calmada. Se me dijo que era Jesús. Esto fácilmente lo pude haber sospechado. Tan grande era la diferencia entre Él y aquellos que lo estaban escuchando a Él. Su cabello de color dorado y su barba le daban a su apariencia un aspecto celestial. Él parecía tener unos 30 años de edad. Nunca jamás había visto yo un rostro más dulce o más sereno.*» Esta habrían sido las primeras experiencias personales de Poncio Pilato al conocer a Jesús, según sus propias palabras.

En otra carta, un residente de Judea, a principios del siglo I, bajo el reinado de Tiberio César, llamado Publius Lentrelus, habló sobre Jesús, diciendo: «*Vive en este tiempo en Judea un hombre de virtud singular cuyo nombre es Jesús Cristo, a quien los bárbaros estiman como un profeta, pero sus seguidores lo aman y adoran [como] vástago del Dios inmortal. Él llama a los muertos de las tumbas y sana todo tipo de enfermedades con una sola palabra o tacto. [...] Su discurso completo ya sea en palabra u obra, siendo elocuente y grave. [...] sus modales son excedentemente placenteros, pero Él ha llorado frecuentemente en la presencia de hombres. Él es templado, modesto y sabio.*» Estos dos últimos textos se pueden encontrar en el libro de E. Raymond Capt, "La Tumba de la Resurrección", y sus fuentes aparecieron por primera vez en los escritos de Sant Anselm de Canterbury, en el siglo XI. También se halla ente estos escritos una carta fechada del «*5to de Calende de Abril*», de Poncio Pilato al emperador romano Tiberio César, tratando de justificarse por el crimen contra Jesús. E igualmente hay otro par de registros de otras cartas destinadas a César Augusto, también en lo referente a los asuntos de Jesús en Judea, y otros haciendo a Pilato casi que un mártir que fue condenado, aunque trató de evitar la condenación de Jesús. De hecho, gracias a los escritos, por ejemplo, de Flavio Josefo, se atestigua que Jesús fue condenado y asesinado el 3 de Abril y resucitó el día 5 –más o menos, ya que se comprende que estuvo en el Hades 3 días, no 2-, cerca del año 33 de nuestra era.

Otro registro se halla en "El Volumen Archko", donde aparece un capítulo titulado "La Entrevista de Gamaliel", donde este sabio fariseo maestro de Pablo, declara interés por conocer a Jesús, y alguien le responde: «*Si algún día lo conoces, lo sabrás reconocer. Aunque no es solo más que un hombre, hay algo con Él que lo distingue de todo otro hombre [...] Este Judío está convencido que Él es el Mesías del mundo... esta misma persona que nació de una virgen en Belén hace unos veintiséis años.*» El tal Volumen Archko fue traducido al inglés por los doctores McIntosh y Twyman de la Logia Antiquariana, de Genoa (Italia), de los manuscritos en Constantinopla y los registros del Listado del Senado, tomados, a su vez, del Vaticano en Roma en 1896. Asimismo, de otras cartas del un museo siriaco del siglo VI-VII que pasaron al Museo Británico, el doctor Tischendorf sacó material para su obra "Apocalipsis Apocryphae" (prolegg p. 56) –también con una copia en griego de un Museo de París-, se leen palabras entre Poncio Pilato y Herodes, básicamente de angustia, por la decisión injusta de consentir en el asesinato de Jesús. Entre este material se saca un diálogo de Jesús, ya resucitado, con Procla, mujer de Pilato, varios soldados romanos y Poncio Pilato, que fueron a dar con Jesús a Galilea al saber que estaba vivo: «*¿Qué pasa? ¿Creen en mí? Procla, debes saber que en el pacto que Dios le dio a los padres, donde se dice que todo [el] mundo que hubiese perecido debe vivir por medio de mi muerte, que tú has visto. Y ahora, ustedes ven que yo vivo, a quien ustedes crucificaron. Y yo sufrí muchas cosas, hasta el momento que fui recostado en el sepulcro. Pero ahora, escúchenme, y crean en mi Padre-Dios quien está en mí. Porque yo liberé las ataduras de la muerte, y rompí las puertas del Sheol (Hades); y **mi venida será después**.*»

Evidencias que eliminan el mito

El principal problema que existe, a la hora de querer hablar de Jesús, es que no se quieren aceptar las versiones históricas que existen sobre él, por el mero hecho de que, sea o no cierto, tratan siempre de asociarlo con la religión. De la historia conocida de Jesús en la Historia Patria de Israel –que Roma llamó "Biblia"- hay 3 narraciones de 3 discípulos suyos: Mateo Leví, un ex recaudador de impuestos; Juan, el hijo de Zebedeo, un pescador; y Juan Marcos, que luego estuvo acompañando a Bernabé y a Pablo. Luego apareció un importante médico de Antioquía que registró, no solo la infancia de Jesús, sino la vida de Pablo hasta se comparecencia ante el César –incluyendo los eventos más significativos de la iglesia primigenia y los apóstoles de Jesús. También Jerónimo tuvo en cuenta los dichos de Jesús que documento otro discípulo, Tomás Dídimo, junto con una carta de Bernabé –uno de los discípulos de Jesús que estuvo con él desde el principio- y una narrativa "Según los Hebreos", que ya hoy ha desaparecido, y que también hablaba de la vida pública de Jesús en Judea.

Es irónico que la propia religión esté en contra de Jesús. Es normal que lo esté la masonería y el poder mundial, pero, ¿la religión? El Catolicismo es una religión anti-bíblica, por naturaleza, y anti-cristiana, aunque el cascarón haga parecer otra cosa. Igual que en la masonería, en el Catolicismo la gente de los rangos bajos, hasta el Cardenal, no saben que sirven a Lucifer, a quien los masones denominan Iblis, un término árabe, para llamar a Satán. Los judíos, que ostentan gran poder mundial, también tratan de negar a Jesús, y si alguien pregunta mucho por él, dicen que fue un brujo o mago, como consta en el documento babilónico del Sanedrín. Luego los musulmanes, aunque lo ven como profeta, no dejan que nada, especialmente en Egipto –que representa simbólicamente, y está establecido, como plataforma para el regreso de Jesús- exista algo que legitime el cristianismo, así como cualquier cosa que pueda dar razón a Israel para ganar territorio geográfico. Aún con todo, la ciencia ha llegado más allá de lo inimaginable.

El Cronovisor. Ciertos científicos del Vaticano descubrieron algo intrigante hace varias décadas. Frente a la Plaza San Marcos, y al otro lado del gran canal, en Venecia, se encuentra encerrado uno de los misterios más desconcertantes -a la vez que ignorados- de nuestros días. En la isla de San Giorgio, copada en su totalidad por instalaciones de los monjes benedictinos y de la Fundación Giorgio Cini, dedicada a la acogida y educación de los hijos huérfanos de pescadores, se esconde de su pasado el padre Pellegrino Ernetti. Profesor de "Prelolofonía" (música anterior al año mil) en el Conservatorio Benedetto Marcello de Venecia, Ernetti oculta sus investigaciones sobre el tema del Tiempo. El padre Ernetti no ha querido dar muchas explicaciones sobre este tema, de cómo él, ayudado de un nutrido equipo de científicos europeos, había estado diseñando -en plenos años cuarenta- una máquina capaz de fotografiar el pasado. *«El principio es muy sencillo: las ondas visibles y sonoras del pasado no se destruyen. Y no lo hacen porque son energía. La grandeza de nuestro invento, que llamamos Cronovisor, está en poder recuperar esa energía y recomponer las escenas».* De ahí que existan las psicofonías famosas que estudian también las voces que se quedan rebotando o estáticas en un lugar por siglos.

Ernetti hizo varias declaraciones apresuradas a la prensa italiana de finales de los años cuarenta. Aseguró haber recompuesto, en su versión original, la oficialmente desaparecida obra Thyestes, elaborada por Quinto Ennio y representada en Roma hacia el año 169 d.C. También aseguró haber obtenido el texto original de las Tablas de la Ley entregadas por Jehová a Moisés en el Monte Sinaí, aparte de otras singulares "fotografías" obtenidas de la destrucción de Sodoma y Gomorra, y de otros trascendentales episodios bíblicos, incluyendo a Jesús, a quien habrían fotografiado en el Gólgota. El eje de su planteamiento se centra en la admisión de la existencia del éter, en donde se recogerían todas y cada una de las acciones externas emprendidas por los seres humanos. Según Emetti, cada uno de nosotros emite millones de ondas a lo largo de la vida, que quedan atrapadas en alguna parte. Después, gracias a la utilización del instrumental adecuado para acceder a ese estadio de información y decodificar las ondas que se están buscando -en lo que, a decir del investigador francés Robert Charroux, se emplearía un oscilógrafo catódico que lograría reconstruir las emisiones originales- se puede acceder a las imágenes y sonidos que se deseen. La siguiente entrevista fue realizada por el investigador, y ahora director de la revista Más Allá, Javier Sierra: *«Pero todo ha terminado -dice el padre Ernetti-. Yo ya hablé. El papa Pío XII nos prohibió que divulgáramos cualquier detalle sobre esta investigación, porque la máquina del pasado es muy peligrosa. Puede cortar la conciencia de libertad del hombre, ya que con este aparato se podrá conocer qué has estado haciendo esta mañana, dónde, cuándo, cómo...»*

Caballo de Troya. Poco después, en la siguiente década, los 50, EE.UU. y la Unión Soviética aprendieron a viajar en el tiempo. Esto suena totalmente absurdo pero es una declaración de fuentes militares de altos cargos como el oficial de la Inteligencia Naval llamado Milton William Cooper, el Coronel Phillip Corso y más oficiales que aún hoy viven y pertenecen al enorme equipo del Disclosure Project dirigido por Steven Greer. El Disclosure Project son una masa de más de 200 personas que pertenecieron a las fuerzas armadas y la política, que ahora desvelan los secretos del gobierno de los Estados Unidos en los referente a las guerras, la tecnología secreta, los viajes espaciales, la relación con civilizaciones extraterrestres y tratos ocultistas con fines de dominación mundial (estos temas los trato en mis obras "Estrellas Errantes, la Historia del Fenómeno OVNI", "Armagedón, E-5" y "Reconociendo el Tiempo del Fin"). Los estudios en el terreno, como el fracaso del Experimento Filadelfia, fueron solo los inicios a un trabajo más concienzudo de desarrollo tecnológico que va 50 años por delante de lo que conocemos oficialmente. El libro de J.J. Benítez "Caballo de Troya", puede no estar muy lejos de ser la recopilación de una historia que ocurrió en el seno militar de investigación de los EE.UU. para viajar al pasado, a la época de Jesús de Nazaret y hacer un seguimiento de su vida pública (personalmente no conozco todos los detalles de estas obras, pero tengo conocimiento del hilo de la temática, y especialmente estudio, hace tiempo, teorías de la conspiración, entre las cuales está la tecnología revertida y los viajes en el tiempo).

Sangre de Jesús. Aunque esto empieza a rosar la lógica, es necesario, como investigador, evaluar todas las probabilidades y no descartar nada, entretanto haya probabilidades de que ayuden al lector y estudiante a comprender la importancia de la vida histórica de Jesús, su mensaje y su misión, en el ayer, en el hoy y en el mañana. Hace varias décadas, el investigador estadounidense Ron Wyatt, con la ayuda de un militar israelí, inspeccionó la zona de Jerusalén donde se hallaba ubicado el Gólgota (el lugar de crucifixión de Jesús), y dio, tras esforzarse duramente, con una gruta que contenía sangre petrificada. Wyatt fue famoso por descubrir el Arca de Noé en Turquía, y hacer que el gobierno tuco ganase un nuevo centro de visitantes en una vista privilegiada de una embarcación de madera de 120m de eslora recostada en el Ararat, en los montes Urales. Cuando el señor Wyatt llevó esta sangre a unos amigos suyos de la Universidad Hebrea de Jerusalén, ellos la estudiaron a fondo. Hoy, aún, se pueden encontrar todos los detalles de esta investigación, la cual desveló algo sobrenatural en la sangre de Jesús, aquella que Wyatt había hallado en el Gólgota en Jerusalén: tenía únicamente 24 cromosomas. Sabemos que el hombre otorga 23 cromosomas y la mujer otros 23, los cuales forman un individuo con base a 46 cromosomas, donde está toda la información del ADN. No obstante, este hombre era sobrenatural, y tenía únicamente UN cromosoma por parte del padre, y además, esta sangre, estaba VIVA. Ojalá comencemos ya a abrir los ojos sobre la importancia de Jesús, sin el velo de la religiosidad, ni exclusivamente como un mero pregonero de palabras bonitas que cautivó al mundo.

El Creador

El concepto de Creador es de lo primero que toda tribu o etnia en la Tierra ha considerado. Aún Platón filosofaba sobre la existencia de un promotor de las cosas, al que denominaba Demiurgo. Ergo, ¿Quién es ese Dios? Usualmente se habla de una misma identidad, la cual es Padre de todo, Creador, Dios y Juez de las cosas existentes. Él mismo entra en tela de juicio por humoristas, críticos, ateos, estudiantes y profesores, por el deseo social de que un superhéroe aparezca y nos solucione todos los problemas. Por no comprender quien es Dios, es por lo que las personas llegan usualmente a este triste punto. Como lo menciono en los capítulos 1 y 2 de "Alcanzar a la Deidad", el concepto de Dios es genérico, y por definición está dirigido a Alá y a Jehová –posiblemente la misma persona-, pero no a quien se refería Jesús como «*el Padre*». Lo que viene a ser el equipo de Jehová Elohim crearon un escenario para Adán, Eva y la estirpe de estos, dándoles la autonomía sobre el planeta, confiando en su buen criterio para «*sojuzgarla*» y someterla (Génesis 1:28. La Torá). Los medios quedaron a nuestro alcance, y además, el respaldo de Arriba. Sin embargo, la humanidad se pervirtió y comenzó a vivir egoístamente, dañando al prójimo, de manera que Dios decidió establecer un día en que «*castigará al mundo por su maldad*» (Profeta Isaías 13:11), y juzgará «*a cada uno según sea su obra.*» (Apocalipsis de Juan 22:12) Todo lo que ocurre hoy en el mundo es culpa de Satán, efectivamente, pero también de la falta de buena voluntad y altruismo de los hombres. Por eso dice un famoso dicho: «*lo único que falta para que el mal triunfe, es que los hombres buenos no hagan nada.*»

El divulgador científico vienés Thomas Vasek, apoyado en la obra del físico Stephen D. Unwin "Probabilidades de la existencia de

Dios", establece que Dios, y su no ser, parten con un 50%, que es igual que «no saber nada» y divide el universo de estudio en cinco ámbitos: 1) «la creación del cosmos» concluye a favor de Dios, elevando su tanteo al 67%, pues todo sumado es «algo más posible» que el cosmos fuese creado pues toda la ciencia conocida impide pensar que «algo surja de nada». 2) «el orden del cosmos» también juega a su favor pues, un estudio de sus condiciones físicas muestran «un universo tan improbable» que, si variaran un ápice, colapsaría; esto no sucede y deja a Dios muy bien con un 80% de probabilidades. Interesantemente, en todos los otros campos de esfuerzo humano encontramos que "el diseño necesita un diseñador" De esta manera, la metodología de detección del diseño es un requisito previo en muchas disciplinas, incluyendo la arqueología, la antropología, la ciencia forense, criminal, en la jurisprudencia, en leyes de derechos de autor, de ingeniería inversa, en el cripto-análisis, en la generación del número aleatorio, y en SETI (siglas en inglés de "Búsqueda de Inteligencia Extraterrestre"). En general, encontramos que la "complejidad específica" es un indicador confiable de la presencia de diseño inteligente. El azar puede explicar la complejidad, pero no la especificación. Una secuencia aleatoria de letras es compleja, pero no es específica (carece de sentido). Un soneto de Shakespeare es complejo y específico a la vez (tiene significado). No podemos tener un soneto de Shakespeare sin Shakespeare. Ni una creación sin un Creador.

De manera que, Dios, como Padre Universal, está exento de los asuntos de la Tierra, ya que únicamente ha hecho su parte como creador y monitor de las cosas vivientes. En su lugar, en la Tierra, se ha dejado ver un ministro suyo, conocido en las Escrituras como "El Anciano de Días", y que explícitamente se menciona en el libro del profeta Daniel, en el Apocalipsis de Juan y en el Libro de Enoc. Es este hombre brillante y majestuoso, el que representa a Dios, y es conocido como Jehová. Éste hombre es quien lideró el plan con

Israel y quien preside las fuerzas militares que han de libertar el cosmos de la tiranía, con la ayuda de un príncipe y archiestratega llamado Mijael (Miguel o Michael), que es el defensor bélico de Israel. Aunque esto suene a ciencia ficción está todo esgrimido en los libros del escriba proto-hebreo Enoc, quien documentó los asuntos celestes en tiempos anteriores al Diluvio, y fue de los primeros en anunciar la venida del Mesías. ¿Por qué, pues, el Padre no está metido en esta historia? Porque es «*santo, santo, santo*» y está eximido de donde hay maldad, ya que nada tiene que ver con ella, y además ha delegado su Creación en manos de quienes Él confía, para que a su debido tiempo se la entreguen purificada y Redimida: «*Porque la creación fue sujetada a vanidad, no por su propia voluntad, sino por causa del que la sujetó en esperanza; porque también la creación misma será libertada de la esclavitud de corrupción, a la libertad gloriosa de los hijos de Dios.*» (Carta de Pablo a los Romanos 8:20-21)

Albert Einstein, el científico más famoso del siglo XX, cuando estuvo por cumplir los 71 años, llegando a sus últimos días de vida en la cama de un hospital, realizaba anotaciones inclusive en las sábanas, donde a través de cálculos matemáticos intentaba encontrar una fórmula de la física que resumiera toda la existencia del universo y de la vida, que se llamaría TST (Teoría Sobre Todo), o como él decía: conocer la "Mente de Dios". Entretanto esta obsesión en querer probar la existencia de Dios en los últimos días de su vida, lo estaba llevando al ridículo frente a sus colegas científicos físicos que no aceptaban su teoría, puesto que chocaba con la Mecánica Cuántica. Esta ciencia prevé la imprevisibilidad de los movimientos de las partículas subatómicas. Según los cuánticos teóricos todo lo que existe en la actualidad es resultado de la existencia de la casualidad, es decir, es mero caso de la naturaleza, además, según estos científicos, todo se resume en un lance de juego de dados, la ley de las probabilidades. ¿Cuáles son las posibilidades de sacar un seis? Sin embargo, el gran genio no creía en el "acaso-probablemente", en ese momento pronunció la frase que pasaría a la historia: "DIOS NO JUEGA A LOS DADOS". Detrás de cada órbita de los planetas, de cada estrella, de cada galaxia, de cada molécula, de cada átomo, en fin, de cada ser, existe una inteligencia SUPREMA capaz de mover e interactuar en todo lo que existe, inclusive la propia vida, que se llama DIOS.

El Ultra-Creacionismo

El creacionismo es la filosofía que asume que una deidad, o deidades, crearon todo lo existente, tanto a nivel universal como a nivel de la naturaleza (hombres, animales, plantas y todo lo que les rodea). Se generaliza al creacionismo como una rama cristiana que pretende hacer la guerra al darwinismo, no obstante, el creacionismo se aplica a cualquier otra ideología, como puede ser la religión bahai o la cultura nórdica antigua, donde sus dioses como seres divinos lo formaron todo de la nada o de partes de un ser primigenio. En el cristianismo, judaísmo e islam, el creacionismo apunta a que el Dios "Iehovah", único dios, creó todo en 6 días hace unos 6.000 años, o como mucho 10.000 años. Entre algunas de estas cosas creadas estaría el hombre "Adán", de donde vendrían todos los seres humanos. Esta apreciación, igual que el evolucionismo, es un "punto de vista", más que un concepto correcto sacado de textos sagrados. Los estudios de Félix G. Katchinsky demuestran que Adán y Eva no fueron los primeros seres humanos en existir aunque, empero, existieron hace más de 6.000 años. El rabino Félix G. Katchinsky, después de más de 25 años de investigaciones de las Sagradas Escrituras hebreas, es explicito al enfatizar que Adán y Eva probablemente padres, y vivieron en un mundo ya habitado por otros seres humanos. De acuerdo a sus estudios, los 6 días genésicos serían 6 periodos indeterminados de tiempo en los que no fue creado el universo y los seres vivos, sino un establecimiento militar para restaurar el orden en el planeta Tierra tras un caos anterior.

Sus referencias son interesantes, puesto que ayudan a vislumbrar forma de ver el inicio de los tiempos con un prisma distinto, y a la vez innovador. Ahora bien, un punto de vista más acertado del creacionismo simplemente atribuiría a un Dios Todopoderoso y Único la creación de la vida, pero no hace 6.000 años sino hace miles de millones, y no necesariamente en nuestro mundo primeramente. Este pensamiento más cabal afirmaría que el creacionismo moderno es un error y es un intento forzado por dar valor a mitos y leyendas que son bases fundamentales en los dogmas de muchas religiones importantes. El creacionismo objetivo diría que el universo fue creado con todo lo que en él existe, desde las formas de vida más sutiles y sencillas hasta las más complejas y macro-dimensionales, así como universos paralelos, dimensiones, leyes de la física, ondas de radio y de sonido, aire, agua, fuego, los minerales y gases que existen, etc. Pero este suceso habría acaecido repentinamente hace 15-21 mil millones de años, y que los conceptos bíblicos y del Corán –por citar estos ejemplos ahora- han sido gravemente malinterpretados o tendenciosamente modificados en el pasado con fines opresivos.

Este otro segmento o visión creacionista daría más pie a la vida extraterrestre y menos a la religiosidad como fuente u origen de muchas de las cosas hechas y de los eventos acontecidos en la prehistoria de nuestro mundo. Partiendo de que en el algún momento el UNO creó la base de la vida, sus hijos, llamados hoy extraterrestres y en el pasado ángeles, habrían "recreado" la vida en el universo. Algunos de estos no serían necesariamente "ángeles" como soldados-heraldos sino que a manera de realeza o liderazgo político llevarían a cabo las ordenes del UNO, como se puede entender en las creencias de las sectas UFO la de la Cienciología y la raeliana, así como el punto de vista de los mormones (aunque todas estas líneas modernas de pensamiento son opuestas a las enseñanzas de Jesús). Estos "foráneos" serían llamados Dioses, del hebreo "Elohim", entre ellos una facción denominada singularmente "Iehovah", mientras habría una contrapartida que rechazando los parámetros del universo engañarían al mundo haciéndose pasar por "dioses", como vemos en el acervo de las mitologías y leyendas de todo el globo. No necesariamente porque una persona no sea evolucionista debe ser creacionista, ni por no ser creacionista sea evolucionista, los límites y "partidos" los crean los propios hombres. La verdad no está sujeta a apelativos o escuelas prefabricadas. Éste se crea lentamente con el conocimiento adquirido, la experiencia, la voluntad humana y la síntesis de material cultural que aborda la historia del mundo.

EL CREACIONISMO REBATE al evolucionismo

Hasta hace unos 200 años el mundo occidental no refutaba la idea de que un Único Dios hubiese creado, por su poder divino, todo lo existente en el cosmos, incluyendo todas las formas de vida. Cuando aparecieron las ideas de Lamarck y Darwin se empezó a ver el sistema de ideas de la creación divina como un punto de vista carente de valor. La arcaica idea de la creación divina tomó forma sólo para el acervo de las mitologías, leyendas y religiones como un punto de vista fabuloso para dar crédito al poder de un dios que para muchos, como en el caso del marxismo, sería una creación netamente humana para justificarse a sí mismos o lo que es lo mismo, la idea o existencia de Dios habría sido fabricada por las propias masas como una necesidad y un consuelo psicológico.

Cada año aumenta el número de estudiantes universitarios que cree que *"la comunidad científica está dividida sobre la evolución"* y que *"la evolución es una teoría sin verificar"*. Una encuesta realizada en 2001 por The Gallup (una organización que desde hace más de 70 años estudia la naturaleza y el comportamiento humano) expone que casi la mitad de los estadounidenses cree en el creacionismo. El 45% de los encuestados piensa que Dios creó el ser humano hace no más de 10.000 años, una idea muy próxima a la tesis creacionista. El 37%

del otro grupo cree que el dedo de Dios, en todo caso, intervino en algún momento a pesar de su creencia en la evolución de las especies. Algunos de los apoyos que utilizan los creacionistas en la guerra entre estos dos postulados (Creacionismo y Evolucionismo) parte de que hace unos años Stephen Jay Gould y Niles Eldredge observaron que las "grandes líneas evolutivas" muy a menudo aparecen súbitamente en el registro fósil y propusieron que el cambio evolutivo a gran escala se desenvuelve posiblemente de forma gradual en unas épocas geológicas, mientras que lo hace más rápidamente en otras. De manera que, siendo que no se ha visto esto en la práctica, esto complica la hipótesis aceptada ya que estos cambios abruptos son aún más difíciles de apoyar por el azar en el transcurso de los años.

Este principal soporte da pie, según sus defensores, a considerar que Dios creó todo de la noche a la mañana. Lo cierto es, que a pesar de ser correcta la afirmación de que todos los grupos animales y plantas en el registro fósil, aparecen repentinamente de un día a otro y desaparecen igual de rápido –lo cual excluye un proceso de evolución- no es admisible la teoría creacionista que sostiene que Dios creó todo hace unos 6.000 años, o si mucho hace 10.000 años, puesto que el registro fósil es pragmático en esclarecer la antigüedad millonaria de cada grupo animal y vegetal. Un estudio de Stuart Kauffman, bioquímico de la Universidad de Pennsylvania, investiga cómo los sistemas biológicos complejos pueden auto-organizar a partir de componentes sencillos. Algunos creacionistas eminentes sugieren que este "don molecular" representa una alternativa a la selección natural, aunque los evolucionistas creen que fuera probable que las primeras formas de vida surgieran por cuenta propia de la sopa primordial. El problema es que la temperatura de este "caldo original" y de la atmósfera, imposibilitaban la vida de cualquier organismo. Lo que quiere decir que ninguna forma de vida, mucho menos celular, habría sobrevivido bajo semejantes condiciones infernales que reinaban en el planeta Tierra miles de millones de años.

Fundadores de DI (Diseño Inteligente), una nueva y más atrevida rama creacionista, como Michael J. Behe, bioquímico de la Universidad de Pennsylvania, y otros biólogos, bioquímicos, químicos, físicos, filósofos e historiadores hacen la guerra al darwinismo, y asumen que el creador del hombre podría ser incluso de origen extraterrestre. Behe propone la idea de la complejidad irreductible de los sistemas naturales. Es decir, existen sistemas altamente complejos a nivel molecular, como el flagelo de las bacterias y el mecanismo de coagulación sanguínea, que es imposible que hayan evolucionado por su cuenta, lo que en sí mismo son evidencias de diseño y no productos de la casualidad. Por su parte, William A. Dembski, matemático de la Universidad de Baylor, invoca que la biodiversidad no se explica por el azar evolutivo y sostiene que *«la acción de la inteligencia creadora deja tras de sí una seña o evidencia característica que se puede filtrar y detectar.»* (Fuente: revista "Muy Interesante" Nº 283 - diciembre 2004.)

El lector empezará a ver que todo lo que llamamos ciencia, antes que ser el estudio de la verdad, se ha convertido en un mero punto de vista sujeto a ciertos cánones y parámetros de los cuales no se puede salir, a menos de que se quiera ser considerado "ignorante" y perder el respaldo del sistema que hoy impera. Lo que consideramos o creemos que es la ciencia no es lo que debiera ser, y nuestra mente cauterizada sólo acepta lo que la sociedad considere aceptable, independientemente de si es o no la verdad: *«Pues no me envió Cristo a bautizar, sino a predicar el evangelio; no con sabiduría de palabras, para que no se haga vana la cruz de Cristo. Porque la palabra de la cruz es locura a los que se pierden; pero a los que se salvan, esto es, a nosotros, es poder de Dios. Pues está escrito: Destruiré la sabiduría de los sabios, Y desecharé el entendimiento de los entendidos. ¿Dónde está el sabio? ¿Dónde está el escriba? ¿Dónde está el disputador de este siglo? ¿No ha enloquecido Dios la sabiduría del mundo? Pues ya que en la sabiduría de Dios, el mundo no conoció a Dios mediante la sabiduría, agradó a Dios salvar a los creyentes por la locura de la predicación.»* (Primera Carta del misionero Pablo a los Corintios 1:17-21)

La Holografía del Universo

Pasando directamente a otro escenario, hablemos ahora del origen del universo y sus leyes. ¿Es posible que el universo y todo cuanto en él hay sea producto de la casualidad? Si miramos la primera de estas concepciones, sobre el cosmos, pensamos ¿Qué fuerza generó el Big Bang? ¿De dónde surgió la materia que la componía? ¿Qué existía antes? Estas son preguntas que no siempre la gente suele formularse, y la respuesta no se puede justificar con la no-existencia de Dios, sino es así ¿Qué fuerza generó todo el plasma en el universo? Y tanto más ¿Qué es el universo? ¿Cómo es posible que de la nada surgiese todo? Un extraño ruido detectado por el GEO600 (detector de ondas gravitacionales inaugurado en 2006 en Hannover, Alemania) trajo de cabeza a los investigadores que trabajan en él, hasta que el físico Craig Hogan, director del Fermi National Accelerator Laboratory (Fermilab), en EE.UU., afirmó que el GEO600 se había tropezado con el límite fundamental del espacio-tiempo, es decir, el punto en el que el espacio-tiempo deja de comportarse como el suave continuo descrito por Albert Einstein para disolverse en "granos" (más o menos de la misma forma que una imagen fotográfica puede verse granulada cuanto más de cerca la observamos).

Según Hogan, *«parece como si el GEO600 hubiese sido golpeado por las microscópicas convulsiones cuánticas del espacio-tiempo.»* El físico afirma que si esto es cierto, entonces se habría encontrado la evidencia necesaria para afirmar que vivimos en un gigantesco holograma cósmico. La teoría de que vivimos en un holograma se deriva de la comprensión de la naturaleza de los agujeros negros y, aunque pueda parecer una teoría absurda, tiene una base teórica bastante firme. Los hologramas de las tarjetas de crédito y billetes están impresos en películas de plástico bidimensionales. Cuando la luz rebota en ellos, recrea la apariencia de una imagen tridimensional. En la década de 1990, el físico Leonard Susskind y el premio Nobel Gerard 't Hooft sugirieron que el mismo principio podría aplicarse a todo el universo. Si esto es así, para empezar deberíamos cambiar nuestro "chip mental" en cuanto a todo lo que nos rodea, y comprender que la "casualidad" no pudo crear un holograma tridimensional de miles de millones de años luz.

Cavilemos, si la teoría de la evolución cósmica fuese correcta y todo fuese producto del azar, encontramos ciertos eslabones, como por ejemplo: ¿Qué creó las leyes en las cuales se rige el universo? ¿De dónde salieron: el sonido, la luz, las ondas de radio o la materia oscura, por ejemplo? Si todo es producto de la providencia ¿También lo sería el hecho de que nuestro universo no fuese físico sino "holográfico"? La unidad más pequeña que se utiliza para entender el patrón "vida" es el átomo, y usándolo como referencia tengamos en cuenta que en su mayoría está compuesto de una aparente "nada". De la misma manera es menester pensar que si existen otras dimensiones, si el universo es una proyección tridimensional –que algunos apuntan a que es "artificial"-, y que en contra de lo que alguna vez planteó Albert Einstein, el universo cada vez se desplaza más rápido, la evolución cósmica no responde a la cuestión más elemental: ¿Qué es entonces el universo? Pensemos que si el universo se hubiese originado por un estallido, la velocidad de movimiento de toda la materia del cosmos sería cada vez menor en una ralentización, y no mayor. Es como si alguna fuerza desconocida las estuviese empujando cada vez más rápido.

Pero, ¿qué es el universo? Su propio término es arcaico y limitado, pues comprende un "único-verso" (universo) o "única versión", siendo que no es eso lo que hoy se va descubriendo. Lo que creemos que es el universo trata de más de 93.000 millones de años luz de extensión, aunque esa cifra siempre se recalcula y se ve corta ante nuevos estudios. Si pensamos que vivimos en un holograma de 21.000 millones de años de antigüedad, entonces, ¿qué ha ocurrido durante todo ese tiempo, si nosotros apenas si sabemos algo sobre nuestro pasado reciente? Se dice eso en algunas fuentes ufológicas y pseudo-epigráficas, e incluso científicas. También se dice que lo que conocemos de cosmos engloba 11 dimensiones, aunque a duras penas vemos y experimentamos la Cuarta Dimensión. Cada dimensión o universo tiene sus propias leyes, pero ¿quién las estableció? *«Hay mucho más de lo que experimentamos con nuestros 5 sentidos»* (David Icke).

¿Un universo de múltiples dimensiones?

¿Y qué decir de las otras dimensiones que componen nuestro universo? Científicos norteamericanos detectaron en 2009 indicios de la existencia de otras dimensiones más allá de las tres conocidas. Utilizando datos del telescopio Amanda, enterrado en el Polo Sur, han podido observar una decena de colisiones de neutrinos de alta energía con otras partículas elementales, obteniendo así la evidencia de las dimensiones adicionales sugerida por la Teoría de Súper-cuerdas. Analizando los datos proporcionados, científicos norteamericanos han observado que las colisiones de neutrinos tienen una energía 10.000 veces más elevada que la de los neutrinos que emite nuestro Sol con otras partículas elementales, obteniendo así la evidencia de la existencia de otras dimensiones.

Los neutrinos son partículas elementales de masa prácticamente nula que se forman por reacciones nucleares. Mientras que el Sol y otros fenómenos cósmicos producen neutrinos de baja energía, los neutrinos de alta energía se producen por cataclismos cósmicos remotos y extremadamente violentos, tales como los agujeros negros, las supernovas y el Big Bang. Una vez formados por cataclismos cósmicos, los neutrinos de alta energía se desplazan a una velocidad próxima a la de la luz y no se detienen nunca. Al tener una masa prácticamente nula, rara vez colisionan con otras partículas, lo que les permite desplazarse en línea recta hasta los límites del Universo atravesando las estrellas, los planetas, los campos magnéticos y galaxias enteras como si realmente no existieran. Trillones de neutrinos atraviesan La Tierra cada nanosegundo llevando consigo información crucial sobre una serie de fenómenos cósmicos y sus orígenes. Sin embargo, son muy difíciles de detectar, salvo cuando entran en colisión con un átomo. La colisión desintegra el núcleo del átomo y el neutrino se transforma en otra partícula llamada muon. Sobre esto podríamos citar los agujeros negros y como la investigación sobre estos ha llevado a saber más sobre las dimensiones que tiene nuestro universo. Los Hoyos Negros son objetos masivos los cuales se vuelven tan altamente colapsables que su gravedad atrae cualquier cosa en su proximidad, como poderosas aspiradoras en el espacio. Ciertos huecos negros muy pequeños conocidos como "hoyos negros extremales" se vuelven sin masa en momentos críticos. ¿Cómo puede ser posible esto en vista de la extrema densidad? y ¿cómo pueden ejercer gravedad sin masa?

Andrew Strominger teorizó que la respuesta de su estado sin masa se encuentra en su extra-dimensionalidad. «*Strominger descubrió que en seis dimensiones espaciales, la masa de un hoyo negro extremal es proporcional a su área de superficie. En la medida en que la superficie se retrae, eventualmente la masa se volverá cero. La resolución trabajada daba la existencia de exactamente seis dimensiones espaciales*» (Hugh Ross, "Why I Believe In the Miracle of Divine Creation", de la antología apologética "Why I Am A Christian" por Norman L. Geisler y Paul K. Hoffman). «*Una teoría resuelve dos grandes dilemas. Esto es lo que nos dice la teoría: El universo fue creado con diez dimensiones tiempo-espacio expandiéndose rápidamente. Cuando el universo tenía justamente 10 −43 segundos de edad, el movimiento cuando la gravedad se separó de la fuerza fuerte-electro débil, cinco de esas diez dimensiones cesaron de expandirse. Hoy esas seis dimensiones todavía permanecen como un componente del universo, pero están tan apretujados como cuando el cosmos tenía solamente 10 −43 segundos de edad* (nota del editor: "apretujados" es también llamado "Calabi-Yau space"). *Sus secciones cruzadas son de solo 10 −33 centímetros, tan pequeñas casi indetectables por medida directa. Seis juegos de evidencias indican que esta teoría es correcta. Quizás la más convincente es que la teoría en cadena produce, como un bono adicional por producto, todas las ecuaciones de relatividad especial y general.»* Todo esto se fusiona con la mecánica cuántica.

El Big Bang

La teoría del Big Bang sostiene que todo el potencial del cosmos, unos cuarenta billones de galaxias, salieron de un pequeño punto, más pequeño que un protón, el cual era un vacío marco de referencia probabilística de mecánica cuántica, llamado "campo escalar". Además este punto vacío, un "vacío falso", contenía no solo el potencial de "un universo" sino "cien millones de universos". Tal como ha sido tan bien descrito poéticamente por Gregg Easterbrook: «*usted cree que cuando sonó el Big Bang el universo se expandió de un puntito a un tamaño cosmológico en mucho menos de un segundo, el espacio mismo arrojándose con violencia fuera del torrente de física pura, el arco de la onda del nuevo cosmos moviéndose a una velocidad de trillones de veces más que la velocidad de la luz. Usted cree que este proceso desató tales distorsiones poderosas por un instante, el universo naciente fue curvado a un grado surrealista. La curvatura extrema causó que "partículas virtuales" normalmente raras se materializaran de un mundo quántico inferior a números de cornucopia, el asunto de la existencia siendo "creada virtualmente de la nada", tal como una vez lo expresó Scientific American.*» (Gregg Easterbrook, "Science Sees The Light", the New Republic, 12 Octubre, 1998). Hubble descubrió una relación lineal entre la distancia a una galaxia remota y su "redshift" o "cambio rojo", aparente aumento en la longitud de la onda de radiación emitida.

Al inicio de los años 1900 los astrónomos observaron que la luz de las galaxias distantes se movía hacia la longitud de onda más larga, o roja del espectro, interpretado como un rápido movimiento de las galaxias alejándose una de otra. Un cambio azul indicaría que las galaxias se aproximaban entre sí.

En 1965 los radio-astrónomos detectaron débiles ondas de radio hacia dondequiera que apuntaban sus radiotelescopios. Esto confirmó la predicción en los años 1940 de George Gamow, Ralph Alpher, y Robert Hermanque de que si el universo se expandía de una singularidad, entonces tiene que existir por todas partes en el cielo, un fondo tenue de radiación de ese evento de unos pocos grados sobre el cero absoluto. Esta suscripción para el modelo de Big Bang fue adicionalmente confirmada en 1922 y en 1933 por el satélite COBE que demostró que la radiación del plano cósmico fija el perfil del espectro de un irradiador perfecto a una precisión mejor que 0,03% sobre el rango completo de longitud de onda y como tal tiene un billón de veces más entropía (eficiente al distribuir la energía) que la de una vela ardiendo con una entropía de alrededor de 2.0. Solamente un Big Bang muy caliente puede explicar la gigantesca entropía del universo. Esto ubica de manera permanente en el olvido el concepto del universo expandiéndose y contrayéndose cíclicamente, y así mismo prueba que el universo esta solamente expandiéndose. Las predicciones verificables de la síntesis del elemento-luz en los primeros minutos del Big Bang, la abundancia universal del Helio, remarcablemente constante de galaxia en galaxia, testifica de un origen común cosmológico. El Deuterio es destruido en las estrellas pero no producido, y aún rastros de Deuterio se observan a través de medio interestelar, como lo es con la abundancia de Litio, que también es indicativo de un denominador de creación común. ¿Cómo se puede explicar que surgiese el Big Bang y junto con él las Leyes del Universo, 10 dimensiones y, según algunos, 22 universos paralelos a este -creando un multiverso- siendo lo que vemos sólo un enorme cubo tridimensional de unos 22.000 millones de años de antigüedad? Son demasiadas casualidades para no atribuírselas a un ser superior.

¿Qué es el Cosmos?

El apelativo "cosmos" proviene de la palabra coiné (griego antiguo) "cósmon" que significa: "universo viviente", y su equivalente hebreo y arameo es "olám", que quiere decir: "universo de los vivientes". Ambas palabras se traducen al español como: "mundo". Entonces la palabra comúnmente utilizada por nosotros como "mundo" es "la totalidad de las cosas creadas", y es mal utilizada para referirse exclusivamente a nuestra esfera. Por ende, si desde la antigüedad la palabra cosmos es equivalente a mundo, y viceversa, el mundo es el universo de los vivientes, un término genérico y plural de "mundos", tal como se utiliza regularmente en la Biblia.

En otros textos antiguos no-bíblicos vemos otras apreciaciones interesantes como lo dicho por el patriarca Abraham hace más de 3.000 años: «*Elí (Mi Dios) [es el] UNO, Creador Universal, no tiene principio: es eterno. Los hombres son sus hijos y El su herencia". "Los mundos son infinitos y el hombre ha de vivir en todos los que hoy existen; pero la creación sigue y no se acaba". "Todos los mundos se comunican unos con otros en amor y justicia, Y Elí en ello se engrandece". "Todos los hijos de Elí, que llamáis ángeles, hombres fueron: porque yo hablé con Noé, que parecía ángel; porque yo hablé con Adán y parecía ángel; porque yo hablé con Eva y la vi parir un salvador y es un hijo de Elí, que ya vivió en otro mundo. "Yo soy de la raza de Adán y mis hijos son de la raza de Adán, que tienen que salvar a la raza primera que pobló la tierra; Porque Adán y su familia vino con luz y sabiduría de Elí.*» (Testamento Secreto de Abraham). ¿Adán y su familia vinieron a salvar a la raza primigenia que pobló la Tierra? ¿No enseña la Biblia que Adán y Eva fueron los primeros? ¿No creen los cristianos que la Tierra es el centro del universo y los hombres la corona de la creación? ¿Cómo pues,

Abraham habla de otros mundos y dice que Seth -tercer hijo de Adán de donde se dice que viene la raza humana- ya vivió en otro mundo? ¿Los ángeles son seres humanos? Entonces ¿Dónde están y de dónde vienen? ¿Cómo sabía Abraham sobre la existencia de otros mundos? ¿Cómo podía un hombre arcaico tener conocimiento sobre la existencia de otros mundos y de humanos conviviendo en esos mundos y comunicándose unos con otros? Efectivamente, aún hay mucho que sacar a la luz.

¿Cómo surgió todo?

De acuerdo a la teoría de la Evolución Cósmica, de la evolución de las estrellas a partir del gas y de los planetas en su proceso de enfriamiento, vemos la respuesta científica de la formación de La Tierra que dice que nuestro mundo se formó gracias a las fuerzas de atracción gravitatorias entre los planetas de nuestro sistema solar y al movimiento rotatorio que sigue en proceso en todo el universo desde el Big Bang, así como a las altas temperaturas que los fueron "soldando". Según este postulado oficial, el núcleo terrestre se habría solidificado en una masa de níquel y otros minerales duros que mantendrían las masas externas hasta la corteza terrestre atraídas hacia el centro del planeta. Sin embargo, esta teoría es menos probable a la luz de la lógica que el hecho de que nuestro orbe pudiese ser cóncavo.

En el presente los científicos han descubierto que nuestro propio espacio interplanetario no está vacío. Por ejemplo, existen moléculas de agua en el espacio, los restos de lo que se cree que hayan sido nubes de cristales de hielo que, según parece, envolvían a las estrellas en sus primeros estados de desarrollo. Este descubrimiento da apoyo a las insistentes referencias mesopotámicas a las aguas del Sol, que se mezclaron con las aguas de Tiamat. También se han encontrado moléculas básicas de materia viva "flotando" en el espacio interplanetario –a pesar de que la temperatura es tan cercana al Cero Absoluto-, haciendo saltar en pedazos la creencia de que la vida sólo puede existir dentro de determinado rango de atmósferas o temperaturas. Otro hecho que destruye las teorías establecidas y que tratan de justificarlo todo ausentando la mano divina, es el hecho de que hay "música" en el espacio, como por ejemplo el sonido grabado por primera vez cerca de Júpiter. Además, también se ha descartado la idea de que la única fuente de energía y calor disponible para los organismos vivos es la que emite el Sol. Así, la nave espacial Pioneer X descubrió que Júpiter, a pesar de estar mucho más lejos del Sol que La Tierra, era tan cálido que debía de tener sus propias fuentes de energía y calor.

Los científicos han llegado también a la inesperada conclusión de que la vida no sólo evolucionó en los planetas exteriores (Júpiter, Saturno, Urano, Neptuno), sino que, de hecho, probablemente evolucionó allí. Estos planetas están compuestos de los elementos más ligeros del sistema solar. Tienen una composición más parecida a la del universo en general y ofrecen profusión de hidrógeno, helio, metano, amoniaco y, probablemente, neón y vapor de agua en sus atmósferas -todos los elementos necesarios para la producción de moléculas orgánicas. A su vez la ciencia moderna ha llegado a la conclusión de que la vida no evolucionó sobre los planetas terrestres, con sus pesados componentes químicos, sino en los bordes exteriores del sistema solar.

¿La vida se puede generar en cualquier circunstancia?

¿Fue casual que sólo los hombres evolucionasen en La Tierra? Si existe vida inteligente en nuestro mundo y es empero el único que conocemos ¿no pudieron brindarse las mismas condiciones en otros planetas? El descubrimiento de vida en otros mundos está cada día más cerca, según exponen los centros astronómicos. Científicos de la NASA han logrado detectar moléculas básicas para la actividad biológica en un planeta extrasolar gaseoso, en un avance hacia lo que el Laboratorio de Propulsión a Chorro (JPL) de la agencia espacial estadounidense ha calificado como la meta de encontrar un cuerpo cósmico en el que pueda haber organismos vivos. La NASA indicó en un comunicado que el planeta no es habitable, pero tiene una actividad química, que si ocurriera en un planeta rocoso como la Tierra, podría indicar la presencia de vida. *«Este es el segundo planeta fuera de nuestro sistema solar en el que se ha descubierto agua, metano y dióxido de carbono, elementos potencialmente importantes para los procesos biológicos en planetas habitables»*, dijo Mark Swain, científico del JPL. *«La detección de compuestos orgánicos en dos exoplanetas plantea ahora la posibilidad de que sea habitual hallar cuerpos similares con moléculas vinculadas a la vida»*, añadió. El exoplaneta fue identificado como HD 209458b, un gigantesco cuerpo gaseoso más grande que Júpiter que orbita una estrella a 150 años luz, en la constelación de Pegaso. En diciembre de 2008, los científicos del JPL descubrieron dióxido de carbono en otro exoplaneta gaseoso del tamaño de Júpiter identificado como HD 189733b. Observaciones anteriores realizadas por los telescopios espaciales Hubble y Spitzer habían revelado que en ese planeta también hay vapor de agua y metano.

El anuncio del descubrimiento de moléculas orgánicas en el planeta HD 209458b se realizó después de que un grupo internacional de investigadores informara de la detección de otros 32 nuevos exoplanetas desde el observatorio de La Silla, al norte de Chile. Esa cifra eleva a alrededor de 400 el número de planetas detectados más allá del sistema solar. Swain y su equipo científico llevaron a cabo su hallazgo mediante el uso de instrumentos espectroscópicos con los que descompusieron la luz proveniente del planeta para identificar sus componentes químicos. La presencia de las moléculas orgánicas fue detectada con la cámara infrarroja del Hubble y el espectrómetro del Spitzer midió su cantidad, señaló el comunicado. *«Esto demuestra que podemos detectar moléculas que intervienen en el proceso de la vida»* en planetas más allá del sistema solar, dijo Swain.

Además, agregó que los científicos tienen ahora la posibilidad de comparar las atmósferas de los dos exoplanetas para establecer sus diferencias y similitudes. Swain indicó como ejemplo que la cantidad de agua y dióxido de carbono es similar en ambos pero HD 209458b muestra una mayor abundancia de metano que HD 189733b. «*La mayor cantidad de metano nos puede decir algo. Tal vez signifique que existe algo especial respecto a la formación de este exoplaneta*», añadió. A comienzos de 2009 la NASA lanzó al espacio la sonda Kepler, cuya misión central es buscar planetas rocosos que pudieran tener características similares a La Tierra. Según los astrónomos, pasarán más de diez años en esa misión antes de que se pueda encontrar un planeta que pudiera albergar señales de vida como la de La Tierra. Swain aclaró que cuando ocurra la detección de compuestos orgánicos, «*eso no significará necesariamente que existe vida en ese planeta porque hay otras formas de generar esas moléculas.*» Según el científico, los exoplanetas están demasiado lejos de La Tierra como para enviar sondas hasta ellos y la única forma de estudiarlos es a través de los telescopios, cuyos sistemas espectroscópicos son un importante instrumento para determinar su composición química y su dinámica. (Fuente: http://ellaboratoriodedarwin.blogspot.com/2009_10_01_archive.html)

La Tierra

Uno de los tantos enigmas con los que nos topamos, es el de la aparición de la vida sobre La Tierra. La Tierra se formó hace unos 4.500.000.000 (4,5 giga-años), y los científicos creen que las formas más simples de vida se encontraban ya presentes pocos centenares de millones de años después. Esto es simplemente demasiado pronto para conseguirlo. Según diversos indicios, las formas de vida más antiguas y sencillas, con más de 3.000 millones de años de antigüedad, tenían moléculas de origen biológico, no de origen no-biológico, como se creía y aún se enseña. Esto significa, que la vida que había en La Tierra tan poco tiempo después de que el planeta naciera tenía que ser, necesariamente, descendiente de alguna forma de vida previa, y no el resultado de la combinación de elementos químicos y gases sin vida. Lo que sugiere todo esto a los desconcertados científicos es que la vida, que no pudo evolucionar fácilmente en La Tierra, no evolucionó en La Tierra.

En términos geológicos se define como eón Fanerozoico a la historia del planeta desde hace 570 millones de años hasta la actualidad. Es el periodo de tiempo que ha sido estudiado con más detalle y atención, debido a la riqueza de los restos geológicos y por construir el registro fósil clásico. Todo el intervalo temporal entre la formación del planeta hasta el inicio del Fanerozoico –desde 4,55 Ga hasta 0,57 Ga antes del presente- se ha denominado Precámbrico o, con más propiedad, Prefanerozoico. Este periodo ocupa el 90% de la historia del planeta, a su vez dividido en el eón Hadeano (4,55 Ga a 3,9 Ga) el Arcaico (3,9 a 2,5) y el Proterozoico (2,5 Ga a 0,57 Ga). En el eón Arcaico se debieron haber dado los fenómenos que denominamos "origen de la vida", la "transición de la química a la biología". De hecho, hay razones para pensar que la vida microbiana anaeróbica –es decir, desarrollada en la ausencia de oxígeno molecular- fue floreciente hace 3,5 Ga. Durante el eón Proterozoico se dio ya la tectónica geológica moderna y era muy notable la diversidad biológica no morfológica sino bioquímica. Alrededor de los 2 Ga (2.000 millones de años) antes del presente, se produjo la transición a una atmósfera con oxígeno molecular. Este acontecimiento singular en la historia planetaria, se enseña, que fue posiblemente el catalizador de innovaciones evolutivas como el sexo o la pluricelularidad, y nos lleva, 1,5 Ga después, a la denominada explosión cámbrica, una increíble y súbita exhibición de diversidad morfológica, iniciada con las faunas Ediacara y del Burgess Shale.

En la revista científica Ícaro (Septiembre de 1973) publicó un artículo en el que decía que el Premio Nobel Francis Crick y el Dr. Leslie Orgel avanzaron la teoría de que «*la vida en la Tierra puede haber surgido a partir de minúsculos organismos de un planeta distante.»* Ellos dieron a conocer sus estudios debido a la conocida incomodidad entre los científicos acerca de las teorías en curso sobre los orígenes de la vida en La Tierra. ¿Por qué hay sólo un código genético para toda la vida terrestre? Si la vida comenzó en un "caldo" de cultivo primigenio, como creen la mayoría de los biólogos, debería de haberse desarrollado cierta variedad de códigos genéticos. Y en este orden, ¿Por qué el molibdeno juega un papel clave en las reacciones enzimáticas que son esenciales para la vida, siendo el molibdeno un elemento químico tan raro en La Tierra? ¿Por qué elementos tan abundantes en La Tierra, como el cromo o el níquel, son tan poco importantes en las reacciones bioquímicas? Pero lo más singular de la teoría planteada por estos dos científicos, Crick y Orgel, no era sólo que toda la vida en La Tierra pudiera haber surgido de un organismo de otro planeta, sino que tal "inseminación" fuera deliberada -que seres inteligentes de otro planeta lanzaran "la semilla de la vida" desde su planeta a La Tierra en una nave espacial, con el propósito expreso de comenzar la cadena de la vida en La Tierra. Curiosa afirmación para tratarse de un Premio Nobel.

Si la teoría de la formación de los planetas fuese correcta, eso no explica cómo La Luna es más antigua que La Tierra, si se creía que esta (La Luna) se desgajó de La Tierra. Ahora bien, a esta descabellada teoría de la aparición de la vida sobre La Tierra se suma el hecho de que los actuales grupos de contacto afirman que la mayoría de vida animal, principalmente los dinosaurios, fue traída de Marte a La Tierra y que las primeras formas de vida de este globo fueron traídas de La Constelación del Cisne. No obstante, antes de profundizar más en la naturaleza de La Tierra y la vida en ella, hablemos sobre La Luna.

Las primeras formas de vida

En ciencia, como en muchas otras áreas del conocimiento, es muy importante dejar claro a qué nos referimos con cada palabra que usamos. Al hablar de evolución deberíamos aclarar a qué tipo de evolución nos referimos, ya que esta hipótesis trata de aferrarse de muchos parámetros diferentes. En su afán por defender la macroevolución (que es la transformación de la materia en humanos, por ejemplo) por procesos naturales, los evolucionistas suelen aportar pruebas de la microevolución (que es la variación dentro del límite de la especies), de esta forma sus defensores confunden voluntariamente microevolución y macroevolución, a tal punto que hoy se habla de uno y otro conceptos conjuntamente. Los nombres de algunos organismos, como Hallucigenia, son una muestra de cómo los taxónomos se han maravillado ante tal diversidad -no sabemos nada sobre estos organismos, ya que sólo podemos cultivar en el laboratorio menos de un 1% de las especies de microorganismos existentes-.

Todas las teorías en las cuales nos basamos para dar por sentada la existencia de la creación no dejan de ser vanas especulaciones de la "mente cambiante" que llamamos ciencia. Muchas veces que los científicos tratan de datar la antigüedad del universo basándose en 15.000 millones de años luz, encuentran que hay cientos de estrellas mucho más antiguas que la edad del universo. A la hora de la verdad no hemos estado en el Sol para saber cómo no se consumen su hidrógeno y su helio después de millones de explosiones termonucleares en medio de un espacio sideral con temperaturas cercanas al cero ($-273{,}15$ °C o $-459{,}67$ °F); tampoco sabemos a ciencia cierta nada sobre la procedencia de La Luna; no sabemos sino migajas en cuanto al origen del universo; damos por sentado conceptos sobre los planetas de nuestro sistema solar, incluyendo La Tierra que son incorrectos. ¿Cómo podemos considerar hipótesis de fábulas como historias fidedignas? ¿Cómo podemos dar por sentadas teorías que son sólo una propaganda para negar a Dios por parte de un mundo ateo? El conocimiento y los planteamientos de todo cuanto nos rodea deben basarse en estructuras e informaciones objetivas y no subjetivas con fines tendenciosos y manipuladores de masas.

Hace 1.200 millones de años sucumbió la vida en La Tierra por un meteorito. Si la vida recién surgía ¿Cómo sobrevivió? Y vaya casualidad que lo poco que quedó consiguió traer a formas más complejas que una bacteria. Si la vida en La Tierra apenas emergía, empezamos a ser contradecidos por los hallazgos arqueológicos. Si damos cabida a la idea de que la vida fuese traída aquí, deberíamos releer algunas citas de Sixto Paz Wells: «*vinieron a nuestro mundo visitantes provenientes de un sistema planetario de La Constelación del Cisne, a 6.000 años luz de nuestro Sistema Solar. Ellos sembraron esporas en nuestro mundo, hace unos 3.000 millones de años, para cambiar la acidez de los mares y convertirlos en alcalinos, y así modificar las condiciones químicas del planeta. A esta primera humanidad o civilización extraterrestre se le conoce como La Antártica, o los "Padres Antiguos".*» Según S. P. Wells, los humanos pleyadianos traerían patrones de vida provenientes de Orión, lo cual podría explicar las tantas representaciones de esta constelación en la prehistoria.

Desde 1990, Christopher Chyba del Instituto para la Búsqueda de Inteligencia Extraterrestre propuso que el agua y los gases de la atmósfera terrestre provienen de la colisión con cometas, meteoritos, etc. que no sólo trajeron agua y gases sino aminoácidos y otras moléculas orgánicas. Evidencia de que esto pudo haber sido así, es que en los Cometas Halley, Hale-Bopp y Hijakutake se detectó la presencia de querógeno, etano y metano. Hoy por hoy esta teoría, llamada "panspermia" por los científicos que la apoyan, señala a La Nebulosa de Orión como el posible origen de las primeras moléculas en La Tierra.

Diseño Exclusivo para sostener la Vida

1. Las conmutaciones de temperatura terrestre son conservadas dentro de los términos razonables debido a la órbita prácticamente circular de La Tierra alrededor del Sol.

2. La Luna gira alrededor de La Tierra a una distancia de 384.000 km ocasionando las mareas sobre La Tierra. Si la Luna estuviese distanciada siquiera 1/5 parte de su localización, los continentes estarían sumergidos enteramente dos veces al día.

3. Las temperaturas extremas están adicionalmente moderadas por el vapor de agua y el dióxido de carbono en la atmósfera que provocan el efecto invernadero.

4. El planeta Tierra está posicionado en la correcta distancia del Sol para recibir exactamente la cantidad apropiada de calor que da lugar a la vida. Los otros planetas de nuestro sistema solar están o muy cerca del Sol o muy lejos para sustentar la vida.

5. Cualquier permuta respetable en el ritmo de rotación de La Tierra haría inadmisible la vida. Por ejemplo, si La Tierra rotara a 1/10 más allá de su rotación actual, toda la vida vegetal se chamuscaría del calor durante el día o se congelaría de noche.

6. La atmósfera de La Tierra además sirve para resguardar el planeta de alrededor de unos 20 millones de meteoritos que ingresan a diario a velocidades colindantes a los 48km/s. Sin esta protección el riesgo a la vida sería colosal.

7. La Tierra ha sido particularmente bendecida con una abundante provisión de agua, sustancia clave de vida por sus propiedades físicas extraordinarias y esenciales.

8. El grosor de la capa terrestre y la profundidad de los océanos parecen estar esmeradamente elaborados. La ampliación en el grosor o la profundidad unos pocos centímetros trastornaría tan enérgicamente la absorción del oxígeno libre y del dióxido de carbono que la existencia vegetal y animal no existirían.

9. El eje de nuestro orbe está apuntando a 23,5° de la perpendicular al plano de su órbita. Esta inclinación ajustada con

las revoluciones de La Tierra en torno al Sol provoca las estaciones del año, que son decididamente esenciales para cultivar los abastecimientos de alimento.

10. La atmósfera de nuestro globo (capa de ozono) opera como un escudo defensor de la radiación letal de los rayos ultravioleta impidiendo la aniquilación de toda vida.

11. Este planeta tiene la dimensión física justa y la masa exacta para sostener la vida, consintiendo un cuidadoso equilibrio entre las fuerzas gravitacionales (básicas para sostener el agua y la atmósfera) y la presión atmosférica.

12. El campo magnético de La Tierra proporciona una trascendental protección de la perjudicial radiación cósmica.

13. Los dos elementos primordiales de nuestra atmósfera planetaria son el nitrógeno (78 por ciento) y el oxígeno (20 por ciento). Esta fina y crítica distribución es fundamental para todas las formas de vida.

«Tales combinaciones numerosas, perfectas y complejas de condiciones interrelacionadas y factores esenciales para las delicadas formas de vida, inequívocamente apuntan hacia un diseño inteligente con propósito. El creer que tal sistema complicado de soporte de vida, cuidadosamente planificado y balanceado es el resultado de un mero cambio, es realmente absurdo. Seguramente el observador honesto y objetivo no tiene otro recurso sino el de concluir que el sistema tierra-sol ha sido cuidadosamente e inteligentemente diseñado por Dios para el hombre.» (Huse, Scott M., "The Collapse of Evolution"). Otras fuentes: Riegle, D.D., Creación o Evolución, "Creation or Evolution", Zondervan Publishing House, Grand Rapids, Michigan, 1971, pp.18-20. // Huse, Scott M. El Colapso de la Evolución, "The Collapse of Evolution", Grand Rapids: Baker Books, 1997, tercera edición.

¿La propia ciencia contradice la hipótesis evolutiva?

La hipótesis evolutiva plantea 6 conceptos primordiales aunque muchas veces apoya un concepto evolutivo de ideas de otro concepto evolutivo. Los Seis Conceptos Básicos de la Evolución:

Evolución Cósmica (una gran explosión produce hidrógeno)

Evolución Química (evolucionan los elementos superiores)

Evolución Estelar (las estrellas y planetas evolucionan del gas)

Evolución Orgánica (la vida evoluciona de las rocas)

Macroevolución (cambios entre especies de plantas y animales)

Microevolución (cambios dentro de las especies)

De todas estas, sólo la Microevolución se puede decir que se ha observado, y puede considerarse "ciencia". Se diría que las otras 5 se aceptan por "fe". ¿Ciencia y fe se pueden compaginar? ¿La casualidad puede ser una prueba empírica? Vayamos paso a paso tratando cada tema con la lupa. Tengamos también presente que hoy día a la Macroevolución se la incluye con el estudio de la Microevolución. El vasto universo es un desconocido vecino del cual siempre se aprenderá y nunca dejará de sorprendernos. ¿Cómo apareció todo? Esta es una pregunta muy corriente entre los seres humanos, pero ¿Qué sabemos sobre el universo? Esa ya es otra pregunta que pocos se formulan. Acostumbrados a que nos digan qué pensar, qué creer, qué estudiar o investigar, somos siempre reos, como el ganado o como un soldado, de ser llevados de aquí para allá sin cuestionar los hechos. Puntos que los evolucionistas quieren ignorar:

1. Miles de especies no han sufrido ningún tipo de cambio a pesar de que han pasado millones de años.

2. El propio protozoario (microorganismo) del que se supone que provenimos, no ha sufrido ningún cambio en los últimos 6.000

años. En 6.000 años no se ha visto ninguna modificación o mutación en un mono.

3. Hay animales modernos como los elefantes, gorilas y tigres que indudablemente son una degeneración de especies primitivas, si nos basamos en el punto de vista evolutivo, lo cual ya no es evolución sino "evolución regresiva".

4. La mayoría de las especies aparecen totalmente de repente en los anales zoológicos, sin que se haya podido encontrar nada que se asemeje a un organismo de transición.

5. Aunque los geólogos calculan que existen más de 1 millón de especies animales, los evolucionistas no han podido hallar ni la más mínima huella aceptable de un estado intermedio. Para aceptar la evolución tendrían que encontrar más de 3 millones de eslabones perdidos.

6. Los científicos concuerdan en que no han encontrado una forma de vida subhumana que haya vivido en la tierra.

Violaciones de la teoría

1. La creencia en la evolución es una violación de **la Primera Ley de la Termodinámica**, la ley de la conservación de la energía. Ésta dice: La materia ni se crea ni se destruye, solo se transforma. Nada de lo que está en la actual economía de la ley natural puede dar cuenta de sus propios orígenes. La energía requerida para una evolución innovadora, por ejemplo, un pescado desarrollando piernas para arrastrarse fuera de una laguna, viola la inviolable ley de la física. La estructura actual del universo es una de conservación. Por ejemplo, la liberación de energía en una fisión de reacción atómica no es creación de energía sino un cambio de materia a energía. En el propio ser humano, éste crea más bioelectriciad que una pila de 120 voltios y más de 25.000 julios de calor corporal ¿de dónde sale la energía "extra" para desarrollar una criatura superior?

2. La creencia en la evolución viola **la Segunda Ley de la Termodinámica**, la ley de la disipación de la energía. La energía

disponible para trabajo útil en un sistema funcional tiende a disiparse, aunque el total de la energía permanezca constante. Los sistemas estructurados progresan de una forma más ordenada, de un estado más complejo, a uno menos ordenado, desorganizado y aleatorio. Este proceso se conoce como "entropía". Teóricamente en una situación extraña, limitada y temporal pudiera resultar un estado más ordenado. Pero según esta ley, la tendencia de todos los sistemas es hacia el deterioro. La evolución viola directamente la Segunda Ley de la Termodinámica. Los evolucionistas están al tanto de esto y por ende se requiere de billones de años de constantes violaciones de la Segunda Ley de la Termodinámica. Estadísticamente la evolución no solo es altamente improbable sino virtualmente imposible.

3. La evolución viola **la Ley de la Bio-Génesis** donde la vida viene solamente de una vida preexistente y solamente se perpetúa en su propio tipo. Bio = vida; Génesis = generaciones. La creencia en la evolución es esencialmente una creencia en la "generación espontánea" donde en uno de los escenarios, la vida aparece cuando un rayo golpea primero en algo denso y de alguna manera se forma una célula viva. Pasteur (1860), Spallanzani (1780), y Redi (1688) refutaron que los gusanos pueden venir de la carne descompuesta, que las moscas pueden venir de las cáscaras de bananas, que las abejas pueden venir del ganado muerto, etc., etc. Cuando la materia deteriorada se sellaba y se preesterilizaba, no salió vida ni hubo contaminación biológica.

Parte III
PERFECCIÓN GENÉTICA

> *"El universo es una súper-computadora que interactúa con,*
> *no códigos binarios, sino con la imaginación."*
> Michael Tsarion (Historiador Alternativo)

Imposible por sí misma

Nuestra filosofía antropocéntrica entorpece siempre nuestra visión de la realidad, y no nos permite ver más allá. Esta idea nos hizo pensar en la teoría de que la vida había surgido sobre La Tierra a partir de la materia inanimada y muerta. Para el "milagro de la vida" solo era cuestión de que se "agitasen" algunas gotas del caldo original y con un poco de chispas eléctricas se producirían unas proteínas sumamente complejas. ¿Son científicos los milagros? Es de saberse que es imposible que esa supuesta primera vida primitiva se haya creado en La Tierra por "fuerzas propias". Recordemos que la unidad más pequeña de la que tenemos conocimiento es el átomo, el cual se subdivide en partículas subatómicas que hoy se investigan para descubrir más sobre el mundo microscópico. Debido a que no se sabe qué fuerza mantiene unidos a los átomos, se especuló en que habría una unidad llamada "gluón" que los unía. Esta hipotética fuerza que une a los átomos no es más que mera fantasía puesto que nadie los ha visto jamás, ni los ha medido, es decir, no existen. Los electrones del átomo giran alrededor del núcleo cientos de millones de veces cada millonésima de segundo y el núcleo del átomo consiste en partículas llamadas neutrones y protones. Los neutrones no tienen carga eléctrica y por tanto, son neutros, pero los protones tienen carga positiva. Una ley de la electricidad dice: *"las cargas similares se repelen mutuamente"*. Puesto que todos los protones en el núcleo tienen carga positiva, deberían repelerse y dispersarse en el espacio. Debe existir algún poder que no conocemos que mantiene unidos los átomos: «*en Él todas las cosas subsisten*», se mantienen. (Carta de Pablo a los Colosenses 1:17)

«*Todo organismo es del modo que es debido a una larga serie de pasos, todos ellos improbables.*» Carl Sagan (eminente científico del siglo XX). La aleatoriedad en el universo es la forma común de ver las cosas, para sacar de escena al Creador. No teniendo en cuenta puntos tan elementales como el hehco de que una mujer tenga cromosomas XX y el hombre un XY, lo cual crear un ser semejante –si fuera YY no surgiría nada, pues sería un híbrido. Otro ejemplo son los glóbulos rojos, los cuales no contienen ADN, y a excepción del esperma y el ovulo, en todo el cuerpo hay 46 cromosomas. En el esperma y el ovulo hay 23, lo cual deja claro que no puede ser casual. Pensar que cada detalle del universo, incluyendo la vida y la procreación son mero azar, es irrisorio. Un punto sobrepuesto, más o menos, en cualquiera de estos elementos rompería el equilibrio e imposibilitaría un resultado puro, natural o sano. Sería como decir que una mujer esta medio embarazada (o lo está o no lo está). Ciertamente, para comenzar a ver las cosas de otra manera deberíamos irnos a los días de Darwin, pero no para escucharle a él, sino a su opuesto, Gregorio Mendell, quien ya en 1860 empezó a hablar de la transmisión genética de padres a hijos.

Las mismas leyes de la genética hacen de la evolución una hipótesis pseudo-científica. En todo caso, veamos las cosas nosotros mismos por la mera lógica: el cuerpo humano tiene 100 billones de células (dentro de cada célula hay dos pares de genes). Si se leyera el genoma humano al ritmo de una palabra por segundo, tardaríamos –a 8 horas al día- un siglo en leerlo. El ADN, que parece un muelle delgadísimo, tiene, esté donde esté, la misma composición química en lo que respecta a cada una de sus proteínas. El ADN está formado por espirales donde está la información que determinará lo que seremos. Cada cromosoma está constituido por una célula, y todos los cromosomas de todas las células de nuestro cuerpo se extienden a casi 2.600 millones de kilómetros. El filamento de ADN es tan largo como la distancia de la Tierra a la siguiente galaxia. El mapa del ADN está compuesto de tal manera, y de tal lenguaje, que podamos leerlo y entenderlo. ¿Cómo es posible? Que lo responda un ateo. El sentido de la lógica nos dice que la perfección y el detallado acabado y elaboración de todas las cosas existentes, básicamente en lo concerniente a la vida, debe ser resultado de una mente poderosa, ingeniosa y superior en toda regla –y es que ¿acaso por mera casualidad se crean órganos reproductores diferentes y trabajando para algo común? Si apenas Aristóteles comenzó a saber que había participación hereditaria de padre y madre, ¿cómo es que los profetas de Israel, que son mucho más antiguos y no eran adoctrinados en ciencia, sabían sobre genética? Aristóteles, el famoso filósofo, comenzó sus especulaciones hacia el siglo IV a.C., mucho después de Jeremías (700 a.C.) o el rey David (900/1000 a.C.).

«*Antes que te formase en el vientre te conocí, y antes que nacieses te santifiqué, te di por profeta a las naciones.*» (Profeta Jeremías 1:5) ¿Cómo es posible que sin la ciencia avanzada se conociera sobre microbiología? El parte del rey Salomón escribió: «*Porque **tú formaste mis entrañas; Tú me hiciste en el vientre de mi madre.***» (Salmo 139:13) Estas no son las únicas referencias bíblicas sobre conocimientos que no era normal tener en aquel entonces. Veámoslo con el propio profeta Isaías en el 800 a.C., cuando dijo sobre Jehová: «*Él está sentado sobre el círculo de la tierra*» (Profeta Isaías 40:22) Sabemos que el concepto sobre la Tierra como esfera o mundo redondo no fue notorio hasta la conquista de América, aunque ya en Egipto habían, de forma extraoficial, descubierto que la Tierra era redonda. La Biblia habla de otros mundos, de otras civilizaciones, de la Tierra Hueca, de la Ultima Era Glacial, y demás cosas que era imposible conocer. Ahora bien, habiéndonos tomado unos minutos para deducir un poco por nosotros mismos, dejemos que la propia ciencia responda a una gran cantidad de inquietudes y paradigmas que aparentemente damos por sentadas.

Desde la primera célula y las moléculas

Si todas las formas de vida podían remitirse a una forma original, ésta sería "la célula", puesto que es la forma de vida más pequeña, y ésta misma ha de tener un "nacimiento", ha de haber salido de algún lado. Puestos entonces, hemos de buscar la composición de la célula y sus micro-partes. Tengamos presente siempre que la base de toda vida conocida es la célula; la célula consiste en macromoléculas; las cadenas de macromoléculas son átomos colocados en hileras. Estas partículas subatómicas forman el mundo del movimiento constante y de la radiación difusa -un átomo realiza "10 a la 23" pulsaciones por segundo. Así abandonamos el mundo material para encontrar lo inconcebible, llamado Dios por algunos y espíritu por otros: «*No hay casualidades, todos nosotros somos conceptos matemáticos.*» (Michael Tsarion, historiador alternativo). Entonces ahora hemos de analizar hasta la molécula más efímera de la célula, y ésta célula ha de ser reducida en su sustancia fundamental a un montón de elementos químicos. Pero, ¿Cómo se organizaron los elementos químicos en la secuencia necesaria para crear la sustancia genética hereditaria o la propia célula? Preguntas similares suscitaron el nacimiento de la "evolución química", y sobre esto Manfred Eigen postuló que la química estaba sujeta a leyes físicas. Se sabe que la física ha probado la existencia de cargas eléctricas negativas o positivas en cada partícula de la materia. Ésta ley es también válida para las moléculas; de acuerdo con su composición deberían atraerse o rechazarse mutuamente. Pero en esto las respuestas son igual de escurridizas porque las largas cadenas macromoleculares del caldo original, no solo se ligaban sino que se disolvían de igual modo.

Para la formación de células se requiere de muchas proteínas, la proteína más pequeña que puede concebirse consiste cuando menos en 239 moléculas. Por lo tanto, una molécula de proteína constituye un monstruo de distintos aminoácidos y enzimas que deben juntarse con todos en un orden establecido. El profesor James F. Coppedge, hace mucho tiempo director del Centro para la Investigación de la Probabilidad Biológica, en Northbridge, California, calculó la probabilidad de dicho proceso de ordenación en 1:10 a la "23", o sea, en una lotería con una probabilidad de acertar al premio de 1 contra 10 000 000 000 000 000 000 000 0. Y etc. Si se supone que esta célula nacida de un imposible azar, se creó en las condiciones del caldo y de la atmósfera originales, ¿Cómo sobrevivió? La atmósfera de aquel entonces consistía principalmente en metano y amoniaco, o sea, el oxígeno hubiese tenido los efectos de un veneno mortal para la célula. Así pues, la biología y la química prebiótica solo pueden probar que una célula sólo puede reproducirse si contiene un programa acabado, aunque modesto, de ADN. Esta se envía de una célula a otra, y esta a la siguiente, etc. Hasta formarse una vida sencilla tal como una bacteria, por ejemplo.

La evolución falla en explicar la existencia de tan siquiera una "célula simple". El organismo unicelular más simple posee en sus genes y cromosomas tantos datos como cartas hay en las bibliotecas más grandes del mundo: un trillón de cartas. Hay cientos de miles de genes en cada célula. La mayoría de las formas de vida tienen tales células complejas en perfecto orden que no hay cabida a que surgiesen de la casualidad. No hay manera de que un proceso al azar pueda organizar semejante cantidad masiva de datos. La posibilidad matemática de que un cuerpo humano sea formado accidentalmente es la misma que la de que una explosión en una imprenta pueda formar un diccionario, aún si esa explosión se experimentase una y otra vez durante siglos.

Sir Fred Hoyle, ateo, y creador de la teoría "estado-continuo" del origen del universo, cree que las probabilidades de que la casualidad haya formado la vida en el planeta son tan pequeñas que pueden ser comparadas con la casualidad de que *un tornado atravesando un depósito de chatarra pudiera ensamblar un Boeing 747 con los materiales que allí se encuentran.*» ("Hoyle on Evolution," Nature, Vol. 294, Nov. 12, 1981, p. 105). Hoyle y Chandra Wickramasinghe, un astrónomo matemático, calcularon la posibilidad de que la vida haya surgido espontáneamente en cualquier lugar en un universo con un radio de 15 billones de años luz y con al menos 10 billones de años de antigüedad. Encontraron que el chance de que esta probabilidad ocurra es menor a 1 entre 1 con 30 ceros. Con reticencia Sir Fred Hoyle y el Dr. Wickramasinghe han llegado a la conclusión de que la vida tiene que haber sido creada por una Inteligencia elevada (como una clase de inteligencia panteística que creó las esporas de alguna manera en otras partes del universo y que luego fueron arrastradas a La Tierra), dado que es sumamente complejo que haya surgido de procesos naturales.

Fred Hoyle hace otra colorida comparación utilizando una criatura peluda apreciada por los evolucionistas: «*No importa cuán grande sea el ambiente que uno considere, la vida no puede tener un comienzo al azar. Aunque tengamos tropas de monos escribiendo al azar en un teclado, los monos no podrán producir las obras de Shakespeare por la razón práctica de que todo el universo observable no es suficientemente grande para contener las hordas necesarias de monos, los teclados requeridos, y de seguro las cestas de basura requeridas para la deposición de los intentos equivocados. Lo mismo aplica para los materiales vivos.*» (Pág. 148). Los hombres harán lo imposible para racionalizar que no existe un Diseñador personal del universo que inteligentemente formó toda vida. La evolución es una teoría sin evidencias científicas que la respalden. Es una fe vacía para aquellos que no quieren creer en Dios y debería ser enseñada como otra religión más; una religión inspirada por Karl Marx para desarrollar su teoría de la lucha por las clases e influenciado por Adolf Hitler con su superior y evolucionado "súper-hombre ariano". Muchos fueron sacrificados por su utópica y despiadada visión amoral. La evolución es un sistema de creencias que mira al feto que no ha nacido como un embrión animal que no tiene el derecho a la vida y no lo mira como la creación de Dios.

«*Cualquiera familiarizado con el cubo de Rubik [cubo constituido por cubitos más pequeños con seis colores diferentes; el juego consiste en que todos los cubos de cada una de las seis caras queden con el mismo color] admitirá que es casi imposible que un ciego que moviese las caras al azar resolviese el juego. Ahora imagínese 1050 ciegos, cada uno con un cubo de Rubik con sus colores mezclados, e intente concebir la probabilidad de que simultáneamente todos ellos resolvieran el juego. Entonces uno tendría la probabilidad de arribar, por mezcla al azar a uno solo de los muchos biopolímeros [grandes moléculas, como los ácidos nucleicos ADN y ARN, o las proteínas] de los cuales depende la vida. La noción de que no solamente los biopolímeros sino además el programa operativo de una célula viva, pudiese lograrse por azar en una "sopa" orgánica primordial aquí en la tierra es evidentemente un extremadísimo disparate.*» Esta cita proviene de Sir Fred Hoyle, profesor de investigación honorario de la Universidad de Manchester y el Colegio Universitario de Cardiff. Docente de matemática en la Universidad de Cambridge. Se trata de un científico conocido y muy respetado. En su opinión, el desarrollo al azar de la vida en la tierra es un «*extremadísimo disparate.*» Hoyle asimismo dice en otro trabajo dedicado a las biomoléculas: «*... uno debe contemplar no solamente un único suceso para obtener una enzima, sino un número inmenso de intentos como los que se supone ocurrieron en una sopa orgánica tempranamente durante el desarrollo de la Tierra. El problema es que hay cerca de dos mil enzimas, y la probabilidad de obtenerlas todas en un ensayo al azar es de solamente 1 en (10 20) 2000 o 1 dividido 10 40000, una probabilidad ridículamente pequeña que difícilmente ocurriría aunque todo el universo fuese una sopa orgánica.*» Lo menos que puede decirse es que la probabilidad de que los biopolímeros y enzimas formándose y ensamblándose espontáneamente son, en opinión de Hoyle, «*ridículamente pequeñas.*»

Probabilidades al azar para la vida

La propia bacteria, ya como ejemplo, es en sí misma, una forma de vida acabada con una función determinada; debe ser recibido por lo tanto, su programa genético de ADN de la primera célula. ¿Cómo llegó a la primera célula bacteriana el programa para la construcción de toda la bacteria? ¿De dónde sacó el ADN de la primera célula la "orden" y la "necesidad" para construir una bacteria? Más aún ¿Por medio de qué magia se transformó una bacteria en otra, con "funciones completamente distintas"? Para la probabilidad de que la bacteria más sencilla fuera producida mediante modificaciones accidentales, el profesor Harold Morowitz, físico de La Universidad de Yale, en EE.UU., calculó lo siguiente: 1:10 a la 100 000 000 000... Son tantos ceros a la derecha, que no cabrían en este libro. *«La probabilidad de que la vida se hubiese originado por azar en una de 1,046 ocasiones es de 10-255. La pequeñez de este número significa que es virtualmente imposible que la vida se haya originado por una asociación aleatoria de moléculas. La proposición de que una estructura viviente pudo haber surgido en un único acontecimiento por medio de una asociación de moléculas al azar debe ser rechazada.»* (Quastler, Henry - The Emergence of Biological Organization, New Haven and London, Yale University Press, 1964) No sólo la célula (la unidad más pequeña de la vida) no habría podido aparecer por casualidad en las condiciones primitivas e incontroladas de los días tempranos de La Tierra, sino que ni siquiera se ha podido sintetizar en los laboratorios más adelantados del siglo XX algo similar. Los aminoácidos (los componentes esenciales de las proteínas que forman la célula viviente), no pueden construir por sí mismos órganos interiores de la célula como mitocondrias, ribosomas, paredes celulares o retículo endoplasmático, por no hablar de una célula completa. Por esta razón, defender que pudo darse la vida en una primera célula por mera casualidad es un producto de la fantasía basado enteramente en la imaginación.

«Obtener una célula por azar requeriría por lo menos cien proteínas funcionantes que aprecieran simultáneamente en un lugar. Esto equivale a cien acontecimientos simultáneos, cada uno con una probabilidad independiente que difícilmente pudiera ser superior a 10

–20, *lo cual da una probabilidad máxima combinada de 10 –2000.»* (Denten, Michael. Evolution: A Theory in Crisis, Warwickshire, Burnett Books Limited, 1985) El científico de Harvard, John A. Ball, reflexionando en el tema dijo: "... *La mayor parte de evolucionistas creen que fue generada (la vida) hace mucho, pero quizás nunca lo fue... Tal vez La Tierra fue infectada de alguna otra parte...."*

En lo que respecta a más cálculos matemáticos y probabilidades para el origen de la vida, algunos llegan a presentar las mejores formulas para ver objetivamente la lógica de pensar en la evolución como una realidad en vez de cómo una forma de ver la vida: «*La molécula básica del código genético es el ADN. Cuanta mayor cantidad de partes tiene un organismo, más complejo es. Las formas biológicas más simples (aunque carecen de capacidad para reproducirse por sí mismas) son los virus. Un virus tiene miles de nucleótidos de ADN o ARN o "partes." Para simplificar, inventemos un virus que tenga sólo cien partes. Si existe sólo una forma correcta de que las partes se ordenen las probabilidades de que ello ocurra en un único suceso son de 1/100! Esta cifra se lee "uno sobre cien factorial", y "cien factorial" (100!) significa 100 x 99 x 98 x 97 ....y así sucesivamente hasta ... x 3 x 2 x 1. Permítame un ejemplo de combinación. Si uno tuviese dos bloques de madera, ¿de cuántas formas podría disponerlos en línea recta? La respuesta es 2! , es decir 2 x 1 = 2. Si tuviese tres bloques, las combinaciones posibles serían 3! , ó 3 x 2 x 1 = 6 combinaciones. Si tuviese 4, serían de 4! , o 24 (4 x 3 x 2 x 1). Cuanto mayor sea el número de partes, mayor será el número de combinaciones posible. Técnicamente, las "partes" de nuestro virus podrían disponerse de manera distinta que una línea recta, con lo cual crecería muchísimo el número de combinaciones posibles. Pero estamos siendo generosos aquí.»*

«*Ahora bien, combinar 100 en una línea recta puede hacerse en aproximadamente 9,33 x 10 157 formas diferentes. Sin embargo, en el caso de los seres vivos no cualquier combinación servirá. La vida supone un delicado equilibrio y por tanto una combinación muy precisa de las partes componentes. Nuestro problema ahora consiste en determinar si 30 mil millones de años son suficientes para que 100 partes se combinen a una tasa de 1036 combinaciones por segundo y ello resulte en vida. La ecuación es simple. Treinta mil millones de años son 3 x 10 10 años. En segundos, 3 x 10 10 años x 365 (días) x 24 (horas) x 60 (minutos) x 60 (segundos) este tiempo corresponde a cerca de 9,46 x 10 17 segundos. Si este número de segundos se multiplica por el número de combinaciones que ocurren en cada segundo en nuestro ejemplo, el resultado es 9,46 x 10 17 segundos x 10 36 combinaciones por segundo = 9,46 x 10 53 combinaciones, que podemos redondear a 1054 combinaciones. Si bien es un número grande, resulta extremadamente pequeño comparado con las 10 157 combinaciones posibles. La resta de 10 157 - 10 53 da 9,999... x 10 156 . Por tanto, ni todo el tiempo del mundo esta siquiera cerca de ser suficiente para que una sola célula simple con 100 partes surja a la vida. La probabilidad no difiere prácticamente de cero. Si observásemos células con otros cientos de partes, restringiésemos el tiempo disponible (unas ocho a diez veces menor según los propios evolucionistas) y agregásemos algunos detalles más realistas referentes al número de combinaciones y las condiciones ambientales, las probabilidades en contra serían todavía muchísimo mayores.»* (Fuente: http://www.maic.net/evolucion/matematica.htm)

¿Cómo era en aquel entonces?

Se cree que en La Tierra primitiva no había aún ningún ser vivo. El modelo que actualmente manejan muchos científicos nos presenta una corteza bastante caliente, compuesta de roca primitiva bañada por mares en continua ebullición y en equilibrio con nubes cargadas de lluvia y electricidad estática, que se descargaban en forma de violentas tormentas con rayos y centellas. A medida que descendió la temperatura, poco a poco se fueron formando al "albur", según la opinión de la ciencia, otras sustancias necesarias para la eventual formación de las primeras moléculas capaces de auto-reproducción:

formato, aspartato, lactato, glicina, ribosa, adenina y glucosa. ¿Por qué se pueden formar estas moléculas? Todo ello, desde luego, no fue fruto del azar, sino de la propia intervención de una fuerza no-humana, añadiendo además la "siembra" de los patrones de vida, que se basaba no sólo en un inimaginable conocimiento químico, sino también de su íntima y secreta relación con la geometría. Por ejemplo, el empleo del "tetraedro".

Es interesante saber que tanto el carbono como el nitrógeno y el oxígeno son fundamentalmente tetraedros, que de alguna manera buscan asumir esa geometría de manera tal que tendrán la mayor estabilidad cuando en los cuatro vértices del tetraedro se encuentren dos electrones con espín opuesto. Esto es importante, por cuanto cualquier otra estructura será menos estable y susceptible de reaccionar con otros átomos. Desde 1990, Christopher Chyba del Instituto para la Búsqueda de Inteligencia Extraterrestre propuso que el agua y los gases de la atmósfera terrestre provienen de la colisión con cometas, meteoritos, etc. que no sólo trajeron agua y gases sino aminoácidos y otras moléculas orgánicas. Evidencia de que esto pudo haber sido así es que en los Cometas Halley, Hale-Bopp y Hijakutake se detectó la presencia de querógeno, etano y metano. Hoy por hoy esta teoría, llamada "panspermia" por los científicos que la apoyan, señala la Nebulosa de Orión como el posible origen de las primeras moléculas en La Tierra. En la evolución bioquímica también se habla de la formación de moléculas en el espacio interestelar y en La Tierra. A. I. Oparin y J. B. S. Haldane sugirieron esta posibilidad, y H. C. Urey y S.L. Miller la simularon experimentalmente. Pero entre la mezcla más compleja de moléculas orgánicas que podamos imaginar y la célula viva más sencilla, existe un abismo que parece insalvable a los ojos de la ciencia actual. Entonces ¿Qué es la vida? el físico R. Feynman respondía: *«no sé lo que es la vida pero sé perfectamente cuando mi perro está muerto.»* Heráclito de Éfeso dijo: *«Sólo podemos entender la esencia de las cosas cuando conocemos su origen y desarrollo.»*

Metales puede ser de origen extraterrestre

Según explica James Brenan, coautor de un trabajo al respecto dijo: *«La temperatura extrema a la que se formó el núcleo de La Tierra hace más de 4.000 millones de años habría devastado por completo cualquier metal precioso de la corteza rocosa y los habría depositado en el núcleo.»* Así que la cuestión para estos científicos fue; ¿por qué existen concentraciones detectables de metales preciosos como el platino y el rodio en la parte rocosa de La Tierra? *«Nuestros resultados indican que estos no pudieron haber terminado ahí por ningún proceso interno conocido y que en vez de ello debieron ser añadidos como una 'lluvia' de desechos extraterrestres, como cometas y meteoritos»*, explica el investigador. Los geólogos han especulado durante largo tiempo que hace 4.500 millones de años, La Tierra era una masa fría de roca mezclada con metal de hierro que se fundió por el calor generado por el impacto de objetos del tamaño de planetas, lo que permitió al hierro separarse de la roca y formar el núcleo de La Tierra. Los científicos recrearon la presión y temperaturas extremas de este proceso, sometido a una mezcla similar de temperaturas superiores a los 2.000 grados centígrados, y midieron la composición de la roca y el hierro resultantes.

Debido a que la roca se vacía de metal en el proceso, los científicos especulan que lo mismo habría ocurrido cuando se formó La Tierra y que alguna clase de fuente externa, como una lluvia de material extraterrestre, contribuyó a la presencia de algunos metales preciosos en la porción de roca externa de La Tierra actual. *«La noción de la lluvia extraterrestre podría también explicar otro misterio, que es cómo la porción de roca de La Tierra llegó a tener hidrógeno, carbono y fósforo, los componentes esenciales de la vida, que probablemente se perdieron durante el violento inicio de La Tierra»*, concluye Brenan.

El misterio celular

La célula viva, que todavía esconde muchos secretos que no hemos podido desvelar, es una de las principales dificultades a que se enfrenta la teoría de la evolución. Otro dilema terrible desde el punto de vista de la evolución es la molécula de ADN que hay en el núcleo de la célula. Se trata de un sistema codificado con 3.500 millones de unidades que contiene todos los detalles de la vida. El ADN (Ácido Desoxirribonucleico) se dice que se descubrió en las décadas de los 40s y 50s utilizando cristalografía de rayos X, y se trata de una molécula gigante con un plan y un diseño soberbios que no pudo ser fruto de la casualidad. Durante muchos años, Francis Crick, galardonado con el premio Nobel, creyó en la teoría de la evolución molecular, pero en un momento dado tuvo que admitir que una molécula tan compleja no podía haber aparecido espontáneamente por casualidad como resultado de un proceso evolutivo.

En 1980, dos genes de la hemoglobina fueron secuenciados. Aunque ambos codificaban el mismo producto, sus secuencias de nucleótidos diferían en el 0.8% si sólo se tenían en cuenta las sustituciones de un aminoácido por otro, y en un 2.4% si se incluían en la comparación los aminoácidos presentes en un gen y ausentes en otro. Otros genes secuenciados posteriormente en otros organismos llevaban a la misma conclusión: en la secuencia de ADN, los organismos quizá sean heterocigotos. La gran variación revelada por estos estudios constituye uno de los fundamentos de la teoría neutralista, otro de los desafíos a la teoría sintética. Su principal expositor es Motoo Kimura, y en su opinión, la mayoría de los genes mutantes son selectivamente neutros, es decir, no tienen selectivamente ni más ni menos ventaja que los genes a los que sustituyen; en el nivel molecular, la mayoría de los cambios evolutivos se deben a la deriva genética de genes mutantes selectivamente equivalentes. La deriva genética consiste en el cambio puramente aleatorio de las frecuencias génicas, debido a que cualquier población consta de un número finito de individuos. La razón es la misma por la que es posible que salga "cara" más de 50 veces cuando lanzamos una moneda al aire 100 veces.

Kimura se paró a pensar cuál sería la probabilidad de mutación de que un mutante, que aparece en una población finita, mostrase a su vez cierta ventaja selectiva. Es decir, ¿cuál es la probabilidad de que ese gen se propague por toda la población? Kimura llegó a tres hallazgos:

1. Para una proteína determinada, la tasa de sustitución de un aminoácido por otro es aproximadamente igual en muchas líneas filogenéticas distintas.

2. Estas sustituciones, en vez de seguir un modelo, parecían ocurrir al azar.

3. La tasa total de cambio en el ADN era muy alta, del orden de una sustitución de una base nucleotídica por cada dos años en una línea evolutiva de mamíferos.

En cuanto a la variabilidad dentro de la especie, se vio que la mayor parte de las proteínas eran polimórficas, es decir, que existían en diferentes formas, y en muchos casos sin efectos fenotípicos visibles ni una correlación con el medio ambiente. Así, Kimura llegó a dos conclusiones:

1ª La mayoría de las sustituciones de nucleótidos debían ser el resultado de la fijación al azar de mutantes neutros, o casi neutros, más que el resultado de una selección darwiniana.

2ª Muchos de los polimorfismos proteínicos debían ser selectivamente neutros o casi neutros y su persistencia en la población se debería al equilibrio existente entre la aportación de polimorfismo por mutación y su eliminación al azar.

El biólogo evolucionista ruso, Alexander Oparin, afirmaba que la primera célula viviente que surgía de un ancestro común a todos los seres de acuerdo con la teoría de la evolución, pudo existir. En 1930, Oparin formuló un número de teorías que mostraban cómo la primera célula viviente podría formarse de la materia por azar. Sin embargo, todo esto falló y Oparin tuvo que confesar: «*Desagraciadamente, el origen de la célula permanece como un problema, realmente como el punto más oscuro de toda la teoría de la evolución.*» (Alexander Oparin, Origin of Life. Pág. 196) Jeffrey Bada, profesor de bioquímica y defensor de la teoría de la evolución, confesó en la revista Earth de febrero de 1998, en uno de sus artículos sobre evolución: «*Hoy día, mientras dejamos el siglo XX, aun enfrentamos el más grande problema irresuelto que teníamos cuando entrábamos a este siglo: ¿Cómo se originó la vida en la Tierra?*»

La teoría de la generación espontánea

Esta teoría fue popular a finales de la edad media, y en ella se defendía que los seres vivos podían fácilmente surgir de cosas no vivientes. Era común pensar que surgían espontáneamente gusanos del fango y cochinillas de los lugares húmedos. Por esta razón algunos experimentos fueron realizados, tratando de probar esta teoría. Para ellos, en un principio, las larvas en la carne podrida fueron "evidencia" de que la vida se podía generar a partir de materia no viviente. Pero luego se entendió que las larvas no se formaban espontáneamente sino que emergían de huevos microscópicos depositados en la carne por las moscas. En la época de Darwin era muy común creer que la vida se podía originar de materia no viviente, pero algunos años después de la publicación de "El Origen de las Especies", el famoso biólogo francés Louis Pasteur, refutó científicamente la teoría de la evolución. Pasteur, luego de varios estudios y experimentos, llegó a esta destacada conclusión: «*¿Puede la materia organizarse ella misma? ¡No! Actualmente no hay ninguna instancia conocida bajo la cual se pueda afirmar que seres microscopios aparecen en el mundo sin parientes a los cuales no se parezcan.*» (Louis Pasteur, Origin of Life, pág. 4-5)

Probabilidades de la vida desde el punto de vista matemático

El profesor Bruno Vollmert, profesor de técnica química de sustancias macromoleculares y en su momento director del Instituto de Polímeros en La Universidad de Karlsruhe, junto con su equipo, se dedicaron durante décadas a investigar la creación del ADN en laboratorios provistos de equipos de primera. El resultado de la investigación fue aplastante para todos los evolucionistas: «*NO es posible que el ADN se haya producido espontáneamente.*» Vollmert afirma que un químico especializado en polímeros no puede ni convencerse ni dejarse persuadir de que los caldos originales hayan surgido por casualidad en unas cadenas de macromoléculas del tipo del ADN; lo mismo es cierto, según él, en cuanto al crecimiento de las cadenas del ADN en el transcurso de la historia de La Tierra, desde una clase de animales hacia la inmediatamente superior. Las palabras del propio Vollmert: «*Por lo tanto, el darwinismo es una forma de ver el mundo, una ideología, y no una teoría científicamente probada... Opino que el darwinismo representa un error fatal que debe su éxito sin par, en última instancia, una vez más, a un anhelo antropocéntrico.*»

Puesto que no se ha esclarecido de forma inequívoca la formación de la vida, el profesor Fred Hoyle, antes director del Instituto para Astronomía Teórica en Cambridge, y el profesor Nalin Chandra Wickramasinghe, director del departamento de matemáticas aplicadas y astronomía en La Universidad de Cardiff, Gales –a quienes citamos anteriormente-, estudiaron las posibilidades de la creación de vida, con base en sus conocimientos matemáticos. Se preguntaron si las enzimas hubieran podido surgir de un caldo original terrestre por medio de la evolución química. La conclusión de los dos científicos fue la siguiente: «*Damos por su puesto que el caldo contiene 20 aminoácidos biológicamente importantes en la misma concentración. Avanzamos la propuesta cautelosa de que 10 puntos por encima son decisivos para el funcionamiento biológico correcto. Más de "20 a la 10" ensayos harían falta, a fin de producir una sola enzima capaz de funcionar; y la probabilidad de producir una cantidad N de tales enzimas mediante el azar asciende a "1:20 a la 10N". Antes de que N llegara al número 100, la cantidad de ensayos se habría hecho mayor que el número de átomos en todas las estrellas de todo el Universo. Por lo tanto, nos vemos casi obligados a sacar la conclusión de que la vida debe constituir un fenómeno cósmico.»*

La brecha imposible

El profesor en química de la Universidad de Nueva York y experto en ADN, Robert Shapiro, explica así esta creencia de los evolucionistas y del dogma materialista en que se fundamentan: *«Por lo tanto se necesita otro principio evolucionista para cruzar la brecha existente entre las mezclas de elementos químicos naturales simples y el primer replicante efectivo. Este principio aún no ha sido descrito en detalle o demostrado, pero está anticipado y se le da nombres como "evolución química" y "auto organización de la materia".»*

Según Demirsoy la posibilidad de la formación casual del Citocromo-C, una proteína esencial para sobrevivir, es *«tan improbable como la posibilidad de que un mono redacte la historia de la humanidad en una máquina de escribir sin cometer ningún error.»* El origen de la mitocondria es la célula, y acepta abiertamente la explicación de "la casualidad", aunque sea "totalmente contraria al pensamiento científico": *«El meollo del problema es cómo la mitocondria adquirió este carácter distintivo, porque obtenerla por casualidad, incluso por parte de una célula, requiere posibilidades extremas incomprensibles... La enzima que provee a la respiración y funciona como un catalizador a cada paso y en forma distinta, compone el corazón del mecanismo. Una célula tiene que contener esta secuencia enzimática completa, pues de otro modo es inservible. A pesar de que esto es contrario al pensamiento biológico, con el objeto de evitar una explicación o especulación más dogmática, tenemos que aceptar, aunque sea de malas ganas, que todas las enzimas de la respiración existían completamente en la célula antes que la primer célula entrase en contacto con el oxígeno.»*

Aminoácidos de organismos diferentes

La secuencia aminoácida de una proteína de dos organismos diferentes puede ser fácilmente comparada alineando las dos secuencias y contando la cantidad de posiciones en que difieren las cadenas. Pueden ser cuantificadas de una manera exacta y proveen un enfoque enteramente novedoso para la medición de las diferencias entre especies. Al proseguir el trabajo en este campo, se hizo claro que cada proteína particular tenía una secuencia ligeramente diferente en especies diferentes y que especies estrechamente relacionadas tenían secuencias estrechamente relacionadas. Cuando se compararon las secuencias de hemoglobina de mamíferos diferentes, como el hombre y el perro, la divergencia secuencial era de alrededor del 20%, mientras que al compararse la hemoglobina de dos especies disimilares como el hombre y la carpa, se encontró que la divergencia secuencial era de alrededor del 50%.

Estas comparaciones posibilitan la comprobación de hipótesis sugeridas por la ortodoxia neodarwinista. Por ejemplo, supongamos que las bacterias hayan estado presentes por mucho más tiempo que las especies multicelulares, por ejemplo, los mamíferos. Supongamos además que las bacterias estén más estrechamente relacionadas con las plantas que con los peces, anfibios, y mamíferos, en este orden. Si es así, deberíamos ver evidencia de estos hechos en las secuencias de aminoácidos de las proteínas comunes. Es decir, todos los grupos mencionados emplean Citocromo-C, una proteína empleada en producción de energía. Las diferencias en esta proteína deberían concordar con una secuencia evolutiva. Sin embargo, la comparación del Citocromo-C bacteriano, las proteínas correspondientes en el caballo, pichón, atún, gusano de seda, trigo y levadura, muestra que estas últimas son todas equidistantes del de la bacteria. La diferencia entre la bacteria y la levadura no es menor que entre la bacteria y el mamífero, o entre cualquiera de las otras clases.

Tampoco cambia la cosa si escogemos otras clases o proteínas diferentes. Las clases tradicionales de organismos son identificables a través de la jerarquía tipológica, y las distancias relativas entre las mismas resultan similares, con independencia de las hipotéticas secuencias evolutivas. Por ejemplo, Denton observa que los anfibios no se encuentran entre los peces y los vertebrados terrestres. En contra de la teoría ortodoxa, los anfibios están a la misma distancia de los peces que los reptiles y los mamíferos. El hallazgo realmente significativo que sale a la luz al comparar las secuencias aminoácidas de las proteínas es que es imposible disponerlas en ninguna clase de serie evolutiva, y es que todo el concepto de evolución se derrumba debido a que la pauta de diversidad al nivel molecular se conforma a un sistema jerárquico sumamente ordenado. Cada clase es, a nivel molecular, singular, aislada y carente de relación mediante intermedios. Además, los ajustes accidentales de diseño que exige el evolucionismo general son desastres lógicos. Las mutaciones aleatorias debidas a la radiación, a errores de copia o a otras fuentes propuestas, raramente resultan en ajustes viables de diseño, y nunca en diseños perfectos más avanzados.

Otra cosa importante a tener presente, los aminoácidos impiden cualquier transmutación de las especies. Los tejidos de cualquier parte del cuerpo toman de la sangre "el mismo aminoácido correspondiente", sin excepción. Cada tejido produce un tejido del mismo género, esto impide cualquier proceso evolutivo biológicamente hablando. El catedrático evolucionista turco Al de Misroy, no tuvo más remedio que decir lo siguiente sobre este tema: *«de hecho, la probabilidad de formación de una proteína y un ácido nucleído es más pequeña de lo que podemos calcular. Es más: las posibilidades de que aparezca una cadena proteica determinada son tan pequeñas que las podemos calificar de astronómicas. La teoría evolucionista de que la primera célula apareció por casualidad es completamente irracional, comparable a decir que el Boeing 747 se formo por casualidad." Y eso otra vez a nivel celular.»*

¿La autopoyética va en contra de la evolución?

Otro punto contradictorio en la bioquímica, si se intenta respaldar la hipótesis de evolución molecular, es sobre la "autopoyesis". El concepto de autopoyesis fue introducido por F. Varela, de la Escuela Politécnica de París. Una entidad es autopoyética cuando, mediante procesos químicos, mantiene y perpetúa su composición a pesar de las perturbaciones ambientales. El mecanismo de la autopoyesis es el metabolismo, todas las relaciones de compuestos orgánicos catalizadas por enzimas, en fase acuosa o interfases, que suceden en el interior de los seres vivos. Las fuentes primarias para poner en marcha dicho metabolismo son la luz visible y la energía química. No conocemos ninguna entidad que no sea autopoyética. Tampoco conocemos ninguna entidad que no esté hecha de agua y una compleja diversidad de compuestos orgánicos, incluyendo ácidos nucléicos y proteínas, formando una célula. Y en el fascinante libro "Humanidad, Hijos de Las Estrellas" (Mankind, Child of the Stars), Max H. Flint y Otto O. Binder detallan una anomalía muy importante: «*...molibdeno, un metal muy raro juega un papel importante como elemento rastreable en la psicología de todas las criaturas de La Tierra. Es sorprendente, por ello, que la vida tan dependiente de un metal raro surgió en un mundo como el nuestro, en donde el molibdeno es tan escaso...*»

El Mapa del ADN

La estructura de la molécula del ADN, fue descubierta por los científicos James Watson y Francis Crick en 1955. Ellos descubrieron y demostraron que la vida es mucho más compleja de lo imaginado. Para confrontar a los evolucionistas, Francis Crick quien recibió el premio Nobel por este descubrimiento, confesó que la estructura del ADN nunca pudo haber surgido por azar. Bien, ¿qué es el genoma?

Hemos de decir que éste abarca el número total de cromosomas del cuerpo. Los cromosomas contienen aproximadamente 80.000 genes, los responsables de la herencia. La información contenida en los genes ha sido decodificada y permite a la ciencia conocer, mediante test genéticos, qué enfermedades podrá sufrir una persona en su vida. El genoma también permite tratar enfermedades hasta ahora incurables, pero con el conocimiento del código de un genoma se abren las puertas para nuevos conflictos ético-morales, por ejemplo, la selección de embriones, o clonar seres para obtener células madre y luego desecharlos. Esto atentaría contra la diversidad biológica y reinstalaría entre otras la cultura de una raza superior, dejando marginados a los demás. Según sus detractores, quienes tengan desventaja genética quedarían excluidos de los trabajos, compañías de seguro, seguridad social, etc. Similar a la discriminación que existe en los trabajos con las mujeres respecto del embarazo y los hijos, por ejemplo.

El genoma (número total de cromosomas, o sea, todo el ADN: toda la información del ADN) de un organismo abarca en sus genes toda la información necesaria para la elaboración de la totalidad de proteínas requeridas por el organismo, las que determinan el aspecto, el funcionamiento, el metabolismo, la resistencia a infecciones y otras enfermedades, y también algunos de sus procederes. En otras palabras, es el código que hace que seamos como somos (ADAM). Un gen es la unidad física, funcional y fundamental de la herencia, es una secuencia de nucleótidos ordenada y ubicada en una posición especial de un cromosoma. Un gen contiene el código específico de un producto funcional. El DNA o ADN es la molécula que contiene el código de la información genética, el cual consta de una doble hebra helicoidal que se mantiene junta por uniones lábiles entre pares de bases de nucleótidos. Los nucleótidos contienen las bases adenina (A), guanina (G), citosina (C) y timina (T). La importancia de conocer acabadamente el genoma radica en que la mayoría de las enfermedades tienen un componente genético, tanto las hereditarias como las resultantes de respuestas corporales al medio ambiente. ¿Qué poder o fuerza dio la orden a estas cadenas para entrelazarse? Una vez hecho esto ¿Qué inteligencia les ordenó a estas cadenas el agruparse correctamente con las bases requeridas para componer las cadenas de ADN?

Estas dos hebras arrolladas helicoidalmente que componen la molécula de ADN están entrelazadas una alrededor de la otra como escaleras que giran sobre un eje, cuyos lados hechos de azúcar y moléculas de fosfato se conectan por uniones de nitrógeno llamadas "bases". Existe una forma estricta de unión de bases, así se forman pares de adenina - timina (AT) y citosina - guanina (CG). Cada célula hija recibe una hebra vieja y una nueva. Cada molécula de ADN contiene muchos genes, la base física y funcional de la herencia. El gen envía la secuencia específica de nucleótidos base con la información requerida para la construcción de proteínas que proveerán de los componentes estructurales a las células y tejidos como también a las enzimas para una esencial reacción bioquímica. De hecho, los virus y las bacterias son fundamentales para la vida, en absoluto son nuestros enemigos. Por ejemplo, al hablar del ADN basura algunos han sugerido que si se limpia podemos vivir hasta 200 años más, pero se ha descubierto que precisamente en ese ADN basura es donde está la parte fundamental de los genomas. En el genoma, la fracción codificante de proteínas es de 1,5% de los genes. Un gen es la suma de secuencias génicas que se agrupan concretamente para cada momento en función del ambiente. Por eso, aunque tenemos 90% de genes de relación con las ratas, eso no cambia nada, pues compartimos el 40% con cierto tipo de planta ecuneta.

El ADN y los cromosomas

El orden o secuencia de ADN especifica la exacta instrucción genética requerida para crear un organismo particular con características que le son propias. El tamaño del genoma es usualmente basado en el total de pares de bases. Sólo el 10% del genoma incluye la secuencia de codificación proteica de los genes. Entremezclado con muchos genes hay secuencias sin función de codificación, de función desconocida hasta hace pocos años. Los cromosomas pueden ser evidenciables mediante microscopio óptico y cuando son teñidos revelan patrones de luz y bandas oscuras con variaciones regionales. Las diferencias en tamaño y de patrón de bandas permite que se distingan los 24 cromosomas uno de otro, el análisis se llama "cariotipo". Las anomalías cromosómicas mayores incluyen la pérdida o copias extra, o pérdidas importantes, fusiones, translocaciones detectables microscópicamente. Así, en el "Síndrome de Down" se detecta una tercera copia del par 21 o "trisomía 21". Analicemos que algo tuvo que dar la posibilidad de que los humanos tuviésemos vida, pues sin el orden correcto de cromosomas no habría fecundación.

Otros cambios son tan sutiles que nada más pueden ser detectados por análisis molecular, se llaman "mutaciones". Muchas mutaciones están involucradas en enfermedades como la "fibrosis quística", anemias de células falciformes, predisposiciones a ciertos cánceres, o a enfermedades psiquiátricas mayores, entre otras. Toda persona posee en sus cromosomas frente a cada gen paterno su correspondiente gen materno. Cuando ese par de genes materno-paterno (grupo alemorfo) son determinantes de igual función o rasgo hereditario, se dice que el individuo es homocigótico para tal rasgo, por el contrario se dice que es heterocigótico. Como ejemplo podemos citar que un gen transmita el rasgo hereditario del color de ojos verde y el otro el color de ojos marrón. Se trata de heterocitogas para el rasgo del color de ojos. Si a su vez, uno de esos genes domina en la expresión del rasgo al otro gen enfrentado, se dice que es un gen heredado dominante, de lo contrario se dice que es recesivo. Los humanos y los chimpancés no solo son distintos genéticamente sino que difieren considerablemente en el modo de almacenar ADN. El ADN, el cianotipo primordial de la vida, está compactado dentro de los cromosomas, y todas las células con núcleo poseen un número específico de cromosomas. Muchos creen erróneamente que los organismos, según la teoría evolutiva, que comparten un antepasado común poseen el mismo número de cromosomas. Esto no es así porque el número de cromosomas en los organismos vivientes varía considerablemente de unos a otros. Por ejemplo, desde 308 en la mora negra (Morus nigra) hasta 6 en animales como el mosquito (Culex pipiens) o el gusano nematodo (Caenorhabditis elegans) (Sinnot, E.W., L.C. Dunn, and T. Dobzhansky), Principles of Genetics (Columbus, OH: McGraw Hill, fifth edition, 1958)

El que un organismo tenga más o menos cromosomas no implica ninguna diferencia. Es decir, la complejidad no afecta el número de cromosomas. El radiolario (un protozoo simple) supera los 800, no obstante los humanos poseen sólo 46. Ahora bien, los chimpancés, tienen 48 cromosomas. Exactamente 2 más que los humanos, pero no puede utilizarse esta comparación para crear una relación ya que por esa regla el hombre sería pariente de la liebre (lepus europaeus), que tiene exactamente el mismo número de cromosomas: 46. O el muntjac chino (un ciervo pequeño de las regiones montañosas de Taiwán). La diferencia entre cromosomas del hombre y del chimpancé es la misma que tiene el propio hombre con el hámster y el conejo. Si fuera por la semejanza de los cromosomas humanos (Homo sapiens sapiens) y chimpancés (pan troglodytes), hay que tener presente que éste (chimpancé) tiene 48 cromosomas, justo los mismos que una patata común (solanum tuberosum).

Si el cianotipo de ADN confinado en los cromosomas codifica únicamente 46 cromosomas, ¿cómo puede la teoría evolutiva explicar la pérdida de dos cromosomas enteros? El objetivo del cromosoma es reproducirse constantemente. Si deducimos que esta modificación en la cifra de cromosomas acaeció por medio del proceso evolutivo, entonces esto daría a entender que el ADN guardado en el número original de cromosomas no hizo su función comedidamente. Si tenemos en cuenta que cada cromosoma lleva un número determinado de genes, el hecho de que se pierdan cromosomas no tiene sentido fisiológicamente hablando, y, lo más probable, sería mortal para la nueva especie. No existe biólogo respetable que sugiera que por quitar uno o más cromosomas se produciría una nueva especie. El simple hecho de remover un solo cromosoma removería de manera potencial los códigos del ADN en cuanto a millones de factores vitales del cuerpo se refiere. Sobre esto, Eldon Gardner postuló: «*Sin embargo, el número de cromosomas es probablemente más constante que ninguna otra característica morfológica que está disponible para la identificación de especies.*» (Gardner, Eldon J., Principles of Genetics (New York: John Wiley and Sons). 1968, pág. 211). En resumidas cuentas, no hay por qué buscar donde no hay. El ser humano siempre ha tenido 46 cromosomas y los chimpancés 48.En otras palabras, los humanos siempre han tenido 46 cromosomas, mientras que los chimpancés siempre han tenido 48.

¿Indica el ADN Humano y Chimpancé una Relación Evolutiva?

El ADN, la célula y la complejidad de la vida son los principales inconvenientes de la teoría evolutiva. En el año 1953, Francis Harry Compton Crick y James Dewey Watson propusieron la estructura helicoidal doble del ADN—el material genético responsable por la vida. Demostrando el arreglo molecular de cuatro ácidos nucleótidos bases (adenina, guanina, citosina, y timidina o timina - A, G, C, y T) y cómo se combinan, Watson y Crick abrieron las puertas para determinar la composición genética de los humanos y animales. En 1962 estos dos científicos recibieron el Premio Nobel en fisiología o medicina por su descubrimiento concerniente a la estructura molecular del ADN. Trece años después que Watson y Crick recibieran su Premio Nobel, fue hecha la declaración *«que el polipéptido humano promedio es idéntico por más del 99 por ciento a su homólogo chimpancé.»* (King y Wilson, 1975, pp. 114-115). No obstante, esta semejanza genética en las proteínas y los ácidos nucleicos dejaban una gran paradoja—si nuestro material genético es tan similar, ¿por qué no nos parecemos o comportamos como los chimpancés? King y Wilson reconocieron la legitimidad de este dilema cuando remarcaron: *«La similitud molecular entre los chimpancés y los humanos es extraordinaria porque en anatomía y vida ellos difieren mucho más que otras especies relacionadas.»* (King, Mary-Claire and A. C. Wilson, "Evolution at Two Levels in Humans and Chimpanzees," Science. Abril de 1975). Ergo, esta parecía la respuesta idónea que deseaban los evolucionistas para sustentar su hipótesis.

Pasado un año de la ceremonia del Nobel de Watson y Crick, el químico Emile Zuckerkandl observó que la secuencia de proteína de la hemoglobina en humanos y en el gorila era diferente sólo en 1 por cada 287 aminoácidos. Zuckerkandl anotó: *«Desde el punto de vista de la estructura de la hemoglobina, parece que el simio solo es un humano anormal, o el hombre es un simio anormal, y las dos especies realmente forman una populación continua.»* (Zuckerkandl, Emile, "Perspectives in Molecular Anthropology," Classification and Human Evolution, ed. S.L. Washburn (Chicago, IL: Aldine). 1963, pág. 247). La evidencia molecular y genética solamente fortaleció la fundación evolutiva para aquellos que testificaban de nuestro presunto antepasado primitivo. El profesor de fisiología, Jared Diamond, incluso tituló a uno de sus libros The Third Chimpanzee, y allí consideró a la especie humana solamente como otro mamífero grande. Todo esto apuntaba a que los evolucionistas podían tener razón: los humanos eran más del 98% idénticos a los chimpancés. Sin embargo, después de pasar su vida buscando la evidencia de la evolución en las estructuras moleculares, el bioquímico, Christian Schwabe se vio forzado a admitir: «*La evolución molecular es casi aceptada como el método superior de la paleontología por el descubrimiento de las relaciones evolutivas. Como un evolucionista molecular, yo debo estar entusiasmado. En cambio parece desconcertante que existen muchas excepciones de la progresión ordenada de especies como determinada por las homologías moleculares; de hecho, tantas son que pienso que la excepción, las peculiaridades, llevan el mensaje más importante.*» (Schwabe, Christian, "On the Validity of Molecular Evolution," Trends in Biochemical Sciences. Julio de 1986, pág. 280).

Tras la finalización del mapeo genómico en 2003 los resultados empezaron a tornarse distintos. Una de estas resoluciones sería que el 1,5% del genoma humano consiste de genes, los cuales codifican para las proteínas. Estos genes están agrupados en regiones pequeñas que contienen cantidades considerables de ADN "no-codificador" o ADN "basura" entre los grupos. La función de estas regiones no-codificadoras aún se desconoce en su totalidad. Avanzando la ciencia, los descubrimientos indican que incluso si todos los genes humanos fueran diferentes a los de un chimpancé, el ADN todavía podría ser 98,5% similar si el ADN "basura" de los humanos y chimpancés fuera idéntico. Jonathan Marks, antropólogo de la Universidad de North Carolina en Charlotte, ha destacado cierta peculiaridad relevante sobre el problema que normalmente es pasado por alto en esta línea de pensamiento de "semejanza". Ya que el ADN es una serie lineal de las bases A, G, C, y T, solamente existen cuatro posibilidades en cualquier punto específico en una secuencia de ADN. Las leyes de la casualidad muestran que dos secuencias al azar de especies que no tengan una ascendencia común coincidirán en uno de cada cuatro puntos. Entonces incluso dos secuencias de ADN no relacionadas serán 25% idénticas, no 0% idénticas (Marks, Jonathan, "98% Alike? (What Similarity to Apes Tells Us About

Our Understanding of Genetics)," The Chronicle of Higher Education, 12 de mayo, 2000).

De manera que un humano y cualquier otra forma de vida terrestre basada en ADN deben ser al menos el 25% iguales. Marks continuó admitiendo: «*Además, la comparación genética es engañosa porque ignora las diferencias cualitativas entre genomas... Por eso, incluso entre familiares tan cercanos como los humanos y los chimpancés, descubrimos que se calcula que el genoma del chimpancé es aproximadamente 10 por ciento más grande que el humano; que un cromosoma humano contiene una fusión de dos cromosomas pequeños del chimpancé; y que los extremos de cada cromosoma chimpancé contienen una secuencia de ADN que no está presente en los humanos.*» Atendamos a un elemento transcendental, y es que esa diferencia de entre de 1-2% en el ADN implica 80 millones de nucleótidos diferentes (3-4 billones de nucleótidos forman el genoma humano). Lo cual es bajo el prisma lógico, una diferencia bastante amplia.

Las diferencias genómicas reales

Bert Thompson (Ph. D. de Apologetics Press, Inc. 2005) escribió: «*Una de las ruinas de los estudios moleculares genéticos previos ha sido el límite en el cual los chimpancés y los humanos pudieran ser comparados exactamente. Los científicos a menudo usarían solamente 30 o 40 proteínas conocidas o secuencias de ácido nucleico, y de esas luego extrapolarían sus resultados para el genoma entero. Sin embargo, hoy en día nosotros tenemos la mayoría de las secuencias del genoma humano, de las cuales prácticamente todas han sido hechas públicas. Esto permite a los científicos comparar cada par de base nucleótido entre los humanos y los primates—algo que no era posible antes del proyecto del genoma humano. En enero del 2002, fue publicado un estudio en el cual los científicos habían construido y analizado el mapa comparativo genómico de una primera generación chimpancé humana. Este estudio comparó las alineaciones de 77,461 secuencias finales de los cromosomas bacteriales artificiales (CBA) del chimpancé con las secuencias genómicas humanas."* Fujiyama y colegas *"detectaron posiciones candidatas, que incluían dos grupos en el cromosoma humano 21, que sugieren regiones grandes y no al azar de diferencias entre los dos genomas.»* (Fujiyama, Asao, Hidemi Watanabe, et al., "Construction and Analysis of a Human-Chimpanzee Comparative Clone Map," Science, 4 de enero, 2002). En otras palabras, esta comparación reveló enormes diferencias entre los genomas del chimpancé y del hombre.

Los autores encontraron que apenas el 48,6% del genoma humano entero coincidía con las secuencias nucleótidas del chimpancé. *«Solamente el 4,8% del cromosoma humano "Y" pudiera corresponder a las secuencias del chimpancé.»* Añade, Bert Thompson. La realización de este estudio comparó las alineaciones de 77.461 secuencias del chimpancé con las secuencias genómicas humanas obtenidas de una base de datos pública. De éstas, 36.940 secuencias finales fueron incapaces de ser trazadas en el genoma humano. Se especuló que casi 15.000 de aquellas secuencias que no coincidían a las secuencias humanas, "correspondían a las regiones humanas sin secuencia o eran de las regiones del chimpancé que han divergido substancialmente de los humanos o que no correspondían por otras razones desconocidas" (295:132). Aunque los autores denotaron que la calidad y utilidad del mapa debe "mejorar cada vez más mientras que la terminación de la secuencia del genoma humano avanza" (295:134), los datos ya sostienen lo que los creacionistas han dicho por muchos años—la cifra del 98-99% que representa similitud de ADN es extremadamente engañosa. (Fuentes: Fujiyama, Asao, Hidemi Watanabe, et al., "Construction and Analysis of a Human-Chimpanzee Comparative Clone Map," Science, 4 de enero, 2002; Bert Thompson, Ph.D. Apologetics Press. www.apologeticspress.org[1])

---

1.   http://www.apologeticspress.org

Bajo el desarrollo de otro estudio, Barbulescu y sus colegas descubrieron de igual manera otra diferencia significante en los genomas de los primates y humanos. Los autores escribieron: «*Estas observaciones proveen evidencia muy fuerte que, por alguna fracción del genoma, los chimpancés, bonobos, y gorilas están más cercanamente relacionados el uno al otro que lo que están relacionados a los humanos.*» (Barbulescu, Madalina, Geoffrey Turner, Mei Su, Rachel Kim, Michael I. Jensen-Seaman, Amos S. Deinard, Kenneth K. Kidd, and Jack Lentz, "A HERV-K Provirus in Chimpanzees, Bonobos, and Gorillas, but not Humans," Current Biology, 2001). Esto demuestra el error de los evolucionistas al afirmar que los chimpancés son genéticamente más próximos a los humanos que a los gorilas. Otro estudio utilizando un "análisis de diferencia figurativa" (ADF) inter-especie entre humanos y gorilas reveló secuencias de ADN específicas de gorilas (Toder, R. F. Grutzner, T. Haaf, and E. Bausch, "Species-Specific Evolution of Repeated DNA sequences in Great Apes," Chromosome Research, 2001). Es decir, las secuencias encontradas en los gorilas pero no en los humanos «*pueden representar una secuencia antigua que se perdió en otras especies, tales como el hombre y el orangután, o, más probablemente, representen secuencias recientes que evolucionaron o se originaron específicamente en el genoma del gorila.*»

Ya en 1998, una diferencia estructural entre la superficie de la célula humana y la del simio fue manifestada. Después de estudiar tejidos y muestras de sangre de simios grandes, y de 60 humanos de varios grupos étnicos, Muchmore y sus colegas descubrieron que a las células humanas les falta una forma particular del ácido siálico (un tipo de azúcar) que se encuentra en los mamíferos (Muchmore, Elaine A., Sandra Diaz, and Ajit Varki, "A Structural Difference Between the Cell Surfaces of Humans and the Great Apes," American Journal of Physical Anthropology, octubre de 1998). «*Esta molécula del ácido siálico se encuentra en la superficie de cada célula en el cuerpo, y se piensa que realiza múltiples tareas celulares. Esta diferencia que parece minúscula puede tener efectos de gran alcance, y puede explicar por qué los cirujanos no podían trasplantar órganos de chimpancé a los humanos durante la década de 1960. Con esto en mente, nadie debería declarar sin meditar, "los chimpancés son casi idénticos a nosotros", simplemente a causa de una coincidencia genética.»* Afirma Bert Thompson, Ph. D. de Apologetics Press.

PARALELISMOS Y DIVERGENCIAS

El genoma completo del nematodo (Caenorhabditis elegans) también ha sido puesto en secuencia como un estudio tangencial al proyecto del genoma humano. De los 5.000 genes humanos más conocidos, el 75% de ellos ha combinado con los del gusano ("A Tiny Worm Challenges Evolution". Video asequible en: www.cs.unc.edu/~plaisted/ce/worm.html). La homología (similitud) no prueba la ascendencia común ¿o acaso somos 75% idénticos al gusano nematodo? *«El hecho de que las criaturas vivientes compartan algunos genes con los humanos no significa que exista una ascendencia lineal.»* (Bert Thompson, Ph. D. de Apologetics Press.).

El biólogo John Randall admitió esto cuando escribió: *«Los libros antiguos de texto de la evolución enfatizan la idea de la homología, señalando las semejanzas obvias entre los esqueletos de miembros de animales diferentes. Por ende el diseño del miembro "pentadáctilo" (del idioma griego: "cinco huesos") es encontrado en el brazo del hombre, el ala del ave, y la aleta de la ballena—y esto es considerado para indicar su origen común. Si estas varias estructuras fueran transmitidas por el mismo par de genes variados de vez en cuando por las mutaciones y cambiados por la selección ambiental, la teoría tendría un buen sentido. Desafortunadamente, este no es el caso. Ahora se sabe que los órganos homólogos son producidos por complejos de genes totalmente diferentes en especies diferentes. El concepto de la homología en términos de genes similares que han sido pasados de una ascendencia común ha fracasado...»* (Fix, William R., The Bone Peddlers: Selling Evolution (New York: Macmillan) Pág. 189).

Elaine Morgan comentó acerca de la diferencia entre hombres y chimpancés: *«Considerando la relación íntima genética que ha sido establecida por la comparación de las propiedades bioquímicas de las proteínas de la sangre, la estructura de la proteína, y el ADN y las respuestas inmunológicas, las diferencias entre un hombre y un chimpancé son más asombrosas que las semejanzas. Estas incluyen diferencias estructurales en el esqueleto, los músculos, la piel, y el cerebro; diferencias en la postura asociada con un método singular de la locomoción; diferencias en la organización social; y finalmente la adquisición del habla y de la manipulación, junto con el crecimiento dramático de la capacidad intelectual que ha guiado a los científicos a nombrar a su propia especie Homo sapiens sapiens—hombre sabio sabio. Durante el periodo que estos remarcables cambios evolutivos estaban tomando lugar, otras especies como-simios íntimamente relacionados cambiaban muy lentamente, y con resultados mucho menos remarcables. Es difícil resistir la conclusión de que algo tenía que haber pasado a los antepasados del Homo sapiens que no pasó a los antepasados de los gorilas y chimpancés.»* (Morgan, Elaine, The Aquatic Ape: A Theory of Human Evolution (London: Souvenir Press). 1989, pp. 17-18) Otras Fuentes: Shouse, Ben, "Revisiting the Numbers: Human Genes and Whales," Science, 22 de febrero 2002; soporte principal de argumentación en este tema sobre los cromosomas: Bert Thompson, Apologetics Press (230 Landmark Drive, Montgomery, Alabama, EE.UU. http://www.apologeticspress.org)

El estudio del genoma demuestra que nuestro ADN es similar a una base de datos de ordenador o una computadora maestra. Sin las secuencias específicas no funciona, y sin un flujo de energía nada

174

interactúa. ¿Quién o qué es esa fuerza invisible que da vida a todas las cosas existentes desde el mundo microscópico al macroscópico? Si el genoma nos muestra las propiedades únicas y complejas de nuestro ADN ¿Cómo podemos pensar que existan alteraciones externas, ya sean físicas, químicas o bioquímicas, que modifiquen la información del ADN sin haber sido ellas creadas también por una inteligencia superior para dicha función? Lo inexplicable, *«...el eslabón perdido en la historia de la evolución del hombre, fue la manipulación artificial controlada practicada en uno de nuestros más remotos pasados.»* (Erick von Däniken. Escritor suizo de varios "Best Sellers").

¿Mutación?

Las mutaciones son definidas como substituciones o rupturas que tienen lugar en la molécula de ADN, la cual se encuentra en el núcleo de la célula de un organismo viviente y contiene toda la información genética. Estas substituciones o rupturas son el resultado de efectos externos tales como la acción química o la radiación. Cada mutación es un "accidente" que daña los nucleótidos que componen el ADN o cambia su ubicación. La mayoría de las veces provoca tantos daños y modificaciones que la célula no puede repararlos. La Mutación, a la cual los evolucionistas frecuentemente aluden, no es una varita mágica que transforma los órganos vivos en una forma más perfecta y avanzada, eso sólo ocurre en las películas y en los cuentos de fantasía. El efecto directo de las mutaciones es enteramente dañino. Los cambios efectuados por las mutaciones pueden parecerse solamente a los experimentados por el pueblo de Hiroshima, Nagasaki (Japón) y Chernobyl (URSS), es decir, a la muerte, a la invalidez y al aborto de la naturaleza... La razón para esto es muy simple: el ADN tiene una estructura muy compleja y los efectos de trastorno pueden provocar solamente daño a dicha estructura. Dice B. G. Ranganathan: *«Las mutaciones son pequeñas, azarosas y dañinas. Ocurren raramente y lo más posible es que sean ineficaces. Estas cuatro características de las mutaciones implican que no pueden llevar a un desarrollo evolutivo. Un cambio fortuito en un reloj no puede mejorarlo. Lo más probable es que lo dañe o que, en el mejor de los casos, no lo afecte. Un terremoto no mejora a la ciudad que golpea sino que provoca su destrucción.»* (B. G. Ranganathan, Origins?, Pennsylvania: The Banner Of Truth Trust, 1988)

Científicos de la Universidad de Liverpool descubrieron que la interacción entre dos especies que batallan entre sí es más importante en el proceso evolutivo que la interacción del organismo con su medioambiente. El descubrimiento fue publicado en la edición del 24 de Febrero de 2010 de la prestigiosa revista Nature. El Dr. Steve Paterson y sus colegas de la Universidad de Liverpool diseñaron un experimento para ver cuál de las dos teorías es la que en verdad guía la evolución biológica. Se colocaron virus y bacterias de dos especies distintas en un medioambiente. Los científicos observaron cómo los virus atacaban a las bacterias, cómo las bacterias evolucionaban defensas, cómo los virus trataban nuevos métodos de ataque, la reacción de las bacterias, etc.

Luego de cientos de generaciones, se descubrió que ambas especies evolucionaron a un paso acelerado comparado con una población controlada de virus y bacterias que no competían de esa manera. Este experimento sugiere que no es el medioambiente el agente predominante en la evolución, si no la competencia por la supervivencia y la autodefensa entre las especies, y aún así no implica que exista una alteración mutante o química externa para modificar la información genética de la bacteria sino alguna fuerza desconocida que la obliga a inmunizarse. Pero no deja de ser una bacteria para convertirse en una hormiga. El Dr Lee Spetner es un experto en genética y afirma en su libro que *« Toda mutación que se ha estudiado en un nivel molecular reduce la información genética y no la aumenta.»* (Not by Chance, The Judaica Press, Nueva York, p.138, 1997)

**¿*La vida tiene origen extraterrestre?*

Un equipo de científicos ha obtenido un nuevo indicio de que algunos ingredientes clave para el desarrollo químico necesario que llevó al surgimiento del ARN y del ADN pudieron llegar de fuera de nuestro planeta. La investigación ha sido realizada por expertos del Imperial College de Londres, la NASA, la Universidad de Maryland en Baltimore, el Instituto Carnegie de Washington, el Instituto de Investigación de Ciencias Planetarias y Espaciales de la Open University en Gran Bretaña, la Universidad Radboud en Nijmegen (Países Bajos), y el Laboratorio de Astrobiología del Instituto de Química de Leiden (Países Bajos). El meteorito que en 1969 cayó cerca de Murchison, Australia, es famoso por la gran cantidad de compuestos orgánicos que se han encontrado en él, incluyendo nucleobases, que son precursores de las moléculas constituyentes del ARN y el ADN. Eso llevó a que la comunidad científica se plante case que la caída en una época arcaica de meteoritos como ese pudo aportar a La Tierra los ingredientes clave para el surgimiento de la vida, y que por tanto las formas de vida de nuestro mundo tendrían un origen parcialmente extraterrestre. Sin embargo, existía la duda sobre la procedencia de las nucleobases presentes en el meteorito, ya que éste pudo resultar contaminado con material terrestre, y por tanto las detectadas en él no tendrían un origen extraterrestre sino del todo terrenal. Ahora, los autores del nuevo estudio han logrado aislar xantina y uracilo del meteorito, y someterlos a un análisis isotópico. La proporción entre distintos isótopos de carbono es una huella dactilar inconfundible de la procedencia de las moléculas orgánicas. Las de origen extraterrestre poseen abundancias mayores de carbono-13 en comparación con el carbono-12.

El resultado del análisis demuestra que las nucleobases presentes en el meteorito de Murchison proceden de fuera de nuestro planeta. Ello implica que la hipótesis del origen extraterrestre de la vida de nuestro mundo es ciertamente plausible. *«Creemos que las primeras formas de vida pudieron adoptar nucleobases procedentes de fragmentos de meteoritos, para su uso en el código genético que las capacitó para transmitir rasgos beneficiosos a las generaciones siguientes»*, declara la autora principal del estudio, Zita Martins, del Imperial College de Londres. Hace entre 3.800 y 4.500 millones de años, vastas cantidades de rocas como la caída en Murchison en 1969, alcanzaron la superficie de La Tierra procedentes del espacio. Aquel bombardeo meteorítico, que dejó numerosos cráteres en astros de nuestro sistema solar, coincide con la época en que, según todos los indicios, surgió la vida en La Tierra. (Fuentes: amazings.com/ciencia y masalladelaciencia.es)

Biología evolutiva del desarrollo

La biología evolutiva del desarrollo (o informalmente "evo-devo", del inglés evolutionary developmental biology) es un campo de la biología que compara el proceso de desarrollo de diferentes organismos con el fin de determinar sus relaciones filogenéticas. De este modo, la evolución se define como el cambio en los procesos de desarrollo. El enfoque adoptado por la evo-devo es multidisciplinar, confluyendo disciplinas como la biología del desarrollo (incluyendo la genética del desarrollo), la genética evolutiva, la sistemática, la morfología, la anatomía comparada o la paleontología. Durante las décadas de los 80´s y los 90´s se recopilaron una gran cantidad de datos comparativos en torno a la secuencia molecular de diferentes tipos de organismos y empezó a comprenderse en detalle la base molecular de los mecanismos de desarrollo codificados por tales genes, resultados aportados por la nueva genética del desarrollo. La biología evolutiva del desarrollo comenzó a constituirse en disciplina gracias a la disponibilidad de tales datos. Entre los resultados más sorprendentes y, probablemente, más contraintuitivos de la investigación en biología evolutiva del desarrollo se encuentra el hecho de que la diversidad de los planes corporales y de la morfología de los organismos a lo largo de muchos filos no aparecen necesariamente reflejados en una diversidad a nivel de las secuencias de genes implicadas en la regulación del desarrollo. De hecho, como señalan Gerhart y Kirschner (1997), nos encontramos con una aparente paradoja: *«allí donde esperamos encontrar variación, encontramos conservación, ausencia de cambio.»*

La totalidad de las cosas hechas, ya sea desde el Big Bang de la nada al todo, de las partículas subatómicas a las macromoléculas y las formas de vida complejas e inteligentes debieron ser creadas por alguien superior. Esto es lo más coherente. Ergo, si estos es así y la teoría está equivocada en todos los sentidos ¿De dónde venimos si no es por un proceso evolutivo desde partículas efímeras? Nos han enseñado que existen eslabones del hombre que avalan la teoría de la evolución, no obstante, dichas afirmaciones son totalmente falsas como mostraremos más adelante. ¿Entonces, de dónde salen todas estas especies homínidas como los neandertales, homo Habilis, homo Erectus, etc.? Los científicos se basaban en que habían evolucionado unas hacia las otras, pero las evidencias y estudios demuestran que no eran tan monos como nos los han pintando. Podríamos decir que sólo hay dos grupos: monos y hombres.

¿Qué poder creó el amor en el ADN?

El miedo tiene una frecuencia de vibración larga y lenta, mientras que el amor tiene una frecuencia alta y muy rápida. Para mostrar que las vibraciones son la base misma de nuestra existencia, Hans Jenny desarrolló lo que se conoce como "cymatics" en la década de 1940 demostrando que cuando las vibraciones del sonido se transmiten a través de un medio de comunicación el conjunto genera un modelo a seguir cuando la frecuencia aumenta. El miedo desarrolla un patrón más complejo, y esto es precisamente lo que le está sucediendo a nuestro planeta y a la humanidad. Hay 64 posibles combinaciones de aminoácidos en nuestra estructura de ADN, realizados a partir de 4 elementos: carbono, oxígeno, hidrógeno y nitrógeno. De acuerdo con la lógica, deberíamos tener las 64 combinaciones activas dentro de nuestra estructura de ADN. Sin embargo, actualmente sólo existen 20 códigos activos. De acuerdo a los estudios de Gregg Branden: «...*de estas 64 posibilidades, parece ser que sólo 20 de estos códigos se convierten en este momento en nuestro ADN. Los 20 aminoácidos. Hay un interruptor que apaga y enciende la posibilidad de que aparezcan estos códigos, y este interruptor es lo que nosotros llamamos 'emoción'. Es la primera vez que hemos visto los patrones de la emoción directa y físicamente vinculados al material genético humano.*»

«*Bueno, el miedo es una larga y lenta onda, por lo que esta larga y lenta onda de temor toca relativamente pocos sitios de nuestro ADN de modo que una persona que vive permanentemente en un estado de temor, limita su 'antena' del espectro que tiene a su disposición. Considerando que una persona vive según el patrón del amor, este es el amor, y se puede ver que tiene una mayor frecuencia y una longitud de onda más corta, tenemos muchos más sitios potenciales para la codificación genética a lo largo de dicho patrón. Esta información es sorprendente. Es la primera vez que hemos tenido un sólido enlace digital entre la emoción y la genética*», agrega Braden. Esto es importante para entender porqué otro investigador llamado Vladimir Poponin realizó mediciones de partículas diminutas de luz, llamadas fotones, dentro de un tubo de vacío, observando que los fotones se dispersaban según lo esperado. Cuando introdujo una muestra de ADN en el interior del tubo de vacío y midió de nuevo su dispersión, se encontró que los fotones se sumaban a lo largo del eje de la cadena de ADN posteriormente, a medida que eliminaba la muestra de ADN los fotones se mantenían alineados según la misma forma del ADN. Aún sin estar presente éste. Esto es lo que se conoce como "la prueba de ADN fantasma". La ciencia tiene aquí un puente importante para unir lo físico y lo etéreo o espiritual. Las emociones afectan directamente a la estructura de nuestro ADN, el cual da forma al mundo físico que experimentamos todos los días.

En el documental Agenda Esotérica podemos ver esto más conciso: «*Por lo tanto, los mensajes dejados por los antiguos que ya han ido explicados, son algo más que profecías acerca de un gobierno o Nuevo Orden Mundial. Ahora entendemos por qué estudiar los cuerpos celestes era tan importante. La rotación y la órbita de todo lo que conforma nuestro universo funciona como un reloj, que marca los cambios de ruta y transiciones. Esto ayudó a los antiguos a entender los cambios en los cuerpos celestes eran una espejo que reflejaba los cambios de toda la existencia. El 21 de diciembre de 2012 es simplemente una transición natural de una forma de energía a la siguiente. La trascendental evolución del hombre. Esta fecha es lo que se conoce como punto cero. Nuestro Sol, así como nuestro planeta Tierra, están disminuyendo su campo magnético, y realizando su rotación, al mismo tiempo que su frecuencia base de cavidad resonante, también conocida como "resonancia Schumann" aumenta conforma prevé la sucesión de Fibonacci.*»

Otros experimentos

A nivel celular, nuestros cuerpos responden a los pulsos electromagnéticos, que los antiguos llamaban "círculo sagrado". Las células reciben este pulso del cerebro, que lo recibe del corazón, que recibe el pulso de la Tierra. Este pulso proviene del sistema solar que llega hasta aquí desde la galaxia, que en última instancia, proviene de todo el universo. Nosotros, literalmente, compartimos este pulso con toda la existencia. Los científicos han venido registrando el pulso de La Tierra desde hace tiempo, éste se ha mantenido en aproximadamente 7,8 ciclos por segundo. Este valor se mantuvo constante hasta el año 1986-1987, en el que comenzó a aumentar hasta registrarse alrededor de 9 ciclos por segundo en el año 1996. En una década aumentó 1,2 ciclos por segundo. En 2012 se espera que este pulso alcance los 13 ciclos por segundo, como indica la teoría de Fibonacci. Así como "cymatics" ha demostrado que el aumento de frecuencias da lugar a patrones más complejos ahora estamos experimentando el comienzo de un cambio importante en la vibración física y espiritual. *«Es difícil entender que pasará exactamente con nuestro cuerpo físico, pero escritos antiguos de religiones paganas, monoteístas, grupos místicos y órdenes fraternales secretas, ofrecen algunos indicios de cómo podría ser esta experiencia.»* (Agenda Esotérica)

Un experimento militar que consistía en tomar un poco de ADN humano – un pedazo minúsculo de tejido sacado de la boca de un paciente voluntario – y colocarlo en un artefacto, que puede medir las reacciones de dicho ADN, que a su vez estaría en la habitación de un edificio. El donante del tejido de donde se sacó el ADN estaba en otra habitación perteneciente al mismo edificio. Por tanto, el ADN vivo de una persona estaba en un cuarto y el voluntario estaba en otro cuarto. Pusieron al paciente bajo una especie de estimulación emocional para recibir de él una respuesta concreta: tristeza, dolor, alegría, rabia, etc. Con esto querían ver si el ADN de la otra habitación tenía, a su vez, una respuesta. Nada en la ciencia occidental habría supuesto que eso daría algún resultado. Pero de lo que se dieron cuenta fue exactamente de lo contrario. Todas las emociones que tenía el paciente en su habitación simultáneamente reaccionaron de la misma manera en el ADN que estaba aislado en la otra habitación. Se esperaba que la respuesta del ADN fuese posterior. Sin embargo no había un lapso de tiempo a pesar de la distancia, sino que fue inmediato. Volvieron a repetir el experimento nuevamente, pero, esta vez, el donante estaba a 400 millas de la muestra de ADN y el resultado fue el mismo. El donante estaba en Los Ángeles y el ADN estaba en Phoenix, Arizona.

Otra investigación consistía en estudiar la posibilidad de que el corazón tuviese un campo electromagnético alrededor de él. Este campo electromagnético, que sobresale entre unos 5 u 8 pies hacia fuera, tendría la función de extender salud alrededor del cuerpo. De manera que realizaron el experimento, nuevamente por medio de emociones, buenas o malas, tristes o alegres, odio o amor, por medio también de una muestra de ADN. Consiguieron que la partícula de ADN se relajase completamente a través de la emoción de paz, de amor y relajación de la persona. Lo que sabemos por medio de otros experimentos es que este estado de relajación en el ADN responde incluso a nuestro sistema inmunológico. Otro procedimiento del experimento los llevó a que el paciente expresase rabia, resentimiento, odio, etc. lo cual hizo que la partícula de ADN se encogiese, lo contrario al experimento anterior cuando se había alargado (relajado). Incluso en este experimento, algunas fases se habían apagado anulando el sistema inmunológico. La conclusión a la que se llegó es que nuestro estado de ánimo influye en la forma y respuesta de nuestro ADN.

Biología moderna

Uno de los expertos de prestigio y reconocimiento mundial en el estudio del origen de la vida: William Ford Doolittle, escribe en su artículo ("Nueva árbol de la vida", Investigación y Ciencia, 2000), la siguiente conclusión:

- La explicación razonable de resultados tan contradictorios hay que buscarla en el proceso de la evolución, que no es lineal ni tan parecida a la estructura teórica dendriforme que Darwin imaginó.
- La visión darwinista de la evolución gradual de los organismos mediante cambio aleatorios no funciona en los organismos unicelulares que constituyen el origen de la vida.
- El origen de las células eucariotas (que constituyen los organismos animales y vegetales) ocurrió mediante la agregación de diferentes tipos de bacterias que, actualmente, constituyen el núcleo y los orgánulos celulares, cuyas secuencias génicas, extremadamente conservadas, se

pueden identificar actualmente en los 4 reinos de la vida: protistas, animales, hongos y plantas.

Sólo este hecho, tira por tierra la visión de la evolución de la vida como un fenómeno de cambio gradual, en que las "mutaciones aleatorias" serían fijadas o eliminadas por la selección natural –explicándolo mejor:

1. Este cambio de tan gran trascendencia no fue gradual.
2. Si las mutaciones fueran aleatorias, el ADN de nuestras células tendría muy poco que ver con el bacteriano después de más de mil millones de años de evolución.

William Ford Doolittle finaliza su artículo rebatiendo la idea darwinista de un "árbol de la vida" con un único antecesor, y concluye diciendo que «*los datos demuestran que este modelo es demasiado simple. Ahora se necesitan nuevas hipótesis cuyas implicaciones finales ni tan siquiera atisbamos*», y añade que «*la victoria del darwinismo ha sido tan completa que es un shock darse cuenta cuán vacía es realmente la visión darwiniana de la vida.*» En otra área, llamada Teoría Simbiogenética, su creadora, Lynn Margulis –destacada bióloga estadounidense de reconocimiento internacional- hace palidecer también al darwinismo. La propuesta simbiogenética de Margulis chocaba (y aún hoy en día choca, aunque ya se ha aceptado como un hecho puntual) con los neodarwinistas: La tesis neodarwiniana de que la evolución de los organismos y la aparición de nuevas especies tiene su origen en errores en la replicación de ADN (mutaciones aleatorias), cae ante los resultados de esta nueva investigación. Para Lynn Margulis, la selección natural darwiniana sigue sin dar respuesta a la fuente de novedad evolutiva, defendiendo la simbiogénesis: «*Durante más de cuarenta años he oído repetidamente hablar de los errores genéticos. Los errores genéticos existen, pero no se conoce que haya surgido ninguna especie mediante errores genéticos. Sin embargo, observo numerosos casos de simbiogénesis.* » Los que Margulis postula es otra nueva teoría, la cual, aunque vuelve a dejar en evidencia al darwinismo, sigue sin poder mostrar la naturaleza pura de cada especia animales respetando sus tipologías y órdenes familiares. Lo que si reflejan estos profesores es que la alteración genética o cambios evolutivos del ADN son improbables y, de hecho, falsos.

Parte IV
CIENCIA Y FANTASÍA

> *"Estamos aquí para aprender a amarnos unos a otros.*
> *Yo no se para que están los otros aquí."*
>
> (W. H. Auden)

Evolución regresiva

Si diéramos viabilidad a la hipótesis de la evolución, otra contradicción se cruza en nuestro camino. Hay animales que representan una Evolución Regresiva, o sea, en vez de mejorar, avanzando hacia una especie más desarrollada, pierden facultades, como si retrocedieran en el proceso de cambio. Algunos ejemplos de esto son:

1. Del Mamut al Elefante.
2. Del Gigantopithecus al Gorila y del Gorila al Hombre
3. Del Smilodón (Dientes de Sable)

El mamut era lanudo, enorme y tenía colmillos muy largos. Sin embrago, un proceso lo fue cambiando, así como a los primos suyos como el mastodonte. De repente aparecen estos animales perdiendo capacidades de superioridad en el desarrollo, perdiendo altura, tamaño en los colmillos y el pelaje. Algo similar ocurre con el hombre, si seguimos la línea imaginaria de Darwin, donde monos gigantes reducen su tamaño al de un gorila, y éste al ser humano, lo cual sería un ejemplo similar del megantropus al hombre. Luego, el otro caso, el del tigre, el cual perdió el tamaño alargado de sus colmillos "de sable". Este proceso se denomina comúnmente "involución".

La Evolución Paralela

Debido a que la inmensa mayoría de los animales no han sufrido ningún tipo de cambio significativo, la teoría de la evolución paralela cae por su propio peso. Los mismos animales de la prehistoria los tenemos hoy, salvo los grandes reptiles que en el presente nos serían un peligro para la coexistencia, y aún vemos animales prehistóricos idénticos a los que hoy perviven, dentro del orden de sus familias y tipologías. Obviamente, igual que en nosotros, todos estos seres vivos tienen otras tipologías, razas, tamaños y rasgos, pero pertenecen a las mismas familias de animales, los del presente con los del pasado. Sintetizando, en ningún caso son antepasados unos de otros, sino más bien serían "primos".

Supongamos por ejemplo que se da el caso de que hace 350 millones de años un pez tratase de salir del agua. Evidentemente éste habría muerto a los pocos segundos. Pongamos que otro pez, después del primero, hubiese hecho lo mismo. ¿Qué habría pasado? Evidentemente obtendría el mismo resultado que el anterior y así seguiría pasando sucesivamente si más peces lo fuesen intentando ya que es sabido que los peces tienen branquias preparadas únicamente para realizar el proceso respiratorio específico para el medio en el que viven (recordando que hablamos de peces y no de mamíferos marinos). En el caso inconcebible de que un pez se transformara mágicamente en anfibio por un proceso milagroso de millones de millones de intentos en millones de millones de años, la casualidad del pez no habría cambiado nada sobre el resto de peces en el resto de partes del mundo. Si ese pez se convirtiese en un sapo –por ejemplo- ¿cómo es posible que también hubiese sapos en todo el resto del globo? Un proceso sorprendentemente casual podría haber creado otra criatura pero ¿por qué el mismo sapo? ¿Algún sapo o pez se chivó con otros peces al otro lado del Pacífico y Atlántico para que supiesen cual era el "truco" para convertirse en sapos? Por esta regla, no podrían existir los mismos animales ni las mismas familias en distintas partes del planeta. Se puede justificar que exista la misma variedad de fauna e incluso flora marina, y así mismo de aves voladoras, pero no se puede justificar que existan los mismos anfibios, ni mucho menos los mismos mamíferos y reptiles.

El Éxodo de Bering

La hipótesis del Estrecho de Bering es igual de ridícula que la mayoría de las ideologías postuladas para tratar de justificar la aparición de los animales en los extremos del mundo. Aceptando por un instante la ideología de evolución paralela tanto en América como en el Viejo Mundo, aún no podríamos decir que plantas, mamíferos y reptiles –principalmente- cruzaron este estrecho desde Siberia hasta Alaska, ni siquiera después de una glaciación. Eso es demasiada casualidad y una probabilidad efímera. ¿Quién los guió por esa ruta? ¿Por qué razón se arriesgarían a sacar adelante a una empresa tan arriesgada y desconocida? ¿Existe evidencia alguna que apoye la filosofía de que cuando estuvo unido el estrecho de Bering pasaron por ahí animales? Y aún si fuera por la acción del hielo en épocas muy frías ¿Alguien sabe qué tipo de reptiles habitan en tierras heladas? ¿Cómo pasaron por el estrecho de Bering la mayoría de los dinosaurios, siendo que los reptiles son de sangre fría y no sobrevivirían una helada? Es como sacar un pez del agua y esperar que sobreviva.

Por otro lado y tomando como ejemplo a los reptiles, éstos simplemente no podrían sobrevivir a semejante etapa como lo fue la Era Glacial debido a que son animales de sangre fría. Es cierto que tienen como ventaja, con respecto a los animales de sangre caliente, el hecho de que necesitan menos consumo de alimento para generar energía y que a su vez, aguantan más tiempo sin alimentarse. Pero necesitan regular su temperatura, lo cual hacen con la temperatura ambiental. Necesitan un clima en el cual, pese al posible frío nocturno, al menos durante el día haya un clima suficientemente alto como para poder "cargar sus baterías corporales". No estamos hablando de un clima difícil de bajas temperaturas sin más, seamos realistas. Estamos hablando de la Era Glacial. Incluso pensando en la posibilidad de que los reptiles tuviesen que aguantar un periodo de tiempo en el que hayan de pasar por una zona fría de manera constante resulta difícil de superar. Pero volviendo a los hechos y siendo realistas, una zona fría no se compara a lo que pudo haber sido dicha era.

Así que habría que plantearse no sólo cuánto tiempo habrán estado "emigrando" hasta llegar a donde tenían que llegar y, por tanto, la media de vida de cada especie de reptil, sino el hecho de que en condiciones así simplemente los animales no se aparean –recordemos que están en plena emigración. La Era Glacial simplemente no pudo ser factible para la supervivencia de ésta categoría del reino animal. Como último y pequeño detalle, añadir que durante ese periodo los animales que habitaban la Tierra eran en su inmensa mayoría reptiles. ¿Cómo llegaron los animales a Hawái, a Australia, a Madagascar, a Japón, y al resto de islas del mundo? ¿Cómo llegó el supuesto hombre arcaico? Éstas y más preguntas son las que las personas no suelen hacerse antes de consentir el absurdo paradigma aceptado.

Imposibilidad de la Columna Geológica

La teoría que cree poder describir un proceso mediante el cual todas las formas de vida evolucionan (la palabra "evolución", significa: "despliegue") de organismos que vivieron hace millones de años, inventada por Charles Darwin (1809 -1882) y Gregorio Mendel (1822- 1884), no puede explicar ni justificar seriamente la existencia de la mayoría de los animales tanto en el pasado como en el presente. Ellos mismos consideraban que un periodo de evolución química precede a la de los organismos vivientes, siendo que estos cambios "químicos" sólo pueden realizarse por medio de "manipulación genética" o a través de una "mente inteligente". Seguir creyendo que venimos del mono es un argumento que no tiene pies ni cabeza. Se nos considera por la ciencia convencional como mamíferos y claro está, entramos en la denominación de "primeros mamíferos" (Pri-mates), junto con los tupaidos, lemúridos, lorísidos, társidos, monos y antropoides, que según el evolucionismo, éste grupo aparecimos hace 60 millones de años en el Paleoceno, a partir de las criaturas insectívoras. Según esta especulación, de estos insectívoros derivaron los prosimios y, en el Eoceno –hace 50 millones de años- los antropoides, incluyendo el género "homo". Esto es simplemente ridículo, dado que se han encontrado evidencias de vida humana hace decenas de miles de años, tal como citaremos más adelante.

¿Qué muestra en realidad el registro? Cada nueva forma de planta o animal —helecho, arbusto, árbol, pez, reptil, insecto, ave o mamífero— aparece súbitamente en la columna geológica. Inmediatamente encima de los sedimentos sin rastros de vida de la Era Azoica, la capa cámbrica muestra una abundancia de fósiles de crustáceos y moluscos, en gran cantidad, ya plenamente desarrollados; plantas de tallo leñoso aparecen repentinamente a mediados de la Era Paleozoica. No se ha hallado madera fosilizada en los estratos inferiores, pero abunda en edades posteriores. Se han encontrado grandes colecciones de fósiles de insectos en rocas paleozoicas superiores, insectos plenamente desarrollados y en gran variedad, pero no se han hallado ningunos en estratos anteriores. A principios de la Era Cenozoica, repentinamente aparecen mamíferos de los tipos modernos; no hay registro alguno de que hayan evolucionado de tipos anteriores.

Se le da mucha importancia al hecho de encontrar evidencias "transitorias" entre una especie y otra para justificar su evolución. Pero pongamos como ejemplo al pez pulmonado, el cual tiene branquias para respirar bajo en agua y también una bolsa membranosa que hace la función de pulmón cuando éste sale a la superficie. En un principio se podría pensar que estamos ante una de esas transiciones tan buscadas. Pero nos encontramos con el hecho de que este pez pulmonado, el cual estaba supuestamente en un proceso de evolución, jamás se convirtió en reptil ni en ninguna otra especie más "avanzada". Es el mismo pez que todavía existe hoy en día y es el mismo pez que recogen los registros fósiles antiguos. Definitivamente y basándonos en las evidencias, vemos que no se trata de ninguna etapa en la evolución. Simplemente es una especie creada por separado y que no se ha extinguido. El proceso evolutivo, se describe como "el cambio constante de las cosas vivas". Sin embargo se han descubierto muchísimos fósiles en estratos antiguos que, igual que ocurre con el pez pulmonado, son completamente iguales que las especies modernas que hoy conocemos. Las evidencias o impresiones que han dejado las hojas de roble, de nogal, de nogal americano, de vid, de magnolia, de palmera, etc. a lo largo del tiempo y que han sido encontradas en rocas de tiempos mesozoicos y posteriores, no difieren de las hojas de estos mismos árboles y arbustos de hoy. Los geólogos afirman que desde que aparecieron estos árboles por primera vez, con lo que se han calculado millones de años, no ha habido cambio evolutivo alguno en ninguna de estas especies. Es más, cabe destacar que al igual que las hojas dejaron evidencias sobre estas rocas mesozoicas, así lo hicieron también centenares de insectos de los cuales tampoco se ha hallado evolución alguna.

Estas impresiones muestran que dichos insectos eran muy parecidos a las especies de los mismos insectos que existen hoy. Tal y como lo declara el evolucionista: «*La evolución de los insectos se había completado, fundamentalmente, para fines del mesozoico*»... la era en que originalmente aparecieron. Los evolucionistas admiten ahora que el registro de los fósiles no apoya las teorías que por largo tiempo ellos han defendido: «*No existe el patrón que durante los pasados 120 años se nos dijo que buscáramos*», dijo cierto paleontólogo a una conferencia de evolucionistas en Chicago, EE.UU. en 1980. El cuadro de cambios pequeños que se acumularan hasta formar nuevas especies es falso. Más bien: «*Durante millones de años las especies permanecen sin cambio en el registro de los fósiles, y entonces desaparecen abruptamente, y son reemplazadas por algo que es considerablemente diferente, pero claramente relacionado*», dijo cierto profesor de geología de La Universidad de Harvard. Las especies individuales del registro de los fósiles se caracterizan por estabilidad, no por cambio.

En orden de tener todos los puntos sobre la mesa, debemos saber que los esqueletos supuestos pre-hombres han sido manipulados y así también el resto de descubrimientos para que encajen con el Paradigma Aceptado. La columna geológica, por ejemplo, es un sistema internacional elaborado en el siglo XIX para establecer la antigüedad de los fósiles y de los estratos de la tierra, basándose en la idea de que la evolución orgánica era un hecho establecido. Sin embargo, la clasificación original de los estratos fue totalmente arbitraria, ya que los fósiles que ellos consideraban más simples fueron puestos en la base de la columna, mientras que en los estratos superiores pusieron los fósiles que supuestamente implicaban formas de vida más complejas. Contra la columna geológica existe una impresionante variedad de evidencias, entre ellas podemos ver:

1. La teoría de la columna geológica es un claro ejemplo de razonamiento circular. La única razón para colocar las formaciones rocosas en orden cronológico es la presuposición del progreso evolutivo; la única justificación para asignar fósiles a períodos específicos en ese orden cronológico es la supuesta progresión evolutiva de la vida. Para saber la edad de un fósil, el científico ve en qué estrato se encuentra; para saber la edad del estrato, el científico ve los tipos de fósiles que contiene.

2. Hoy se sabe que aún los fósiles marinos que los antiguos geólogos consideraban como las formas más sencillas de vida -por ejemplo, los trilobites-, son en realidad tan complejos como los organismos que observamos en la actualidad.

3. Es importante saber que la columna geológica no existe en ningún lugar del mundo. Nunca se ha encontrado un lugar con la columna geológica de fósiles. Ésta existe sólo en la mente de los geólogos evolucionistas. Es simplemente una representación, una

serie ideal de sistemas geológicos, y no una columna de rocas que pueda ser observada en un lugar específico.

4. Los geólogos evolucionistas no saben cómo explicar el hallazgo de fósiles en el orden estratigráfico incorrecto, o los fósiles poliestratos. Un ejemplo típico son los troncos de grandes árboles que atraviesan varios estratos (National Geographic, pág. 245, agosto de 1975).

5. Los científicos no pueden explicar la interrupción en la deposición de secuencias sedimentarias o discordancias, que ocurre cada vez que se encuentran fósiles en capas en forma alternada, con vacíos o lagunas en capas intermedias.

6. Si la columna geológica fuese cierta, los hombres y los dinosaurios jamás habrían convivido. Sin embargo, como ya expondremos más adelante, se han encontrado pinturas rupestres de hombres con dinosaurios, utensilios humanos prehistóricos y esqueletos de hombres de la edad de los dinosaurios.

7. De acuerdo a la columna geológica, los trilobites constituyen uno de los primeros organismos pluricelulares, distantes del hombre por millones de años. Sin embargo, se han encontrado fósiles de trilobites aplastados por sandalias humanas. En realidad las evidencias son contradictorias para los evolucionistas.

El árbol de la vida de Darwin

Recordemos que el árbol de la vida de Darwin es uno de sus pilares para explicar la evolución y sus mecanismos, la selección natural por medio de mutaciones y otros procesos. El "árbol de la vida" del naturalista británico Charles Darwin, que muestra cómo las especies están interrelacionadas a lo largo de la historia de la evolución, es erróneo y debería ser reemplazado por un símbolo mejor, según un biólogo del principal complejo científico de Francia. *«No tenemos pruebas de que el árbol de la vida sea una realidad»*, afirma Eric Bapteste, biólogo de la evolución de La Universidad Pierre y Marie Curie, de París, en declaraciones a la revista "New

Scientist". Darwin ideó en 1837 un árbol imaginario para mostrar cómo las especies podían haber evolucionado, árbol que vino rápidamente a simbolizar la teoría de la evolución mediante la selección natural. La genética moderna, sin embargo, ha demostrado que representar la historia de la evolución en forma de árbol puede confundir, y muchos científicos argumentan que sería más realista utilizar una especie de soto (un sitio poblado de árboles y arbustos) impenetrable para representar las interrelaciones entre las especies. Los test genéticos practicados a bacterias, plantas y animales revelan que las especies se interrelacionan entre ellas mucho más de lo que se pensaba, con lo que los genes no pasan sólo a la descendencia por las ramas del árbol de la vida, sino que se transfieren también de unas especies a otras. Los microbios intercambian material genético de forma tan promiscua que resulta difícil distinguir unos tipos de otros, pero también las plantas y los animales se cruzan con mucha regularidad, y los híbridos resultantes pueden ser fértiles. Según algunos cálculos, un 10% de los animales crean regularmente híbridos mediante el cruce con otras especies.

¿Demuestran los fósiles la progresión de estructuras unicelulares, como la ameba, hasta llegar a ser organismos complejos? Consideremos los hechos siguientes:

1. Aparición no cíclica de animales: Los tipos diferentes y básicos de animales, aparecen sin responder a una cronología en los estratos, sin la prueba de antepasados. *«La evolución requiere formas intermedias entre las especies y la paleontología no las proporciona.»* (David Kitts, paleontólogo y evolucionista)

2. Animales inalterados: En la evolución del animal "X", debían aparecer fósiles de sus pasos evolutivos: "X1, X2, X3..." Si la evolución es verdad ¿por qué no ocurre eso? Se supone que la historia evolutiva fue llenada con restos biológicos variables en el tiempo, según implica el hipotético tránsito eónico de la "ameba al hombre". Opuestamente a la creencia común, la mayoría de los fósiles no

corresponde a animales extintos, sino que son muy similares (y a menudo totalmente idénticos) a criaturas existentes hoy. Hay muchas más especies vivientes de animales cuyos tipos son sólo conocidos a través de sus fósiles.

Cuestionan tesis sobre la extinción de los dinosaurios

Tenemos otra interrogante sobre aquellos inicios, y es que si la evolución se diese realmente, entonces sería raro que se diesen "extinciones". Todos los seres del planeta se adaptarían y extrañamente conoceríamos ese término. Mas sin embargo, hace cientos de miles de millones de años que no habían seres humanos para afectar tanto las características de este planeta –aún así, una extinción implica que queda un reducido número de criaturas de las cuales otros pocos serían los que "causalmente" habrían evolucionado, y eso hace menos factible la hipótesis evolutiva. Hubo varios acontecimientos cataclísmicos en el pasado ¿Cómo se sabe con tanta exactitud que la gran extinción del Triásico eliminó el 96% de las especies marinas y el 70% de las terrestres? Si se habla con tanta seguridad quiere decir que se conocen todas las que hubo y también que se ha podido seguir la pista de todas las que continuaron evolucionando hasta ahora, para diferenciarlas de las que desaparecieron, pero no es así. *«En ciencia, como en muchas otras áreas del conocimiento, es muy importante dejar claro a qué nos referimos con cada palabra que usamos. Al hablar de evolución deberíamos aclarar a qué tipo de evolución nos referimos, ya que esta hipótesis trata de aferrarse de muchos parámetros diferentes en su afán por justificarse.»* (Abiam F. Palomares, investigador e historiador).

La extinción de los dinosaurios hace 65 millones de años no puede explicarse solamente por el choque de un asteroide contra La Tierra, sino que es el resultado de un largo proceso de transformación climática, según resultados de una investigación revelados por un paleontólogo alemán. El asteroide sólo fue *«el último elemento catastrófico»* que siguió a *"por lo menos 500 mil años de fluctuaciones masivas del clima*" que debilitaron gravemente el ecosistema, declaró el paleontólogo Michael Prauss, de La Universidad de Berlín. La revista científica norteamericana "Science" dio cuenta de los trabajos de un grupo de científicos que atribuían la desaparición de los dinosaurios a un gigantesco asteroide que cayó en la actual región mexicana de Yucatán. «*Contrariamente a la publicación en Science, que no hizo más que reunir elementos ya conocidos, mi trabajo se basa en nuevos datos [...] que permiten reconsiderar todo desde un nuevo punto de vista*», dijo Prauss. El paleontólogo alemán trabaja desde 2005 con un equipo científico internacional en el marco de un proyecto de la agencia alemana de investigaciones científicas (DFG). Este equipo analizó rocas y muestras procedentes de una perforación de 25m de profundidad de Texas (EE.UU.), 1.000km al noroeste del cráter del asteroide.

Los trabajos permitieron demostrar la existencia, mucho antes del choque del asteroide, de transformaciones climáticas importantes, «*provocadas probablemente por la actividad volcánica*» que tuvo lugar durante varios millones de años en la actual India, señala un comunicado de La Universidad libre de Berlín. Según Prauss, «*el estrés climático de larga duración producido por ello, al que evidentemente el choque del meteorito contribuyó a fin de cuentas, explica la crisis de la biosfera y la extinción masiva*» de especies en el Cretáceo terciario. (AFP, Berlín. 19 de marzo de 2010. www.prensalibre.com/vida/ciencia/Cuestionan-tesis-extincion-dinosaurios_0_227977339.html[1])

Fabulas imposibles

Es absurdo que exista evolución si hay extinción por otras razones importantes: si un proceso de evolución llevó a un organismo a convertirse en otro inmediatamente superior a través de millones y millones de años debió ser sin detenciones. En el caso

---

1.   http://www.prensalibre.com/vida/ciencia/Cuestionan-tesis-extincion-dinosaurios_0_227977339.html

del hombre, si vino del mono, el mono de la musaraña, la musaraña de un tipo de dinosaurio, y éste de un anfibio en un lapso de 300 millones de años, ha de añadirse el hecho de que acontecieron varias extinciones masivas que eliminaron a la mayor parte de estas criaturas y la "probabilidad" de que evolucionaran. La mayor extinción que ocurrió hace decenas de millones de años eliminó a casi el 95% de las especies animales, dando con esto una mínima supervivencia de criaturas. Éstas, serían una mínima probabilidad del hecho evolutivo, siendo escasa la posibilidad de supervivencia y adaptación. Otras extinciones masivas posteriores eliminaron sobre el 65% de las criaturas vivientes. De manera que esto es igual que empezar de "0" desde pocos organismos de diferentes categorías, reduciendo las pocas especies que quedaban en línea de desaparición. Los más fuertes no serían los que mutarían a algo mejor sino los que simplemente sobrevivirán a las condiciones atmosféricas. Es decir, por la regla evolutiva de millones de años de adaptación y cambio, dicho evento no habría dado tiempo de auto-superación y modificación para las especies antes de su desaparición.

La teoría ahora sería cómo tantos animales sobrevivieron y se adaptaron en "tan poco tiempo". Hablamos de evolución repentina puesto que ha habido varias eras glaciares e interglaciares que erradicaron la vida del globo ¿cómo volvió ésta a aparecer? Estas especies tuvieron que sucumbir y si alguna sobrevivió tuvo que hacerlo en condiciones medioambientales extremas para las cuales no están preparados y tan rápidas que no les daría tiempo de acomodarse. La Última Era Glaciar, que sobrevino hace unos 12.500 años, hizo empezar nuevamente a nuestro mundo: plantas, reptiles, anfibios, aves, mamíferos y otros organismos. ¿Cómo pudieron reaparecer y evolucionar en cuestión de años? El registro fósil amerita que siempre ha habido animales, así que alguien los tuvo que haber traído aquí o de un modo "creacionista", haberlos confeccionado. Pero los reptiles, principalmente, no abrían sobrevivido a una helada. «*¿Qué es lo que ha exterminado a tantas especies y géneros completos? La mente está primero apresurada a creer que hubo alguna gran catástrofe, pero para destruir animales, tanto grandes como pequeños... debemos sacudir todo el marco de trabajo en el globo. Ningún evento menos físico pudo haber provocado esta destrucción total, no sólo en Las Américas, sino en todo el mundo... Ciertamente, ningún hecho en la larga historia del mundo es tan asombroso como la extendida y repetida exterminación de sus habitantes.*» (Charles Darwin, cita de su diario, Viaje del HVS Beagle)

La teoría del centésimo mono

Sobre la relación entre seres vivos, alguien dijo: «*Si no hay evolución, los seres vivos no están relacionados entre sí, ya que no tienen un parentesco evolutivo, si no tienen un parentesco evolutivo, entonces, no pueden tener ninguna proteína común, ya que al ser entidades diferentes, no deberían de compartir ningún carácter. ¿Según el criterio de quién o de qué se sacan estas conclusiones? ¿Por el hecho de que un ser vivo comparta similitudes celulares con otro es que ya tiene un carácter evolutivo o está relacionado con esa especie? ¿Quién lo dice? Vivimos en un ecosistema mundial similar y la adaptación a este planeta requiere similitudes en las especies y aún más a nivel celular. La adaptación a este planeta la tuvimos desde un principio, es decir, ya teníamos las condiciones necesarias para subsistir en este globo desde un principio. Lo cierto es que las conjeturas sobre las morfologías en las especies en referencia a sus posibles similitudes siguen siendo estudiadas porque a día de hoy no es demostrable que por compartir similitudes celulares sean antecesores de una especie.*» (Abiam F. Palomares. Investigador, escritor e historiador)

Si algo no pueden explicar los teóricos evolucionistas es el hecho de que los animales compartan un estrecho vínculo espiritual sin importar la distancia que tengan. Este lazo invisible une incluso a los humanos, es decir, lo comparten todos los seres vivos, potencialmente entre las mismas razas. La Teoría del Centésimo Mono va sobre un equipo de científicos en los 70´s que trabajaba en un tipo particular de islas frente al Japón con un tipo concreto de monos. Estos monos estaban en todas estas cadenas de islas, y estaban todos siendo monitoreados. Ellos comían un tipo de tubérculos que se llenaban de arena al caer al suelo, y una mona lavó unos de ellos y vio que así sabían más ricos, y muchos de ellos empezaron a contárselo unos a otros y todos empezaron a hacerlo. Cuando alcanzaron esta masa crítica sin que nadie les hubiese enseñado esto ya estaban todos haciéndolo, pero esto empezó a darse simultáneamente en otras islas donde los monos no podían comunicarse de ninguna forma. Algo como esto era la primera vez en la historia que se veía, al grado que se escribió un libro al respecto. Los científicos de Australia, con base a esto, hicieron también un estudio pero partiendo de la raza humana. Esto lo idearon con una pintura que tendría muchas personas pintadas. Esto funcionó pero los aborígenes de Australia ya lo sabían hace tiempo, tenían conocimiento de que hay una estructura entre los hombres que los une. Esto se dio en muchas épocas con invenciones e ideas, donde alguien decía descubrir o desarrollar algo nuevo y en otra parte otra persona decía lo mismo habiendo llegado a la misma conclusión o revelación. EE.UU. y Rusia descubrieron estos campos de naturaleza electromagnéticos a 80 o 100 km sobre la superficie del planeta Tierra.

En el mundo de la ciencia convencional y tras recorrer un largo camino desde su uso inicial como identificadora de proteínas funcionales, la genómica comparativa se concentra ahora en encontrar regiones reguladoras y moléculas de ARNip (ARN interferente pequeño, del inglés small interfering RNA, o siRNA). Se ha descubierto recientemente que especies lejanamente relacionadas comparten a menudo largos tramos de ADN conservados que no parecen codificar ninguna proteína. Se desconoce por ahora la funcionalidad de tales regiones ultraconservadas. El mundo espiritual es la soberana razón por la cual el mundo de la masonería ha tratado de negar a Dios. Desconocer de dónde venimos implica saber qué somos o quiénes somos. Se nos considera "realeza" de la sangre "divina" bajo los conceptos enseñados por la religión judía, cristiana y musulmana, lo cual nos obliga a comportarnos como tales: Hijos de Dios. Siendo creadores como el UNO y responsables del sostenimiento y recreación del universo. Por lo contrario, creer que somos bestias y producto de azar nos exonera de todo compromiso con el "vínculo" espiritual que todo lo une.

Los dinosaurios de ayer y de hoy

La ardilla acuática que vivió con los dinosaurios hace millones de años ¿de quién evolucionó, y de ella qué criatura evolucionó? Científicos chinos descubrieron restos fósiles de un mamífero semi-acuático mucho antes de lo pensado para este acontecimiento. ¡Este animal ya nadaba y comía peces hace 164 millones de años! es decir, ¡con los primeros dinosaurios! Su semejanza a algo que hoy podríamos identificar, los asociaría con nuestros actuales castores, las nutrias y el ornitorrinco. Aunque ciertamente su apariencia no diferiría mucho de una enorme rata con cola de ornitorrinco. Los científicos chinos, que realizaron el descubrimiento oficial en 2004, lo presentaron al público recientemente en la revista Science. Los investigadores afirman que el esqueleto fósil muestra que en el Jurásico, durante el imperio de los dinosaurios, algunos mamíferos ocuparon nichos ecológicos más variados de lo que se sospechaba. Thomas Martin, especialista en mamíferos primitivos consultado por The New York Times, dijo que el nuevo hallazgo lleva atrás «*la conquista del agua por los mamíferos más de 100 millones de años*» y contradice la visión convencional de que los primeros mamíferos eran criaturas insectívoras nocturnas que no exploraban el mundo hasta que desaparecieron los dinosaurios. Otros descubrimientos demuestran que los tiburones, las arañas y los escorpiones ya pululaban la tierra hace 300 millones de años, ellos no han evolucionado. Siguen siendo enteramente arañas y tiburones.

Así es el caso del fósil de un arácnido que vivió en la Era Carbonífera. Con ayuda de un microscopio se pueden observar estructuras de fabricación de seda similares a las que emplean hoy las arañas en sus telas. Esto demuestra que las técnicas de formación de hilo de seda son más antiguas de lo que se creía. El hallazgo pertenece al Aphantomartus pustulatus de hace 300 millones de años. (Fuente: Cary Easterday – OSU. Muy Interesante - n° 283. Diciembre de 2004). Un problema conceptual sobre la hipótesis de la evolución de las especies radica en el hecho de que prácticamente todos los animales del pasado siguen siendo los mismos que en el presente. Es decir, no han sufrido ningún cambio o proceso. En este sentido podemos encontrar animales prehistóricos aún en el presente. Entre algunos casos de estas criaturas antediluvianas, sus géneros y familias, vemos:

• Algas: Stromatolites (no han variado en 3.300 millones de años)

• Antílopes: Antilocapra.

• Avestruces: Diatrymas, Brontornítidos, Hesperornis, Phororhácidos y Odontognatas.

• Caballos: Orohippus, Diadiaphorus, Hipparion y Eqqus.

• Camellos: Macrauchenia y Alticamelus.

• Cangrejos: Notopocorystes.

• Caracoles-amonitas: Amalteus.

• Civetas-mangostas.

• Cocodrilos.

• Corales: Hipurites y Zaphrentido.

• Cucarachas.

• Dragones de Comodo: Varanosaurio.

• Elefantes: Mamut, Mastodonte, Paleomastodon y Anancus.

• Escorpión trilobites: Euryptérido.

· Estrellas de mar.

· Gaviotas: Ichtiornis.

· Gusanos peripatus: Aysheia; gusanos: Onicóforos.

· Lagartijas: Hylonomus.

· Hienas: Percrocuta.

· Hipopótamos: Diprotodón y Toxodon.

· Hormigas

· Jirafas: Helladoterium y Okapis.

· Libélulas: Meganeuras.

· Lirios de mar: Crinoideos.

· Mantas raya: Aëtobatus y Límulo.

· Marsupiales: Thylacosmilus y Oposum.

· Medusas: Medusina Dawsoni.

· Moluscos: Cefalópodos (no han sufrido ninguna modificación desde hace 225 millones de años)

· Monos: Notarcus, Australopitecus Homo Habilis, "Ida", Plesiadápsido y Ramapitecus.

· Murciélagos

· Ostras: Cardium, Schizodus y Steblochondria.

· Perros: Borhyaena y Thylacinus.

· Pumas y otros felinos: Smilodon y Machairodus.

· Rinocerontes: Diceros, Arsinoitherium y Uintaterium.

· Saltamontes y grillos: Neopteros del grupo "Palaeoptera".

· Sardinas: Synodus.

· Serpientes: Lepospóndilos Serpentoides.

· Tiburones: Cladoselache, Galeocerda y Odontaspis.

· Tortugas: Triassochelys, Proganochelis y Archelon.

¿Qué evolución hay en esto si la inmensa mayoría de estas criaturas son de la misma línea que los animales de hoy, y su única diferencia es la misma que tiene un poni con un caballo o un burro con una cebra? La variedad de criaturas repartidas por el mundo excluye la posibilidad de que tuvieran un pariente común: vemos a los capuchinos y monos araña en Centro América; el mono aullador y el tití en Suramérica; el mono bereber en Canarias (España); los babuinos, gorilas, chimpancés, micos y colobos en África; el macaco en Oriente Medio; el gibón en China y los orangutanes en Oceanía. ¿Cómo se repartieron así? Existen animales muy particulares, como son las hormigas voladoras, el dragón volador, y especies comunes en las selvas pluviales como las serpientes voladoras, las ardillas voladoras gigantes, el flagelo volador, la salamanquesa voladora y la rana voladora. En cada especie, las criaturas se ven representadas en sus múltiples tipologías, como si un diseñador inteligente se hubiese inspirado para decorar a cada una de cada familia con diferentes colores y particularidades especiales.

Citaremos algunos ejemplos significativos y muy recientes de animales modernos que aparecieron ya hace millones de años y no han cambiado en nada su estructura genética o física. Mayormente estos pertenecen a un descubrimiento hecho en Polonia:

ARAÑA

Edad: 50 millones de años

Período: Eoceno

Ubicación: Polonia

Innumerables fósiles pertenecientes a diferentes especies de arañas muestran que estos arácnidos han existido con su forma perfecta, con todas las características que poseen ahora desde el momento en el que comenzaron a existir. Ninguna está semi-desarrollada. De todas estas no se ha descubierto alguna que se haya convertido en otra forma de vida. Para decirlo de otro modo, las arañas siempre han existido como arañas, y siempre existirán como tales. El ejemplo claro es una araña preservada en ámbar que tiene 50 millones de años de edad, y muestra que, como los otros seres vivientes, las arañas nunca evolucionaron.

ÁFIDO

Edad: 50 millones de años

Período: Eoceno

Ubicación: Polonia

El áfido es una especie de insecto que se alimenta de plantas y es un miembro de la superfamilia Aphidoidea. Hay unas 4.000 especies conocidas de áfidos, divididos en diez familias. Los áfidos más antiguos identificados hasta ahora vivieron en el período Carbonífero (hace 354 a 290 millones de años). No han cambiado en lo más mínimo en los más de 300 millones de años transcurridos. Los áfidos de 50 millones de años de edad preservados en ámbar prueban que estos insectos no han cambiado desde el momento en el que nacieron, en otras palabras, no han evolucionado.

MOSCA

Edad: 50 millones de años

Período: Eoceno

Ubicación: Polonia

Uno de los rasgos más distintivos de los registros fósiles es cómo las especies se mantienen iguales durante los períodos geológicos en los cuales aparecen. Una especie preserva la estructura que tiene cuando aparece por primera vez como un fósil hasta que o se extingue o llega al presente sin haber sufrido cambios, en el transcurso de decenas o incluso cientos de millones de años. Esto es una prueba clara de que los seres vivientes nunca evolucionaron. No hay diferencias entre la mosca de 50 millones de años fosilizada en ámbar hallada en Polonia y las moscas que viven actualmente.

PSEUDOESCORPIÓN

Edad: 45 millones de años

Período: Eoceno

Ubicación: Rusia

Estos arácnidos, pertenecientes al filo de los artrópodos, han recibido este nombre porque su estructura es parecida a la de los escorpiones. Sin embargo, sus características anatómicas son mucho más similares a las arañas que a los escorpiones. Los ejemplares más antiguos conocidos vivieron en el período Devónico (hace 417 a 354 millones de años). Estos invertebrados jamás han cambiado desde el momento en el que aparecieron por primera vez en los registros fósiles.

Otros insectos

Edad: 125 millones de años

Período: Jurásico

Ubicación: Provincia de Liaoning, China

En contra de lo que afirman los evolucionistas, estos insectos, varias especies de las cuales son encontrados fósiles del período Carbonífero (hace 354 a 292 millones de años), no tienen antepasados evolutivos. Cada especie aparece abruptamente en los registros fósiles con sus propias estructuras y características, y permanecen iguales durante su existencia. Este hecho hace que sea imposible para los evolucionistas defender su panorama de la evolución.

CUCARACHA

Edad: 125 millones de años

Período: Cretáceo Inferior

Ubicación: Provincia de Liaoning, China

Las cucarachas viven en cualquier lugar de La Tierra, con la excepción de las regiones polares, y pueden ser rastreadas en los registros fósiles por millones de años, con sus estructuras perfectas y completamente desarrolladas. Las cucarachas, habiendo preservado sus estructuras desde antes de hace 125 millones de años, anuncian que nunca sufrieron una evolución, sino que fueron creadas tal como las conocemos.

De la agalla al pulmón

Heribert Nilsson fue en botanista sueco consciente de que debido a que ahora existen más de cien millones de fósiles, todos catalogados e identificados en museos de todo el mundo, y después de 40 años de investigaciones, no se puede creer en la transición evolutiva. Y es que ¿Qué ocurre con el sistema respiratorio de los anfibios evolucionados según la hipótesis? ¿En qué momento un pez pasó de tener su tipo de sistema respiratorio al de un anfibio o de un reptil? No existen evidencias que sugieran que pudo suceder dicho "milagro" de la naturaleza donde un organismo marino cambiase todo su aparato interno para constituir uno totalmente distinto como es el de los animales de tierra. Un pez filtra el oxígeno del agua a través de sus branquias y de ahí van directamente a la sangre, por lo contrario, los anfibios y reptiles literalmente respiran aire por sus fosas nasales y éste pasa a los pulmones –un órgano ya elaborado cabalmente- y de los pulmones pasa a la sangre. Los peces no tienen pulmones, a excepción de los mamíferos acuáticos, como por ejemplo: delfines y ballenas. ¿A alguien le sabe igual el pescado que la ternera, o el pollo con la chuleta de cerdo? No tiene nada que ver.

Además de esto, si el escenario de la evolución sugiere que una forma de vida avanza hasta una inmediatamente superior ¿Qué necesidad llevó a los peces a querer vivir fuera del agua? ¿Acaso el océano no les brindaba sus requerimientos necesarios? ¿Qué fuerza les empujó a vivir fuera de su hábitat? Y ¿Por qué evolucionar fuera de su medio, cuando puede mejorar dentro de su propio entorno? Las probabilidades de sobrevivir en un entorno hostil y desconocido son menores que las de mantenerse en el ecosistema natural, eso es una obviedad. Para los peces, el mundo exterior sería una probabilidad de extinción más que de supervivencia, adaptación y fructificación.

Falsos dibujos de embriones

El biólogo evolucionista Ernest Haeckel a finales del siglo XIX postuló que los embriones vivos re-experimentaban el proceso evolutivo que siguieron a sus falsos antepasados. Haeckel teorizó que durante el desarrollo de éstos en el útero materno el embrión humano muestra primeramente las características de un pez, luego las de un reptil y finalmente las de un humano. Ernest Haeckel, publicó varios dibujos para respaldar su idea. Lo cierto es que Haeckel hizo dibujos falsos para que pareciera que los peces y los embriones humanos eran semejantes. Alegaba que los embriones humanos tienen aberturas de agallas, lo cual hizo creer que el hombre habría venido del pez. Sin embargo, esos pliegues de piel no son agallas sino que se terminan desarrollando como huesos en el oído y glándulas en la garganta. Los órganos rudimentarios como el cóccix hacen creer que venimos de animales con cola, sin embargo, hay 9 músculos adheridos al cóccix, los cuales no son rudimentarios. Cuando se le descubrió, lo único que pudo decir en su defensa fue que otros evolucionistas habían hecho cosas parecidas. Después de la comprometedora confesión de estas "falsificaciones" cualquiera querría condenarlo y aniquilarlo, si no fuera por el consuelo de ver a su lado en el banquillo de acusados a otros centenares de culpables, entre los cuales hay observadores de confianza y otros biólogos más renombrados. (Ver video nº 4 del Creation Seminar. También New Scientist, 6 sept., 1999. Pág. 23).

La mayoría de los diagramas que aparecen en los mejores libros de biología, tratados y revistas son culpables de falsificación en el mismo grado ya que todos son inexactos y en mayor o menor medida están manipulados, esquematizados y retocados. Es interesante destacar que, aunque la falsificación de Haeckel se produjo en 1901, en muchas publicaciones evolucionistas el tema apareció durante un siglo como si fuera una ley científica demostrada. Otro ejemplo es el de las ballenas, donde se cree que tienen una pelvis rudimentaria, lo cual hace creer que venían de una criatura terrestre. Ergo, esos huesos son puntos de apoyo para los músculos. Sin ellos, las ballenas no podrían reproducirse. Si hubiesen "órganos rudimentarios" eso es "perder algo", o sea, es lo opuesto a la evolución.

No existen animales como formas de transición

Los evolucionistas se imaginan que existió un tipo de animal que cambió lentamente durante un largo período de tiempo (millones de años) para llegar a ser un diferente tipo de animal. Por ejemplo, creen que los anfibios se convirtieron en reptiles gradualmente por este proceso. Si nos ponemos a pensar, esto indicaría que tuvieron que haber existido millones de criaturas durante este tiempo que serían "intermedios", mientras los anfibios evolucionaban para convertirse en reptiles. Si la teoría de la evolución tuviese algo de cierto, entonces la evidencia de estas formas "transicionales" debería ser muy abundante. Deben de haber muchos fósiles que sean en parte anfibio y en parte reptil. La sorpresa es que muchos expertos en el estudio de los fósiles reconocen que no se han encontrado en ninguna parte del mundo una forma transicional entre cualquier grupo de criaturas. ¿Acaso en los museos se han visto fósiles de criaturas 10% dinosaurio, 90% otra cosa? ¿20, 30, 40, 50%? ¿90%? Los fósiles encontrados son de dinosaurio 100%, no hay evidencias de formas transicionales. Entre todos los fósiles descubiertos en el transcurrir de los años no hay un solo ejemplo de las formas intermediarias que serian necesarias si, como defiende la hipótesis de la evolución, los seres vivos hubieran evolucionado paso a paso de especies simples a otras más complejas. Vemos que Robert Carroll, experto en paleontología de vertebrados y evolucionista convencido, ha admitido: «*A pesar de más de un siglo de intensos esfuerzos de recolección de datos desde la muerte de Darwin, el registro fósil todavía no ofrece la imagen de infinitos eslabones de transición que él esperaba.*»

Los principales grupos de animales aparecieron a la vez y completamente formados en un periodo de tiempo muy corto conocido como Exposición Cámbrica. Antes de ese momento no existe ningún resto en el registro fósil de otro organismo sino criaturas unicelulares y algunas multicelulares primitivas. Todos los fósiles que se encuentran en las rocas cámbricas pertenecen a criaturas muy distintas, como caracoles, trilobites, esponjas, medusas, estrellas de mar, moluscos, etc. Muchas de las criaturas en este estrato tienen sistemas complejos y estructuras avanzadas como ojos, agallas y sistemas circulatorios, iguales que los especímenes modernos. Estas estructuras son muy avanzadas y a la vez muy distintas. El proceso que transformaría los seres moleculares en seres pluricelulares, los invertebrados en vertebrados, los peces en anfibios, los anfibios en reptiles, los reptiles en aves, los ovíparos en mamíferos, etc., no se da en ningún tipo de especie. Es decir, científicamente se ha desmentido prácticamente todos los rasgos evolutivos de este tipo, en los seres de nuestro globo.

Citando un ejemplo hablemos un poco sobre el Celacanto. En base de la evidencia fósil, los evolucionistas creían que se trataba de un intermedio entre los peces y los anfibios. Las reconstrucciones mostraban al Celacanto con características anfibias e ictíneas. Posteriormente se descubrieron Celacantos vivos en el Océano Indico cerca de la Provincia del Cabo, África del Sur. Eran peces. Las reconstrucciones habían sido erróneas. Y es que si uno solo se basa en conjeturas, la naturaleza le demuestra a uno su crasa equivocación.

¿Cambios por adaptación en pájaros?

Un opúsculo publicado en 1999 por La Academia Nacional de Ciencias de los EE.UU. describe los pinzones de Darwin como "un ejemplo particularmente convincente" del origen de las especies. El opúsculo cita el trabajo de Gran y explica cómo *«un solo año de sequía en las islas puede llevar a cambios evolutivos en los pinzones.»* Dicho opúsculo calcula también que *«si se dan sequías alrededor de cada 10 años en las islas, podría surgir una nueva especie de pinzón en unos meros 200 años.»* Pero este opúsculo silencia que los picos de los pinzones revirtieron a la normalidad después que volvieron las lluvias. No hubo una evolución neta. De hecho, hay diversas especies de pinzones que actualmente parecen estar mezclándose mediante hibridación, en lugar de divergiendo por selección natural tal como lo demanda la teoría de Darwin. La supresión de la evidencia para dar la impresión de que los pinzones de Darwin confirman la teoría evolucionista bordea la mala práctica científica. Según el biólogo de Harvard Louis Guenin (revista Nature, 1999). Si las plantas en consenso con la luz ya son capaces de mostrarnos que utilizan los estados de superposición para elegir como aprovechar mejor sus rutas energéticas, todavía más podrá hacerlo cualquier ser vivo sin que en ello medie el azar o la imposición del ambiente; eso es lo que es perfectamente extrapolable. Lo que nos está diciendo un proceso tan relativamente simple como el fotosintético y el de superposición, pero tan crucial, y eso que no es ni siquiera animal, es que cualquier estado de superposición es capaz de elegir. Luego responde a planteamiento y elección.

Evolucionistas contra evolucionistas

Un conocido paleontólogo británico, Derek V. Ager, aunque es evolucionista, admite lo siguiente: «*Lo que se presenta, si analizamos pormenorizadamente los registros fósiles, ya sea a nivel de órdenes o especies, es que lo que encontramos una y otra vez no es una evolución gradual sino la repentina explosión o aparición de un grupo a expensa de otro.*» (Derek V. Ager, "The Nature of the Fossil Record", Proceedings of the British Geological Association, vol. 87, 1976, p. 133). Otro paleontólogo evolucionista, Mark Czarnecki, que «*Los registros fósiles, las huellas de las especies desaparecidas preservadas en las formaciones geológicas de La Tierra, han sido un gran problema para la demostración de la teoría. Dichos registros nunca han revelado rastros de las hipotéticas variantes intermedias de Darwin. Por el contrario, las especies aparecen y desaparecen abruptamente, y esta anomalía ha alentado los argumentos creacionistas de que cada especie fue creada por Dios.*» (Mark Czarnecki, "The Revival of the Creationist Crusade", MacLean's, January 19, 1981, p. 56).

También se han ocupado de la futilidad de que en el futuro aparezcan las formas transitorias "perdidas", como lo explica un profesor de paleontología de la Universidad de Glasgow, T. Neville George: «*No hay ninguna necesidad de disculparse por más tiempo de la pobreza de los registros fósiles. En cierta manera se han vuelto casi inmanejables por lo cuantiosos y los descubrimientos están poniendo fuera de lugar la integración... Sin embargo los registros fósiles continúan componiéndose principalmente de vacíos.»* (Neville George, "Fossils in Evolutionary Perspective", Science Progress, vol. 48, January 1960, pp. 1, 3). Añadiendo más irregularidades de dicho postulado, resaltamos que la teoría de la evolución está en contra de la primera y segunda ley de la termodinámica. Estas dicen que *"todo tiene un proceso degenerativo..."*, y la teoría evolutiva dice que *"el proceso natural que tomó millones de años, cambió las moléculas simples y desordenadas en estructuras vivientes complejas y altamente ordenadas"*. Esto es completamente anticientífico. Esta ley de la termodinámica dice que *"todos los procesos espontáneos cambian de complejos al desorden, y la energía organizada a energía calorífica"*.

De acuerdo a la teoría general de la evolución, la progresión básica de la vida culminando en el hombre era: materia inerte, a protozoarios, a invertebrados metazoarios, a peces vertebrados, a anfibios, reptiles, aves, cuadrúpedos con piel, simios, y finalmente el hombre. Si la teoría de la evolución fuera precisa esperaríamos encontrar una vasta cantidad de formas preservadas objetivamente en el registro fósil. Las formas de transición están totalmente ausentes del registro fósil. En una oportunidad se creyó que el Archaeopteryx era una forma transitoria pero desde entonces ha sido reconocido por los paleontólogos como un ave verdadera. Los evolucionistas a sabiendas de este error en su sistema de creencias, ahora argumentan que no hay fósiles presentes porque fueron breves "explosiones evolutivas" durante billones de años, y que debido a su brevedad y rapidez no dejaron ninguna huella en el tiempo. Sin embargo, la creencia en "explosiones evolutivas" todavía no tiene soporte ni de la Primera ni Segunda Ley de la Termodinámica, ni de la Ley de Bio-Génesis.

No hay un cuerpo transitorio entre los seres invertebrados y los peces

Los evolucionistas aceptan que los invertebrados marinos que dan constancia en el estrato Cámbrico evolucionaron de algún modo para transformarse en peces a lo largo de millones de años. Sin embargo, justamente porque los invertebrados cámbricos no cuentan con ningún ancestro, no hay ningún eslabón que justifique dicha transformación. Hay que añadir que los invertebrados y los peces tienen muchísimas y abismales diferencias estructurales. Mientras los invertebrados tienen los tejidos duros en la parte exterior, los vertebrados tienen esos tejidos en el interior. Si dicha evolución hubiese sido un hecho, se habrían encontrado a lo largo de la historia un sin fin de fósiles y de evidencias de cada una de las transiciones, de las cuales no se ha encontrado ni una. Los evolucionistas han estado excavando los estratos fósiles cerca de 140 años tras la búsqueda de esas formas hipotéticas. Encontraron millones de invertebrados fósiles y millones de peces fósiles. No obstante, nadie ha encontrado, aunque más no sea, un fósil a medio camino entre el invertebrado y el pez. ¿En qué momento un animal con exoesqueleto pasó a tener endoesqueleto?

Un paleontólogo evolucionista, Gerald T. Todd, admite este hecho en un artículo titulado: "La Evolución del Pulmón y el Origen de los Peces Óseos": «*Las tres subdivisiones de los peces óseos aparecen por primera vez en los registros fósiles más o menos al mismo tiempo. Ya se presentan morfológicamente muy diferenciados y están bien acorazados. ¿Cómo se originaron? ¿Cómo pasaron a tener una coraza resistente? Y, ¿por qué no hay rastros de formas primarias, intermedias?*» (Gerald T. Todd, "Evolution of the Lung and the Origin of Bony Fishes: A Casual Relationship", American Zoologist, vol 26, Nº. 4, 1980, p. 757).

NO HAY CRIATURA TRANSITORIA entre reptiles y aves

Como de costumbre, no hay ninguna evidencia de formas transitorias que se suponían vinculaban siquiera a los anfibios con los reptiles. El paleontólogo evolucionista y autoridad en paleontología de vertebrados, Robert L. Carroll, tiene que aceptar que *«los primeros reptiles eran distintos de los anfibios y aún no se pudo encontrar a sus ancestros.»* (Robert L. Carroll, Vertebrate Paleontology and Evolution, New York: W. H. Freeman and Co., 1988, p. 198).

La teoría de la evolución mantiene que los antepasados de las aves fueron los dinosaurios miembros de la familia de los reptiles. Los evolucionistas han afirmado que un ave llamada Archaeopteryx representaba esta transición. Sin embargo, los últimos estudios de fósiles de Archaeopteryx revelan que esta explicación carece de fundamento científico. No es para nada una forma de transición, sino una especie extinta de ave con diferencias insignificantes respecto a los pájaros modernos. Tal y como explica el eminente paleontólogo Carl O. Dunbar *«por su plumaje, se debe clasificar claramente como pájaro.»* A pesar de los escenarios reprobados, sin esperanza alguna, los evolucionistas no terminaron aún con sus inconvenientes. Dado que creen que los pájaros deben haber evolucionado de alguna manera, afirmaron que la transformación se produjo a partir de los reptiles. Sin embargo, ninguno de los distintos mecanismos de los pájaros, los cuales tienen una estructura completamente distinta a la de los animales terrestres -incluido el ave Arqueoptéryx, cuya peculiaridad también se explica en el libro de Harun Yahya-, se pueden explicar por medio de la evolución gradual. Antes que nada, las alas, que son el rasgo excepcional en los pájaros, representan una gran dificultad para los evolucionistas. Uno de los evolucionistas turcos, Engin Korur, confiesa la imposibilidad de la evolución de las alas: *«El rasgo común de los ojos y de las alas es que (sólo) pueden funcionar si están completamente desarrollados. En otras palabras, un ojo semidesarrollado no puede ver, un pájaro con una ala semiformada no puede volar. El hecho de cómo pasaron a existir estos órganos ha permanecido como uno de los misterios de la naturaleza, misterio que tiene que ser esclarecido.*» (Engin Korur, "Gizlerin ve Kanatlarin Sirri" - The Mystery of the Eyes and the Wings -, Bilim ve Teknik, Nº 203, Octubre de 1984, p. 25).

Permanece totalmente sin respuesta cómo pasó a existir la estructura perfecta de las alas a través de consecutivas mutaciones fortuitas. No hay ninguna manera de explicar de qué forma los brazos frontales de los reptiles pudieron convertirse en alas con un funcionamiento perfecto como resultado de una distorsión en los genes (mutación). Además, no es suficiente tener alas para que un organismo terrestre vuele, ya que hacen falta muchos otros mecanismos estructurales que usan los pájaros con ese fin. Por ejemplo, los huesos de los pájaros son mucho más livianos que los huesos de los animales terrestres. Sus pulmones funcionan de manera muy distinta. Los sistemas de los músculos y del esqueleto son diferentes y el sistema de circulación sanguíneo es tremendamente especializado. Estos rasgos son prerrequisitos que se necesitan para volar, al menos tanto como las alas. Todos estos mecanismos tenían que estar presentes juntos y simultáneamente. No pudieron formarse gradualmente por "acumulación". Por esto la teoría que afirma que organismos terrestres evolucionaron para convertirse en organismos aéreos resulta completamente falsa.

Teoría de la Evolución Repentina

¿Por qué no han sido encontrados los fósiles transicionales? El evolucionista Jeffery Schwartz argumentó, «*éstos no han sido encontrados porque no existen.*» ("Pitt. Professor's Theory...", 2006). ¿Ha abandonado el barco este evolucionista imparcial y se ha unido al grupo de los creacionistas? ¡Absolutamente no! De hecho, su declaración es simplemente un medio para apoyar una teoría evolutiva alternativa con el fin de sostener la flaqueza de la evolución. Schwartz sostiene una nueva teoría, titulada "orígenes repentinos", en vez de los cambios graduales e incrementales una vez propuestos por los evolucionistas. Schwartz sostiene que el cambio gradual no ocurre, declarando que la "evolución no es necesariamente gradual sino a menudo una expresión repentina y dramática de cambio" ("Pitt Professor's...", énfasis añadido).

Schwartz escribió un artículo en la edición del 30 de enero del 2006 de la revista New Anatomist. El comunicado de prensa de la Universidad de Pittsburg indicó que su escrito da un mejor entendimiento de la estructura de la célula, lo cual Schwartz sostiene que brinda apoyo sólido para su teoría de la evolución de "orígenes repentinos". Esta versión de la evolución "recientemente mejorada" o "empaquetada con ingeniosidad", fue detallada originalmente en el libro de Schwartz del 2000, Suden Origins: Fossils, Genes, and the Emergence of Species (Orígenes Repentinos: Fósiles, Genes y la Aparición de las Especies). Según Schwartz la evolución es una expresión de *«cambio que comenzó en el nivel celular a causa de tensiones ambientales radicales—como el calor, el frío o la aglomeración extrema—años atrás»* ("Pitt Professor's..."). El mecanismo, Schwartz explica, es que *«La agitación ambiental causa que los genes se muten, y aquellos genes alterados permanecen en un estado recesivo, extendiéndose silenciosamente a través de la población hasta que la descendencia aparece con dos copias de la mutación nueva y cambia repentinamente, surgiendo aparentemente de la nada.»* ("Pitt Professor's,..."). ¿De la nada? La nada no crea nada.

Al defender su nuevo modelo, Schwartz describió por qué las células no cambian sutilmente y constantemente en pequeña escala durante el tiempo—como Darwin y sus seguidores predijeron. El comunicado de prensa observó: *«Los biólogos de células saben la respuesta: A las células no les gusta cambiar y no lo hacen fácilmente.»* Por consiguiente estos cambios ambientales masivos guían a mutaciones que "pueden ser significantes y beneficiosas (como dientes o miembros) o, más probablemente, pueden matar al organismo" (énfasis añadido). Schwartz adicionalmente argumentó que *«es el ambiente lo que los saca de su equilibrio y, con mucha seguridad, finalmente los mata cuando los cambia. Por ende estos están siendo sacudidos por el ambiente, no se están adaptando a este.»* ("Pitt Professor's..."). Resumiendo:

1. Los fósiles transicionales, para demostrar que un organismo habría evolucionado en otro, no existen.

2. El cambio gradual no ocurre—sino que es repentino. Esto apoya la teoría creacionista.

3. A las células no les gusta cambiar y no lo hacen fácilmente.

4. Las mutaciones no pueden proporcionar un buen "equilibrio" para hacer los cambios necesarios para que la evolución ocurra—e, incluso entonces, estas probablemente "matarán" al organismo.

5. Los organismos no se están adaptando al ambiente, sino están reaccionando a este.

Esto suena como un texto escrito décadas atrás por creacionistas (quienes hace mucho han aceptado que la vida apareció repentinamente). Efectivamente, no existen fósiles de transición entre una especie y otra y los cambios graduales no pueden ni ser explicados ni pueden explicar la diversidad de la vida que nos rodea. ¿Cuánto tiempo tomará para que estos hombres tomen el paso final y den a Dios el crédito por el "origen repentino" de la vida? Mucho, porque su interés no es científico sino ateísta.

Mientras estos estudios científicos siguen siendo noticia, ¿es de sorprenderse que la gente ahora esté poniendo en duda la teoría de la evolución? Muchos se han ido dando cuenta de que la evolución no satisface las respuestas que todos tenemos y que una vez, hace mucho, fueron prometidas. De hecho, la BBC News reportó que, *«de acuerdo a una encuesta de opinión pública, solamente menos de la mitad de británicos acepta la teoría de la evolución como la mejor descripción para el desarrollo de la vida.»* ("Britons Unconvinced...", 2006, énfasis añadido). En el reporte de la BBC, Andrew Cohen, editor de Horizon, anotó: «*La mayoría de gente hubiera esperado que el público votara por la teoría de la evolución, pero parece que hay mucha gente que aparentemente cree en una teoría alternativa para los orígenes de la vida.*» El reporte continuó señalando: «*Los descubrimientos provocaron que la comunidad científica se sorprenda. Don Martin Rees, Presidente de la Sociedad Real, dijo: 'Es sorprendente que muchos sean todavía escépticos de la evolución darwiniana. Darwin propuso su teoría cerca de 150 años atrás y esta es ahora sostenida por una gran cantidad de evidencia.*» ("Britons Unconvinced on Evolution,", BBC News, 26 de enero 2006) ¿Gran cantidad de evidencia? Evidentemente, Don Martin Rees necesita ser conciente de la realidad como Schwartz y un sin fin de otras personas. La "cantidad" real sostiene un origen repentino (que pudo ser solamente explicado por la artesanía de Dios). No EXISTEN fósiles transicionales, ni cambios graduales, ni mutaciones beneficiosas. Por lo que se ve, parece que la "gran cantidad" real es la verdad que los evolucionistas deberían aceptar.

Más problemas para Darwin

Ante la ausencia total de fósiles intermedios, dice el zoólogo Harold Coffin: «*Si es correcto el concepto de una evolución progresiva desde lo sencillo hasta lo complejo, en el cámbrico se debería encontrar a los antecesores de estas criaturas vivientes totalmente desarrolladas; pero no se han hallado, y los científicos admiten que hay poca probabilidad de que alguna vez se hallen. Sobre la base de los hechos solamente, sobre la base de lo que en realidad se encuentra sobre la tierra, la teoría de un súbito acto de creación en el cual fueron establecidas las formas principales de vida encaja mejor.*»

Sin antepasados evolutivos, los insectos aparecen de manera súbita y en gran cantidad en el registro fósil. En su libro "Sobre el crecimiento y la forma" dice el Zoólogo D'Arcy Thompson: «*La evolución darwinista no nos enseña cómo las aves descienden de los reptiles, los mamíferos de cuadrúpedos anteriores, los cuadrúpedos de los peces, ni los vertebrados de la rama invertebrada... Buscar piedras de paso a través de las lagunas que hay entre ellos es buscar en vano, para siempre.»* De todos los eslabones perdidos en la transformación de los animales a especies más complejas, según la teoría de la evolución, el eslabón que uniría al simio con el hombre es el más famoso de todos. *«Los restos fósiles conocidos de los antepasados del hombre cabrían sobre una mesa de billar. Eso constituye una pobre plataforma desde la cual tratar de penetrar la niebla de los últimos millones de años.»* Elwyn Simons, Universidad Duke. *«El eslabón perdido entre el hombre y los antropoides [...] es simplemente el más atractivo de toda una jerarquía de criaturas fantasmas. En el registro fósil los eslabones perdidos son la regla.»* (Revista Newsweek). El hijo de Charles Darwin escribió: *«No tenemos registro de ningún cambio de una especie a otra...no podemos probar que alguna especie haya cambiado.»* (Darwin, Francis, ed., The Life and Letters of Charles Darwin, vol.1, p.210) Pero este no sería el primero ni el único de los dolores de cabeza de Charles Darwin.

«La distinción característica de las formas específicas [de vida], y el hecho de que no estén conectadas discerniblemente entre sí por innumerables eslabones de transición, es una dificultad muy obvia.» (Charles Darwin)

«Si numerosas especies en realidad han comenzado su existencia de una vez, ese hecho sería mortal para la teoría de la evolución.» (Charles Darwin)

«¿Por qué no están llenos de esos eslabones intermedios toda formación geológica y todo estrato? Ciertamente la geología no revela ninguna cadena orgánica finamente graduada como esa; y ésta, quizás, sea la más obvia y seria objeción que se puede presentar contra la teoría.» (Charles Darwin)

«La manera abrupta como grupos enteros de especies aparecen súbitamente en ciertas formaciones ha sido presentada por varios

paleontólogos como una objeción mortífera a la creencia en la transición de las especies.» (Charles Darwin)

«*Hay otra dificultad, relacionada con esta que es mucho más seria. Aludo a la manera como especies que pertenecen a varias de las principales divisiones del reino animal aparecen de súbito en las rocas fosilíferas más bajas que se conocen.*» (Charles Darwin)

Fantasía del proceso de cambio en los animales

En el libro de texto intitulado "Man and the Biological World", los autores confiesan que tal prueba no está completa: "El que existan similitudes homólogas, paralelismos en el desarrollo embriónico y diferentes grados de relación química entre los organismos no prueba en sí mismo que haya habido evolución". De este modo, se nos plantea que recurramos al registro de los fósiles para encontrar la prueba final y determinante de que la evolución realmente ha acontecido. Tal vez uno se imagine que encontraríamos una serie de fósiles, por ejemplo, de moluscos cuyo exterior fuese inicialmente duro y que gradualmente se convirtiera en un exterior de escamas, mientras que parte de ésta se volviera hacia dentro y se convirtiera en espinazo (un exoesqueleto convertido en endoesqueleto). A su vez, fósiles en sucesión mostrarían el desarrollo de un par de ojos y un par de branquias en un extremo, y una cola con forma de lo que podría ser una aleta en el otro. Finalmente ¡Aquí estaría nuestro pez!

Pero el pez no seguiría siendo pez. Más bien estaríamos, según la columna geológica, esperando a que al pez se le transformen las aletas en patas, de los cuales surgieran pies y dedos, y sus branquias se convertirían en pulmones. En un nivel más alto, ya no encontraríamos los restos fosilizados de dichos organismos en antiguos lechos de mar, sino enterrados en plena tierra seca. Por otro lado, otros de los peces, las aletas pasarían a ser alas y patas con garras. Las escamas pasarían a ser plumas y alrededor de la boca se les formaría un pico córneo. Parece ser que de este modo y tras un "abracadabra" tendríamos, gracias a la magia de la evolución, aves y reptiles. Si las cosas fuesen así no pararíamos de encontrarnos con un sin fin de fósiles transicionales de cada una de las especies existentes sobre la faz de la tierra. Pero una vez más llegamos a la misma conclusión y es que jamás se encontró una sola evidencia de esta "fabulosa" teoría. Los eslabones, acertadamente, han sido llamados eslabones perdidos. Pero la realidad es que ni están perdidos, ni son eslabones, porque, éstos, jamás existieron. Tenemos también el caso de la fauna africana de la prehistoria en la Península Ibérica. La ciencia no se explica la proliferación de innumerable fauna norafricana en la Península Ibérica, entre ellos los "babuinos", ya que los arqueólogos aseguran que no hubo una conexión entre las 2 orillas del mediterráneo desde hace al menos 5 millones de años ¿Quién los puso ahí?

Parte V
HOMBRES Y SIMIOS

> *"El Hombre nace libre, y sin embargo,*
> *por todas partes está encadenado."*
>
> (J. J. Rousseau)

Los primeros monos de la novela

Henry Morris en su bien escrito libro "Creación y el Cristiano Moderno" (Creation And The Modern Christian, Master Book Publishers, El Cajón, California, 1985) señala: «*Si la evolución fuese cierta entonces las diferentes etapas de la evolución humana deben ser las mejores documentadas de todas, debido a que el hombre supuestamente es la más reciente llegada evolutiva, y porque hay muchas más personas investigando en este campo que en ningún otro para lograr evidencia fósil. No obstante, como se destacó anteriormente, la evidencia actual aún está extremadamente fragmentaria y muy dudosa. Todavía es un asunto de fuertes disputas entre los antropólogos evolutivos el definir exactamente cuáles fósiles homínidos pudieran ser los ancestros del hombre, cuándo y en qué orden.*» H. Morris señala que el tan ansiado ancestro común del hombre y del mono, especialmente del "Autralopithecus" incluyendo al famoso "Lucy" (supuestamente el fósil homínido más antiguo), ahora parece que todavía vive en la forma de un chimpancé pigmeo conocido como el "bonobo". El "bonobo" habita en las selvas de Zaire y es casi idéntico a "Lucy" en tamaño de cuerpo, estatura y tamaño de cerebro. (Science News, 5 Febrero, 1983, Pág. 89). La fábula simiesca se dibuja medianamente de esta manera: Primero: musarañas, segundo: monos comunes; tercero: australopiteco y ramapiteco; cuarto: homo habilis; quinto: homo erectus; sexto: homo antecesor y hombre de Heidelberg; séptimo: hombre arcaico; octavo: hombre moderno (Homo sapiens sapiens). Veamos si esta descripción tiene algún fundamento sólido.

La falsa naturaleza del Australopiteco

La famosa suposición de un "caminar erguido", en los Australopitecos, es algo que ha sido sostenido por paleoantropólogos como Richard Leakey y Donald C. Johnson durante decenios. No obstante, muchos científicos estudiaron profundamente las estructuras de los esqueletos de los Australopitecos y probaron la invalidez de ese argumento. Dos anatomistas mundialmente conocidos, Lord Solly Zuckerman de Inglaterra y el Profesor Charles Oxnard de Norteamérica, realizaron prolongadas investigaciones sobre varios ejemplares de Australopitecos y han hecho ver que los mismos no eran bípedos y que se movían prácticamente como los monos de hoy día. Después que Lord Zuckerman y su equipo de especialistas estudiaron los huesos de los fósiles durante 15 años, con la ayuda del gobierno británico, llegaron a la conclusión que el Australopiteco era solamente una especie de mono común y que, de modo concluyente, no era bípedo. Hay que tener en cuenta que Lord Zuckerman era evolucionista. (Solly Zuckerman, Beyond The Ivory Tower, New York: Toplinger Publications, 1970, pp. 75-94)

Por su parte, Charles E. Oxnard, otro evolucionista conocido por sus investigaciones sobre el tema, también vinculó la estructura del esqueleto de los Australopitecos con los modernos orangutanes (Charles E. Oxnard, "The Place of Australopithecines in Human Evolution: Grounds for Doubt", Nature, vol. 258, pág. 389). Finalmente, en 1994 un equipo de La Universidad de Liverpool en Inglaterra acometió una amplia investigación para llegar a una conclusión definida: sacaron en limpio que «*el Australopiteco era cuadrúpedo.*» (Fred Spoor, Bernard Wood, Frans Zonneveld, "Implication of Early Hominid Labryntine Morphology for Evolution of Human Bipedal Locomotion", Nature, vol 369, 23 de junio, 1994, pp. 645-648). Para decirlo con otras palabras, los Australopitecos no tienen ningún vínculo con los humanos, se trata simplemente de una especie de monos, igual que el Ramapiteco.

La portada de la revista National Geographic con una niña peluda como un mono, pero sonriente como cualquier hija de vecino, dio la vuelta al mundo cuando fue expuesta. Tras esa reconstrucción virtual de una pequeña Australopitecus afarensis, que vivió hace 3,3 millones de años, hay una larga historia que ha revolucionado la paleontología mundial: el hallazgo en 2000 del fósil más antiguo de un homínido joven, una chiquilla de tres años de edad, en una remota región del noreste de Etiopía llamada Dikika. Su cráneo y los huesos de la parte superior de su cuerpo estaban prácticamente completos, lo que ha dado un volumen de información inusitado sobre su especie. También se ha hallado su pie, cuyo análisis ha certificado que era bípeda. Los detalles de cómo fue encontrada encenderán más de una vocación entre aquellos que creen que la paleontología todavía puede ser una disciplina teñida de aventura. El autor del hallazgo, Zeresenay Alemseged (Axum, Etiopía, 1969), ha hablado de ello en Barcelona invitado por La Obra Social La Caixa. (J. Á. Martos. Barcelona. 23 de mayo, 2007. ElPaís.com) En 1973, Sir Solly Zuckerman y Charles E. Oxnard presentaron una carta en un simposium de La Sociedad Zoológica de Londres. En esta conclusión Zuckerman escribió: «*Pasados los años me he visto prácticamente sólo a la hora de desafiar la sabiduría convencional sobre el Australopitecus [...] pero temo que he conseguido un pequeño efecto. La voz de mayor autoridad ha hablado, y su mensaje en debido curso se incorporó en libros de texto en todo el mundo.*» Al respecto continuó desde entonces defendiendo, él y su compañero, una y otra vez, sobre el gran error científico al incluir al Australopitecus como un ser homínido o "medio humano", siendo que es idéntico a los chimpancés. Sobre esto añadió Oxnard en su momento: «*La noción convencional de evolución humana debe ahora ser duramente modificada o incluso rechazada [...] nuevos conceptos deben ser explorados.*» (Oxnard C. E. The Order of Men. New Haven, Universidad de Yale. 1984)

En 1985, Alan Walker de La Universidad de Johns Hopkins descubrió al oeste del lago Turkana un fósil de esqueleto homínido manchado por materiales oscuros, por lo que recibió el apodo de

"Calavera Oscura". Inmediatamente se trató de incluir en el orden fantasioso de la columna homínida que uniría al mono con el hombre. Según la teoría que nació en ese momento, existirían dos ramas –el tronco sería el reciente descubrimiento del Australopitecus afarensis. De una de estas ramas vendría la línea denominada "Homo", procediendo desde el Homo habilis (recordemos que realmente es un mono), al Homo erectus (un primo del hombre), al Homo sapiens. En la segunda rama están los australopitecinos, surgiendo desde el Australopitecus afarensis. Según Johanson y White, el Australopitecus afarensis dio origen al Australopitecus africanus, y a su vez éste habría dado origen al Australopitecus robustus. Entonces del Autralopitecus robustus vendría el Australolpitecus bosei. El asunto es que La Calavera Negra (KNM-WT 17000) tipo Australopitecus bosei tenía una datación de 2,5 millones de años, o sea, mucho más antigua que el Australopitecus robustus. El propio Johanson aceptó que este hecho complicaba la relación entre todos estos asutralopitecinos. Así mismo el estudio general de estos fósiles, incluido el mal llamado Homo habilis, complicaba mucho la teoría evolutiva. Pat Shipman dijo en 1986: «*La mejor respuesta que podemos dar ahora mismo es que ya no tenemos una idea muy clara de quién dio origen a quiénes.*» (Pat Shipman. Baffling limbo in the family tree. 1986, Discover, 7 (9): 87-93)

La cuestión del origen de la línea "Homo" seguía siendo un problema para los teóricos. Pat Shipman dijo haber visto a Bill Kimbel, un socio de Donald Johanson tratando de manipular las implicaciones filogenéticas de La Calavera Negra –esta no sería la primera vez ni la única-: «*Al final de una lectura sobre la evolución del Australopitecus, él borró todo el orden, diagramas alternativos y miró en la pizarra por un momento. Entonces regresó a la clase y lanzó arriba sus manos.*» escribió Shipman. Después de considerar varias alternativas filogenéticas e incluso encontrar todas las evidencias sobre ellos, Shipman dijo: «*Nosotros podríamos afirmar que no tenemos evidencia siquiera de dónde surgió el Homo y remover todos los miembros del género Australopitecus de la familia homínida [...] Tengo un tipo de reacción visceral reactiva sobre esta idea que sospecho que no me veo capaz de evaluar racionalmente. Fui traída a la noción de que el Australopitecus era un homínido.*» Sobre este comentario añadió el arqueólogo e investigador M. L. Cremo: «*Ésta es una de las más honestas afirmaciones que hemos oído de una científica prestigiosa envuelta en investigaciones paleoantropológicas.*» (Michael Cremo, Hidden History of the Human Race, 1999. Pág. 265)

Lucy, un mono haciéndose pasar por humano

Un descubrimiento de Donald Johanson en Hadar, Etiopía, sobre un Australopitecus de casi 4 millones de años se hizo sonar como uno de los mayores descubrimientos arqueológicos sobre la evolución humana. Los mayores descubrimientos se hicieron a finales de 1974. Estos restos fueron denominados "Lucy" pero rápidamente se les "humanizó" ante el público para poder encajar a medida en la teoría convencional. Este Australopitecus afarensis trató de reconstruirse con pedazos de toda una familia encontrada en el yacimiento, pero para el propio Johanson la reconstrucción del esqueleto «se *parecía mucho más a una pequeña gorila femenina.*» Tras un mayor estudio exhaustivo se llegó a la conclusión de que este Australopitecus afarensis era más similar a un mono que a un humano (Randall L., Susman, Jack T., Stern, Charles E. Oxnard) En el presente, la mayoría de expertos afirman que Lucy fue únicamente un chimpancé poco común de unos 90cm y no un eslabón perdido (Ver también: Seminar, parte 7. Por el Dr Kent Hovind, distribuido por Chick Publications).

¿El hombre hábil o el mono hábil?

Su nombre significa "hombre habilidoso" y hace referencia al hallazgo de instrumentos líticos probablemente confeccionados por éste. Se han realizado estudios detallados de los restos óseos de sus manos para verificar si realmente sería posible que este Homo habilis los hubiera realizado. Los científicos concluyeron que era capaz de realizar tareas como prensión de agarre para realizar las manipulaciones necesarias en la fabricación de utensilios de piedra; probablemente, era carnívoro oportunista. Se observa en ellos un importante incremento en el tamaño cerebral con respecto a los Australopitecos, que se ha calculado entre 650cm³ y 800cm³, en el cráneo aplastado "1470", encontrado en Koobi Fora. Los restos se han hallado en Kenia, en la localidad de Koobi Fora y en Tanzania, en la conocida Garganta de Olduvai. Algunos autores ponen en duda su pertenencia al grupo "Homo", en base a una interpretación restrictiva de la diagnosis del género, y lo asignan o bien a Australopithecus o bien proponen que se defina un nuevo género para esta especie en el que se incluya también a los Homo rudolfensis.

Es bastante popularizado el cuento de que los homo habilis eran seres transitorios entre el hombre y el mono, y antes de ellos no se usaban herramientas entre los primates. La clasificación de "Homo Habilis" fue presentada en los 60′s por toda la familia Leakey, "cazadora de fósiles". De acuerdo a los Leakey, esta nueva especie que clasificaron como Homo habilis, tenía una capacidad craneal relativamente grande así como la disposición para caminar erguido y usar herramientas de madera y de piedra. Por lo tanto podía haber sido el ancestro del hombre. Nuevos fósiles de la misma especie desenterrados a finales del decenio de 1980 hicieron cambiar la perspectiva anterior. Algunos investigadores como Beranrd Wood y C. Loring Brace, quienes se basaron en los fósiles recién hallados, dijeron que el Homo habilis, que significa "hombre capaz de usar herramientas", debería ser clasificado como Australopiteco habilis, que significa "mono de Sudáfrica capaz de usar herramientas", porque el Homo habilis tenía un montón de características en común con los monos llamados australopitecinos. Tenían brazos largos, piernas cortas y una estructura del esqueleto parecida a la de los australopitecinos. Los dedos de las manos y de los pies eran apropiados para trepar. La estructura maxilar resultaba muy similar a la de los monos actuales.

Investigaciones llevadas a cabo en los años siguientes demostraron que el Homo habilis no tenía ninguna diferencia con los Australopitecinos. El cráneo y el esqueleto fósiles OH62 encontrados por Tim White, mostraban que esta especie tenía un volumen craneal pequeño, brazos largos y piernas cortas que le permitían trepar a los árboles igual que los monos actuales. El análisis detallado conducido por la antropóloga norteamericana Holly Smith en 1994, indicaba que el Homo habilis no era "homo" o, dicho con otras palabras, no era "humano" sino "mono". Smith dijo lo siguiente acerca del análisis realizado sobre los dientes de los Australopitecos, de los Homo habilis, de los Homo erectus y de los Homo neandertales: «*Análisis circunscriptos (a la dentadura) de ejemplares de fósiles, exhiben pautas de su desarrollo en los gráciles Australopitecos y Homo habilis que los coloca en la clasificación de los monos africanos. Los mismos análisis en los Homo erectus y Neandertales clasifica a éstos con los humanos.*» (Holly Smith, American Journal of Physical Antropología, vol. 94, 1994, pp. 307-325). Ese mismo año, Fred Spoor, Bernard Wood y Frans Zooneveld, todos especialistas en anatomía, llegaron a las mismas conclusiones a través de un método totalmente distinto que se basaba en el análisis comparativo de los canales semicirculares del oído interno de los humanos y de los monos. Dichos canales se relacionan con el equilibrio. Los canales de los humanos, que caminan erguidos, diferían considerablemente de los de los monos, que caminaban inclinados hacia delante. Los canales del oído interno de todos los Australopitecos y ejemplares de Homo habilis analizados por Spoon, Wood y Zooneveld, eran iguales a los de los monos modernos. Los canales del oído interno de los Homo erectus eran iguales a los del hombre moderno. (Fred Spoor, Bernard Wood, Frans Zonneveld,

"Implication of Early Hominid Labryntine Morphology for Evolution of Human Bipedal Locomotion", Nature, vol 369, 23 de junio, 1994. Pág. 645-648).

Este descubrimiento conlleva a las conclusiones importantes de que los fósiles del Homo habilis no pertenecían en realidad a la clase "homo", es decir, a la clase humana, sino a la clase de los Australopitecinos, o sea, a la de los monos. Además, los Homo habilis como los Australopitecinos fueron vivientes que caminaban inclinados y a zancadas, por lo que sus esqueletos eran de mono. No tenían relación de ningún tipo con los humanos. Con base a los esqueletos encontrados, se cree que este tipo de chimpancé vivió aprox. desde 2,5 hasta el 1,44 millones de años antes del presente (al comienzo del Pleistoceno). Y es "gracioso", porque no hay otra forma de decirlo, pero la clasificación de "seres inteligentes capaces de utilizar herramientas" debería remontarse a los 2.800 millones de años, o sea, cuando empezó a verse el desarrollo de las primeras formas de vida complejas en nuestro planeta. Curiosamente 5 años después del descubrimiento del Mono-habilis, Bryan Patterson y W. W. Howells encontraron húmeros homínidos modernos en Kanapoi, Kenia. En 1977, trabajadores franceses encontraron húmeros similares en Gombore, Etiopía. La antigüedad de estos ronda los 4,5 millones de años. Éste humero encontrado por Patterson y Howells era muy distinto al de los gorilas, chimpancés y australopitecos, y más bien similar a los humanos.

De modo que los tantos descubrimientos actuales dejan muy en entre dicho estos inconsistentes postulados. Se nos ha enseñado equívocamente que ha habido un orden evolutivo humano que vino desde el Australopiteco (Australopitecus afarensis, africanus y robustus. 3´000.000-500.000 años) en África, luego vino el Homo Habilis descubierto en Garganta de Olduvai en Tanzania. Pero las herramientas de este simio "hábil" fueron datadas de hace 1´750.000 años, así que sería interesante ver como a medio camino de su evolución se toparon ambas especies. Esto es así porque hay evidencias de la década de los 80´s donde se ven Australopitecus con un tipo desconocido de "hombre". ("The Prehistoric World" de MacDonald Educational, Ediciones Vidorama, Barcelona - España. 1987), de modo que estas especies llegaron a convivir en el Este de África hace 2,5-3 millones de años.

Homo Rudolfensis: una cara mal ensamblada

Esta especie fue propuesta por Valerii P. Alexeev en 1986, cuyo tipo de espécimen es el KNM-ER 1470, encontrado en Koobi Fora (orilla oriental del Lago Turkana, antes lago Rodolfo), por Bernard Ngeneo, un miembro de equipo de Richard Leakey, en 1972. Alexeev lo designó en 1986 como Pithecanthropus rudolfensis, aunque posteriormente se ha adscrito tanto a los géneros Homo como Australopithecus. Algunos autores proponen que se defina un nuevo género para esta especie en el que se incluya también a Homo habilis. Algunos paleoantropólogos dudan de que sea una especie diferente de Homo habilis, pero ésta es la opinión dominante en la actualidad, debido a unas marcadas diferencias morfológicas, entre las que hay que distinguir las siguientes: forma de la cara (principalmente en la región supraorbital y malar, que presenta muy larga, profunda e inclinada hacia delante); medidas craneales en su conjunto (un 45% de las medidas que se compararon entre las dos especies superan el dimorfismo sexual de los gorilas) y el volumen craneal (alrededor de los 750cc, frente a los 500cc del Homo habilis), aunque en 2007 la capacidad craneana de Homo rudolfensis ha sido estimada por Timothy Bromage, antropólogo de La Universidad de Nueva York en 526cc. Asimismo, anatómicamente el Homo rudolfensis tiene, respecto al Homo habilis, una cara más plana, unos dientes post-caninos más amplios y con raíces y coronas más complejas y esmalte más grueso.

Richard Leakey, quien desenterró los fragmentos, presentó el cráneo -al que se denominó "KNM-ER 1470" y se le consideró una edad de 2,8 millones de años- y dijo que era el más grande descubrimiento en la historia de la antropología, con un efecto arrollador. Según Leakey, este ser que tenía un volumen craneal pequeño como el Australopiteco, y no obstante, un rostro humano, era el eslabón perdido entre el Australopiteco y el ser humano. Así y todo, poco tiempo después se iba a comprender que el rostro "tipo humano" del cráneo KNM-ER 1470 que apareció frecuentemente en la tapa de las revistas científicas, era el resultado de un ensamblado anormal de los fragmentos hallados, cosa que pudo ser deliberada. El profesor Tim Bromage, quien hizo estudios sobre la anatomía del rostro, subrayó este hecho que descubrió con la ayuda de simulación por computadora en 1992: «*Cuando (el KNM-ER 1470) fue reconstruido por primera vez, la frente fue ajustada al cráneo en una posición casi vertical, de manera muy parecida a la que exhiben los rostros planos humanos modernos. Pero estudios recientes de las relaciones anatómicas muestran que en vida el rostro debe haber sobresalido considerablemente, dándole un aspecto de mono, como los rostros de los Australopitecos.*» (Tim Bromage, New Scientist, vol. 133, 1992, pág. 38-41). El paleoantropólogo evolucionista J. E. Cronin dice lo siguiente al respecto: «*...su rostro vigoroso, la clivus naso-alveolar achatada (recordando los rostros cóncavos de los australopitecinos), la reducida amplitud craneal máxima (en los temporales), el canino pronunciado y los grandes molares (como lo indican los restos de las raíces), son todos rasgos relativamente primitivos que emparentan el ejemplar con miembros del taxon (género) Australopiteco africanus.*» (J. E. Cronin, N. T. Boaz, C. B. Stringer, Y. Rak, "Tempo and Mode in Hominid Evolution", Nature, vol. 292, 1981, pág. 113-122).

C. Lorng Brace de La Universidad de Michigan llegó a la misma conclusión como resultado de los análisis que hizo sobre la estructura maxilar y de los dientes del cráneo 1470 y dijo que «*el tamaño del maxilar y la parte que contenía los molares exhibían que ER 1470 tenía exactamente el rostro y dientes del Australopiteco.*» (C. L. Brace, H. Nelson, N. Korn, M. L. Brace, Atlas of Human Evolution, 2.b. New York: Rinehart and Wilson, 1979). El profesor Alan Walker, paleoantropólogo de La Universidad John Hopkins, quien había investigado tanto como Leakey, mantiene que este viviente no debería ser clasificado como "homo" -en referencia al Homo habilis o al Homo rudolfensis- sino que, por el contrario, se debe incluir entre los miembros de la especie Australopiteco. (Alan Walker, Scientific American, vol. 239 (2), 1978, pág. 54). En definitiva, las calificaciones como Homo habilis u Homo rudolfensis, presentadas como vínculos transitorios entre los Australopitecinos y el Homo erectus, son totalmente imaginarias. Como ha sido confirmado por muchos investigadores en la actualidad, esos seres vivientes son miembros de la serie Australopiteco. Todos sus rasgos anatómicos revelan que ambas son especies de monos.

El hombre de Java (Pithecantropus erectus)

Los primeros especímenes de Homo erectus fueron encontrados en la isla de Java en 1891 por Eugène Dubois. El hombre de Java fue inicialmente bautizado como Pithecanthropus erectus pero más tarde fue transferido al género Homo. Este hombre de Java (Homo erectus erectus), fue el primer representante de Homo erectus en ser descubierto. La palabra "pithecantropus" deriva de raíces griegas y significa "hombre mono". Dubois encontró los restos en el lugar de Trinil (Isla de Java) en 1891. Lo que le da poca fiabilidad al descubrimiento fue que este hallazgo únicamente consistió de la tapa de una sola calavera. Un año después fueron descubiertos un fémur y dos muelas a 16m de donde se encontró la tapa de la calavera, lo cual implica que es muy poco probable que perteneciesen al mismo individuo. Sin embargo, Dubois tendenciosamente consideró que todas las piezas provenían del mismo ser y las fechó con una antigüedad de medio millón de años. Ergo, él no reveló, hasta treinta y un años después, que también había encontrado dos calaveras obviamente humanas en la misma fecha y lugar. La mayoría de los evolucionistas de aquellos días se convencieron de la validez de esta criatura de medio millón de años de antigüedad y la desinformación al respecto acrecentaba.

En 1940 Weidenreich reinterpretó los restos como Homo erectus iavanensis, pero se renombró definitivamente por Dobzhansky (1944) como Homo erectus erectus. Tenía una capacidad craneal de unos 940ml, intermedia entre los 1.200 a 1.500 del hombre moderno y los 600ml del gorila. El hombre de Java poseía la porción del cerebro que controla el lenguaje, aunque se ignora si realmente hablaba. El cerebro del hombre de Java era mucho más grande y con un mayor número de circunvoluciones que el de cualquier mono primitivo o viviente, y tenía más características humanas que simiescas. El adulto media alrededor de 1,70m y pesaba cerca de los 70kg además de que caminaba en posición erecta. Se asume que los hombres de Java posiblemente se desplazaban en pequeños grupos familiares, vivían en cavernas y cazaban en los bosques.

Según la teoría evolutiva, los Homo erectus asiáticos habrían provenido de los Homo erectus africanos dado que la hipótesis aceptada dice que de allá surgieron nuestros ancestros, y de allí fueron migrando a otras localidades. Sin embargo, sobre la formación de Kabu en Trini, donde Dubua encontró su hombre de Java original, se ha estudiado el terreno con datación de potasio-argón y ha dado 800.000 años. Otros descubrimientos en Java venido de las capas de Djetis en lka formación de Putjangan. De acuerdo con T. Jacob, estas capas cercanas a Modjokerto en la convergencia del Pleistoceno Inferior datado con potasio-argón con 1,9 millones de años. Lo importante de esto es que los Homo erectus africanos no habrían migrado de África hasta un millón de años atrás. De hecho, los Homo erectus africanos fueron datados de 1,6 millones de años, lo cual colocaría al "supuesto" antecesor del hombre venido de Asia y no de África. Otro punto que echa por tierra la hipótesis aceptada. Otros estudios realizados por M. H. Day y T. I. Molleson en 1973 (Simposium para el Estudio de la Biología Humana, 2: 127-154) determinarían, gracias a las tesis de "fluorine a fosfato" -originadas por K. P. Oakley-, que el fémur de Java (Pitecantropus erectus) tendría unos 800.000 años. Así que la tapa del cráneo con 1,9 millones de años sería posiblemente de un tipo de mono, mientras que el fémur sería de humano de hace 800.000 años, nuevamente descartando este espécimen tan importante para la teoría de la evolución como uno de los primeros y más significantes seres de transición humana.

Hombre de Pekín (Sinanthropus)

También denominado "Homo erectus pekinensis" o "sinanthropus pekinensis", este primate se considera una subespecie de Homo erectus propia de China. Su nombre alude a que sus restos fósiles se descubrieron al suroeste de Pekín, en una cueva de la localidad de Zhoukoudian entre 1921 y 1937, y datan de hace entre 250.000 y 500.000 años. Es especialmente popular porque en el momento de su descubrimiento fue considerado el primer "eslabón perdido" que justificaba la teoría de la evolución. Según Wikipedia durante años los habitantes de la zona vendían a los extranjeros toda suerte de dientes de aspecto extraño o antiguo, pretendiendo que eran dientes de dragón, y el azar se presentó cuando uno de estos dientes fue a dar a manos de un científico sueco, quien, al estudiarlo, lo reconoció como perteneciente a un mamífero extinto. Se pesquisó el origen de ese diente y se estableció que provenía de una cueva de Pekín. Las investigaciones comenzaron en 1921. De acuerdo con el relato posterior de Otto Zdansky, que trabajaba para el geólogo Gohan Anderson, un habitante de la zona llevó a los arqueólogos hasta lo que hoy en día se conoce como La Colina del Hueso del Dragón, un lugar lleno de huesos fosilizados. Zdansky comenzó su propia excavación y finalmente encontró huesos que parecían molares humanos. En 1926 los llevó a La Facultad de Medicina de Pekín, donde el anatomista Davidson Black los analizó. Posteriormente, publicaría su descubrimiento en la revista Nature.

Cómo no, la Fundación Rockefeller accedió a patrocinar los trabajos en Zhoukodian, siendo claramente los multimillonarios Rockefeller la mayor organización masónica, ateísta y antirreligiosa de nuestro planeta. Hacia 1929, los arqueólogos chinos Yang Zhongjian y Pei Wenzhong, y posteriormente Jia Lanpo, se hicieron cargo de la excavación. Durante los siguientes siete años desenterraron fósiles de más de cuarenta especímenes de adultos, jóvenes y niños, incluyendo seis bóvedas craneanas casi completas. Se cree que el lugar era un sitio de enterramiento. El paleontólogo Pierre Teilhard de Chardin y el antropólogo Franz Weidenreich también participaron en los descubrimientos. Las excavaciones terminaron en julio de 1937, cuando los japoneses ocuparon Pekín durante La Segunda Guerra Sino-japonesa. Los fósiles fueron puestos a salvo en el Laboratorio del Cenozoico de La Facultad de Medicina. En noviembre de 1941, el secretario Hu Chengzi los envió a Estados Unidos para protegerlos de la inminente invasión japonesa. Sin embargo, en el camino hasta la ciudad portuaria de Qinghuangdao, desaparecieron, supuestamente a manos de un grupo de marines que los japoneses habían capturado al comienzo de la guerra con EE.UU.

¿Cómo era el hombre de Pekín?

Debido a la desaparición de los restos fósiles, los investigadores posteriores sólo han podido contar con los moldes y los escritos hechos por los descubridores. Así, se sabe que su capacidad craneana llegaba a los 1075cc, un 80% respecto de la del Homo sapiens, y que se trataba de un cazador recolector. El descubrimiento de restos animales junto a los huesos y la evidencia del uso de fuego, para combatir el frío y para cocinar los alimentos, y de herramientas de hueso y madera, fabricadas con otras de piedra, sirvió para apoyar la teoría de que el H. erectus fue la primera especie faber. Los análisis llevaron a la conclusión de que los fósiles de Zhoukoudian y Java pertenecen a la misma etapa de la evolución humana. Este es también el punto de vista oficial del Partido Comunista de China. Sin embargo, esta interpretación cambió en 1985 cuando Lewis Binford afirmó que el hombre de Pekín (Sinanthropus erectus) no era cazador, sino carroñero. En 1998, el equipo de Steve Weirner en el Instituto Científico Weizmann llegó a la conclusión de que no hay evidencia de que el hombre de Pekín usara el fuego.

El Homo erectus, el humano que han hecho pasarse por mono

Otro de los supuestos eslabones en la cadena evolutiva, y el más importante es el Homo Erectus. Los fósiles que lo han hecho conocido en el mundo son los del Hombre de Pekín y Hombre de Java encontrados en Asia. De todos modos, se comprendió con el tiempo que ambos fósiles no eran dignos de confianza. El Hombre de Pekín consistía de algunos elementos hechos de yeso, cuyos originales se perdieron. El Hombre de Java estaba "compuesto" de un fragmento de cráneo y un hueso de la pelvis encontrado a unos metros más lejos del primero, sin ningún indicio que perteneciesen al mismo ser viviente. A eso se debe a que los fósiles de Homo erectus encontrados en África ganaron una importancia creciente. (Debería tenerse en cuenta que algunos de los fósiles que se dijo eran Homo erectus, algunos evolucionistas los incluyeron bajo una segunda clase llamada "Homo ergaster". Entre ellos hay desacuerdos al respecto. Para facilitar las cosas, mejor llamar a todos estos fósiles bajo la clasificación de Homo erectus).

El más famoso "eslabón" humano en la leyenda evolutiva es el Homo erectus, del cual hay poca fiabilidad a la hora de relacionarlo con el Homo habilis y aunque vivió también en África, se ha descubierto en lo que entonces era Eurasia. Sin embargo, hubo un gran espacio de más de 250.000 años hasta que vino a aparecer (1´800.000 - 500.000 años aprox.) si se le asocia a la cadena evolutiva del hombre. Se cree que un tipo de Homo erectus cuyas pruebas databan del 500.000 al 250.000, podrían ser un eslabón humano, pero se trataba de algún tipo de criatura que se asemejaba al neandertal en la forma del cráneo, lo que le ha hecho ser el partido más creíble para el siguiente "ser transitorio". Luego, en la última inter-glaciación europea (200.000 - 100.000 años) parece haber aparecido otra evidencia, debido a que la especie neandertal aparece repentinamente y de la misma manera es "erradicada" de la noche a la mañana para dar paso al Homo sapiens sapiens.

Algunos creen que los primeros homínidos salidos de África vivieron en Georgia hace 1,8 millones de años, y eran como "Mzia" descubierta por David Lordkipanidze, Premio Rolex (Muy Interesante - nº 283 dic. 2004), pero hace unos 2 millones de años existió un ser humano igual a los actuales que dejó un esqueleto en Castenodolo en Italia –más adelante haremos énfasis en este tema-, lo cual prueba la verdad del nazi Hoerbiger de que había hombres en el Terciario (hace 65 millones de años), con los dinosaurios, cuando la ciencia oficial nos dice que empezamos en el Cuaternario, o sea, hace unos 1,6 millones de años. Aunque otras evidencias halladas en Egipto con 3 millones de años ponen en tela de juicio una vez más las teorías evolutivas. El Profesor William Laughlin de La Universidad de Connecticut realizó extensos exámenes anatómicos sobre los esquimales y la gente que vive en las Islas Aleutianas y advirtió que éstas eran extraordinariamente similares al Homo erectus. Laughlin concluyó que todas esas razas, en realidad, eran distintas variedades de Homo Sapiens (hombre moderno). Cuando consideramos las vastas diferencias que existen entre grupos muy alejados como los esquimales y los bosquimanos que pertenecen a la misma especie de Homo sapiens, parece justificable concluir que el sinántropo (una clase de erectus) se incluye en esa misma variedad. (Marvin Lubenow, Bones of Contention, Grand Rapids, Baker, 1992. pág.136).

«Hay un gran vacío entre el Homo erectus, una raza humana, y los monos que le antecedieron en el escenario de la teórica "evolución

humana" (Australopiteco, Homo habilis, Homo rudolfensis). Esto significa que los primeros hombres aparecieron en los registros fósiles de modo repentino e inmediato sin ninguna historia evolutiva. No puede haber ningún indicio más claro de que fueron creados.» (Harun Yahya en "El Engaño del Evolucionismo"). No obstante, admitir este hecho va totalmente contra la filosofía dogmática y la ideología de los evolucionistas. En consecuencia, intentan retratar al Homo Erectus, verdaderamente una raza humana, como una raza medio simiesca, así como al resto de esqueletos. En sus reconstrucciones del Homo erectus lo dibujaron porfiadamente con rasgos simiescos, creando en la sociedad una visión de fábula. Por otra parte, con métodos similares de dibujo, humanizaron a monos como el Australopiteco o el Homo Habilis, siendo que únicamente son tipos de chimpancés. Con ese procedimiento buscan "aproximar" los monos y los seres humanos y cerrar al hueco entre esas dos clases distintas de vivientes dentro de un mundo imaginario de transiciones evolutivas que nunca existió. De manera que el afamado fósil del Niño de Turkana, que pertenecía a la raza Homo erectus, casi no difería de nosotros. Todas las clasificaciones o tipos "homo" en realidad incluyen razas humanas originales (no especies distintas). *"La diferencia entre ellos no es más grande que la diferencia entre un esquimal y un negro o un pigmeo y un europeo."* (Harun Yahya, "El Engaño del Evolucionismo")

El Homo erectus, al que se refieren como la especie humana más primitiva, significa: "hombre que camina erguido". Los evolucionistas han tenido que separar a esos hombres de los anteriores agregándole la cualidad de "erectos", porque todos los fósiles Homo erectus disponibles están erguidos en un grado no observado en ninguna de las especies Australopitecinos u Homo Habilis. Tengamos en cuenta de que no hay ninguna diferencia entre el esqueleto del ser humano moderno y el Homo Erectus. La razón primaria para que los evolucionistas definan al Homo Erectus como "primitivo" és el volumen del cráneo (900-1000cc) -más pequeño que el promedio de los seres humanos modernos- y la saliente del arco superciliar. Sin embargo, mucha gente que vive hoy día tiene el mismo volumen craneal que el Homo erectus (por ejemplo, los pigmeos), y también hay razas con el arco superciliar saliente (por ejemplo, los aborígenes australianos).

Un problema en estas especulaciones evolutivas aparece cuando encuentran evidencias humanas anteriores, como el caso del esqueleto enteramente humano hallado en Olduvai Gorge, Tanzania. Estos huesos encontrados en 1913 por H. Reck tienen una antigüedad de 1,15 millones de años, una estimación imposible para un hombre moderno, y menos en esta región donde se supone que vivían los Homo erectus. Recientes descubrimientos de paleoantropólogos han revelado que ciertos segmentos de los humanos clasificados como Homo erectus han vivido hasta hace muy poco. El Homo sapiens neanderthalense y el Homo sapiens sapiens (ser humano moderno) coexistieron en la misma región. Esta situación indica aparentemente la invalidez del supuesto que uno es ancestro del otro. Más difícil es justificar cómo desapareció el hombre de neandertal de la noche a la mañana y apareció el Homo sapiens, también, de la noche a la mañana.

Homo Ergaster, otro "erectus"

La clase más conocida de Homo erectus fue encontrada en el África y corresponde con el fósil "Narikotome homo erectus" o "Muchacho de Turkana", que fue encontrado cerca del Lago Turkama en Kenia. Se confirmó que este fósil era de un muchacho de 12 años que habría tenido una altura de 1,83m en la adolescencia, bastante para tratarse de un antecesor del hombre. La estructura vertical del esqueleto fósil no se diferencia en nada de la del hombre moderno. El paleontólogo norteamericano Alan Walker dijo respecto al mismo que dudaba que *«el término medio de los patólogos pudiesen decir cuáles eran las diferencias entre ese esqueleto fósil y el esqueleto del humano moderno.»* (Boyce Rensberger, The Washington Post, 19 de Noviembre, 1984). Respecto al cráneo, dijo Walker que *«se lo veía igual a un Neanderthal.»* Los neandertales son una raza humana moderna. Por lo tanto el Homo erectus también es una raza humana moderna, y en ese mismo orden, también entonces el hombre de Java y de Pekín. Incluso el evolucionista Richard Leakey dice que las diferencias entre el Homo erectus y el hombre moderno no son más que variaciones raciales: *«Uno debería ver también las diferencias en las formas del cráneo, en el grado de protrusión del rostro, en el vigor de las cejas, etc. Estas diferencias probablemente no son más pronunciadas que las que vemos hoy día entre las razas humanas alejadas geográficamente. Tales variaciones biológicas surgen cuando las poblaciones están apartadas geográficamente por una cantidad de tiempo significativa.»* (Richard Leakey, The Making of Mankind, London: Sphere Books, 1981, pág. 62).

El Homo ergaster es un tipo de Homo erectus propio de África. Se estima que vivió hace entre 1,75 y un millón de años, en el Calabriense (Pleistoceno medio). Sus primeros restos fueron encontrados en 1975 en Koobi Fora (Kenia); se trata de, al menos, dos cráneos (KNM-ER 3733, tal vez femenino, y KNM-ER 3883) de hace 1,75 millones de años cuyo cerebro tenía un tamaño estimado en unos 850cm^3. Luego, en 1984, fue descubierto en Nariokotome, cerca al lago Turkana (Kenia), el esqueleto completo de un niño de unos 11-12 años, 1,60m de estatura y cerebro de 880cm^3, con una antigüedad de 1,6 millones de años. Éste es el que se conoce como el niño de Nariokotome, y que no difiere prácticamente nada de un niño actual. Algunos especialistas consideran que pueden haber sido una única especie, debido a su gran parecido anatómico, en cuyo caso tendría prioridad su denominación como Homo erectus, pero parece asentarse la aceptación de dos especies diferentes en algunos casos. Esta afirmación es incorrecta ya que simplemente son humanos de la misma familia pero con diferencias naturales que tenemos los seres de una misma raza. Pero esto no es siempre advertido ni tenido en cuenta por los evolucionistas, los cuales han hecho de algunos de los fósiles que se dijo que eran Homo Erectus, parte de una segunda clase llamada "Homo Ergaster". Sobre esto hay muchos desacuerdos notables. En otras palabras, todos estos fósiles deberían ser llamados bajo la clasificación de Homo Erectus, así como hoy día a todos nosotros nos llaman seres humanos, aun cuando nos diferenciamos de color de piel, de ojos, tipos de cabello, y forma de los ojos, altura o complexidad ósea.

En una ocasión se descubrió algo sobrecogedor. Se trata de ingenieros navales que tienen 700.000 años, es decir, marinos antiguos: «*Los primeros humanos eran mucho más ingeniosos que lo que sospechábamos...*» Noticias publicadas en New Scientist del 14 de marzo de 1998 nos dicen que los humanos llamados Homo erectus por los evolucionistas, eran marineros profesionales hace 700 mil años. Esos humanos, que tenían suficiente conocimiento y tecnología como para construir una embarcación y que disponían de una civilización que utilizó el transporte marítimo, difícilmente pueden ser llamados "primitivos". En definitiva, en su libro Hidden History of the Human Race, su escritor, Michael Cremo, resalta los puntos más importantes que se pasan por alto en la historia evolutiva del mono al hombre:

1. Hay un cúmulo significativo de evidencia proveniente de África sugiriendo que seres humanos anatómicamente idénticos a nosotros estuvieron presentes en el Pleistoceno Inferior y en el Plioceno.

2. La imagen controversial del Australopitecus como un verdadero bípedo semi-humano terrestre demuestra ser falso.

3. El estatus de Australopitecus y Homo erectus como antecesores humanos es cuestionable.

4. El estatus de Homo habilis como una especie distinta es cuestionable.

5. Aún confinándonos a nosotros mismos en evidencia convencional aceptada, la multiplicidad de conexiones evolutivas propuestas sobre los homínidos en África presenta una imagen muy confusa. Combinando estos hallazgos con aquellos de los capítulos anteriores, concluimos que toda la evidencia, incluyendo huesos fosilizados y artefactos, es más consistente con la vista de que humanos anatómicamente modernos coexistieron con otros primates por decenas de millones de años.

El Homo Antecessor

Homo antecessor es el nombre dado a unos huesos de homo erectus de más de un millón de años de antigüedad (Pleistoceno Inferior) encontrados en España. La definición de esta especie es fruto de los más de ochenta restos hallados desde 1994 en el nivel TD6 del yacimiento de Gran Dolina en La Sierra de Atapuerca. Una mandíbula muy bien conservada de una mujer Homo antecesor, de entre 15 y 16 años, recuperada del yacimiento de La Gran Dolina tiene similitudes muy claras con las del Hombre de Pekín (Homo erectus), lo que sugiere un origen asiático de Homo antecessor. Sin embargo, el patrón de desarrollo y erupción de los dientes es prácticamente idéntico al de las poblaciones modernas. En la actualidad, la validez de esta denominación como especie diferente es defendida por sus descubridores y otros expertos, que consideran que Homo antecessor precede a Homo heidelbergensis y por tanto es también antepasado de Homo neanderthalensis; sin embargo, parte de la comunidad científica la considera una simple denominación, no específica, para referirse a restos encontrados en Atapuerca, que ellos asignan a la especie Homo heidelbergensis o bien, la consideran una variedad de Homo erectus / Homo ergaster.

En marzo de 2008 se han dado a conocer nuevos restos de Homo antecessor, concretamente parte de una mandíbula de un individuo de unos 20 años y 32 herramientas de sílex de tipo olduvayense, datados en 1,2 millones de años de antigüedad, lo que hace retroceder considerablemente la presencia de homínidos en Europa. Los restos fueron hallados en 2007 en La Sima del Elefante, yacimiento situado a unos 200m de La Gran Dolina. En este orden de tantos misterios, ¿Cómo llegó el propio Homo Antecessor a Atapuerca? Nadie lo sabe. Asumen -es "una hipótesis más"- que llegó por tierra desde Oriente, no por el Estrecho. Los fósiles de Atapuerca (España) tienen 800.000 años, incluso los hay de hasta 1,5 millones de años de antigüedad. Ergo, los paleontólogos atribuyen que lo que han descubierto no sea un Homo Antecessor primitivo, sino un Homo Ergaster o un Homo Geórgico. Aunque el mismo Juan Luis Arsuaga asume: «*presencia humana hay hace un millón de años o casi.*» ¿En qué quedamos entonces? Ni los propios científicos tienen las respuestas, o las tienen y "¡no las quieren ver!".

El niño de La Gran Dolina

Uno de los fósiles humanos que más interés ha despertado se encontró en España en 1995. El fósil en cuestión lo encontraron tres paleontólogos españoles de La Universidad de Madrid. Fue descubierto en una cueva llamada Gran Dolina en la región de Atapuerca. El fósil reveló la cara de un niño de 11 años idéntico a un hombre moderno, sin embargo, el niño había muerto hace 800,000 años. Este fósil hizo dudar incluso a Juan Luis Arzuaga Ferreras, que dirigía la excavación de Gran Dolina. He aquí lo que Ferreras dijo: «*Lo que encontramos fue una cara completamente moderna, para mí, esto es de lo más espectacular, son el tipo de cosas que te desmontan, encontrar algo tan inesperado como eso. Pero lo más espectacular es encontrar en el pasado algo que crees que pertenece al presente. Sería como encontrar una grabadora en Gran Dolina. Esto sería muy sorprendente, no esperamos encontrar casetes y grabadoras en el pleistoceno inferior. Encontrar una cara moderna de hace 800.000 años es lo mismo.*»

El Hombre de Heidelberg

Este otro supuesto eslabón humano, se trata de una representación formada con base a una quijada que muchos expertos consideran que simplemente es una mandíbula humana, y no algo relacionado con un antecesor del hombre. Éste sería un antepasado directo del Hombre de neandertal en Europa, bajo el prisma evolucionista, dada su semejanza con el Homo sapiens neandertalense; aun cuando es muy similar a los Homo sapiens arcaicos, encontrados en África, como Homo rhodesiensis y Homo sapiens idaltu, según algunos defensores; se sabe hoy que el Homo heidelbergensis no fue antepasado directo de los humanos modernos. Entre el Homo antecessor, cuyos fósiles se han hallado en las colinas de Atapuerca (España), y los Homo neanderthalensis, existió esta especie (Homo heidelbergensis). Presenta en general caracteres intermedios entre Homo erectus / Ergaster y el Homo sapiens, incluido un torus occipital hendido (en Homo erectus tal torus, o cresta, es continua) y una gran capacidad neurocraneal.

El más antiguo de los fósiles de la especie es una mandíbula inferior encontrada por el trabajador de una mina en Mauer, cerca de Heidelberg. Posteriormente, en una cueva llamada Caune de l'Arago, en Francia, se encontraron los restos fragmentarios de una docena de individuos. El más completo es la cara y parte de la caja craneana de un individuo conocido como Hombre de Tautavel, que tiene un gran parecido con el cráneo del Hombre de Petralona, encontrado en una cueva en Grecia. Otros sitios donde se han hallado fósiles de esta especie son Steiheim (Alemania), Swascombe (Inglaterra) y la Sima de los Huesos en La Sierra de Atapuerca (España), donde se encontraron 5.000 fósiles pertenecientes a unos 30 individuos, que datan de hace 400.000 años y más, considerados antepasados de los neandertales, restos los cuales están muy bien conservados; entre ellos destacan el cráneo número 5 (llamado popularmente "Miguelón") que está completo, y del cual recientemente se realizaron estudios que dan cuenta de una lateralidad en el cerebro (era diestro), y una pelvis muy bien conservada de un individuo conocido popularmente como "Elvis". En China se han encontrado fósiles que concuerdan con este grupo, en el sitio de Dali; un cráneo de hace 280.000 años, y un esqueleto en Jinniushan.

En 1972, David Pilbeam dijo sobre la mandíbula de Heilderberg que *«parece datar de la glaciación de Mindel, y su edad es de algún momento entre 250.000 y 450.000 años.»* El antropólogo alemán Johannes Ranke escribió en los años 1920´s que la mandíbula de Heidelberg pertenecía a un Homo sapiens representativo en vez de un antecesor medio simio -con semejanza de chango. De acuerdo a Frank E. Poirier (1977), los dientes de la mandíbula de Heidelberg son más semejantes en tamaño a los del moderno Homo sapiens que al Homo erectus asiático (hombres de Java y Pekín) sobre esto también escribió T. W. Phenice del Michigan State Universidad en 1972: *«Los dientes son remarcablemente iguales a los del hombre moderno y casi todo respecto, incluyendo tamaño y modelo de relieve.»* (Michael Cremo, The Hidden History of the Human Race, 1999, pág. 163)

Homo Rhodesiensis

El Homo rhodesiensis fue hallado por primera vez en 1921 en la localidad llamada por los ingleses Broken Hill, actualmente Kabwe, en Zambia (antigua "Rhodesia del Norte" por lo que se denominó Hombre de Rhodesia). Se considera que vivió solamente en África, desde hace 600.000 hasta 160.000 años antes del presente, durante el Ioniense (Pleistoceno medio). En esta misma zona de Broken Hill ese año, en esas excavaciones, se descubrió un hombre de neandertal con un agujero en el cráneo, producto de un disparo de bala. Lo impresionante fue que se encontró a 18m de profundidad, lo cual estima su antigüedad en 40.000 años. Olvidando por un momento el hecho de que hace 40.000 años no se sabe de nadie que portase armas, el que se hallase un neandertal en la misma zona y con la misma edad implica que estos eran de la misma familia.

Phillip Rightmire (1998) considera que los fósiles africanos del Pleistoceno medio, deben ser incluidos dentro de la especie Homo heidelbergensis, de la que por tanto descenderían tanto los neandertales como los Homo sapiens –lo que entendemos ahora: eran parientes, primos. Por su parte, el paleoantropólogo francés Jean-Jacques Hublin (2001), supuso que el Homo rhodesiensis es de una especie precursora del Hombre de Neanderthal, que no tuvo que ver en la filogénesis del Homo sapiens. Pero, según Tim White (2003), es muy probable que Homo rhodesiensis sea antepasado de Homo sapiens idaltu. ¿Si los propios evolucionistas no saben dónde colocar a los esqueletos humanos, porqué nos enseñan conceptos sin sustento? Lo único que tratan de hacer es buscar forzadamente seres de transición aunque estos no existen. *«Debemos dirigirnos al registro fósil para encontrar una respuesta a la pregunta de cuándo apareció el hombre en La Tierra.»* Este registro muestra que el hombre apareció hace millones de años, y no hace miles como defiende la hipótesis popular. Estos descubrimientos consisten en esqueletos y calaveras, y los restos de personas que vivieron en distintas épocas. Uno de los rastros más antiguos del hombre son las "pisadas" prehistóricas que encontró la famosa paleontóloga Mary Leakey en 1977 en la región de Laetoli, en Tanzania. Las investigaciones indican que estas pisadas tenían 3,5 millones de años. Mucho más antiguo que cualquier tipo de homínido.

La prueba de una secuencia evolutiva exige al menos uno de dos tipos de evidencia: o bien una cadena ininterrumpida de fósiles de transición o de intermedios supervivientes, o reconstrucciones plausibles de tales series junto con sus respectivos nichos ecológicos. La dificultad reside en mostrar cómo cada eslabón de la cadena podría ser viable el tiempo suficiente para que pudiera establecerse el siguiente. Sólo mediante el establecimiento de series completas de transición puede hacerse plausible la hipotética continuidad de la jerarquía—desde luego, la prueba empírica es una exigencia mucho más difícil de suplir. Aquí de lo que se trata es de la mera plausibilidad. Si tales transiciones jamás tuvieron lugar, se deberían hallar formas intermedias en los fósiles y en organismos vivientes. Las clases existentes deberían solaparse. Los límites claramente marcados deberían ser más la excepción que la regla.

El Neandertal: primo del Homo sapiens

La ciencia moderna no tiene una explicación a este hecho: No se sabe cómo un día desapareció el neandertal y apareció el Homo Sapiens sapiens. En un principio se creyó que el hombre actual apareció hace 40.000 años, no obstante, primero la arqueóloga Jean Steen-Mackintyre descubrió evidencias en México de hace 250.000 años, y más adelante, otros investigadores hallaron otras pruebas de hace 300.000 años en Siberia. Aunque para ese entonces ya la arqueóloga Jean Steen-Mackintyre había sido ridiculizada, discriminada y le habían cerrado todas las puertas. Estas evidencias ponían en evidencia que el Cromañón (primer grupo de hombres europeo) fuese posterior al propio Homo erectus descubierto en Europa. Partamos siempre del hecho de que se creía que el Homo sapiens había surgido hacía 40.000 años, luego que fue hace 250.000 evolucionando del neandertal, pero luego hay evidencias de hombres de 1,8 millones de años, época en la que aparecen también los Homo erectus. Entonces, los Homo sapiens no son predecesores del neandertal ni del Homo erectus ¿Quién pues, es su antecesor?

Por muchos años el hombre de neandertal fue considerado como un eslabón perdido. Se le representaba como una criatura peluda, semi-erguida, pecho circular, y la mayoría de las veces con un garrote en la mano. Otros esqueletos neandertales revelaron que el hombre de neandertal estaba totalmente erecto, completamente humano, y con una capacidad cerebral que excede la capacidad del hombre moderno por un 16%. Se concluyó que el espécimen inicial estaba tullido por artritis ósea y raquitis. Hoy se considera al Hombre de neandertal como el Homo sapiens. En el Congreso Internacional de

Zoología (1958) el Dr. A. J. E. Cave dijo que su examen de este famoso esqueleto, hallado en Francia hacia más de 50 años, mostró que era de *«un hombre anciano que sufría de artritis.»*

Se dice que los Homo neandertalenses evolucionaron en Europa a partir de las poblaciones de Homo heidelbergensis las cuales ya mostraban huesos robustos y profundos puntos de inserción para los músculos. No obstante, los neandertales no se consideran actualmente como antecesores del Homo sapiens, sino como una especie que evolucionó aparte en Europa durante el Pleistoceno. Gracias al hallazgo de un infante neandertal de hace 29.000 años (una edad cercana al final de ésta especie homínida que ocurrió hace unos 30.000 años), los investigadores del Centre Human Identification de La Universidad de Glasgow analizaron el ADN de los huesos extraídos de una de las rodillas de este esqueleto y llegaron a la conclusión de que los neandertales poco o nada contribuyeron a nivel genético con la evolución del homo Sapiens, lo cual implica que ellos no son antecesores de los humanos modernos.

El ADN del Neandertal (Homo sapiens neanderthalense)

Por otro lado, en 1977, el genetista Suante Päävo, de La Universidad de Múnich, tomó un fragmento de brazo de los huesos fosilizados que se guardan como un secreto de estado, y estudió por primera vez el ADN del hombre de neandertal. La comparación del patrimonio genético reveló claras diferencias entre el hombre primitivo y el hombre moderno (Homo sapiens sapiens). Para ir al grano, en las mitocondrias se localizaron 27 diferencias, mientras que en todas las razas que existen en la actualidad se observan como máximo 8 diferencias. La explicación a aquel "eslabón perdido" sólo puede ser la intervención Extraterrestre o Divina. Cuanto más aprendemos sobre el neandertal, menos primitivo se convierte. Artículos científicos recientes han admitido que el hombre moderno y el neandertal se reunieron, en interacción e incluso se cruzaron. Otro artículo reciente sugiere que los europeos podrían ser un 5%

neandertales. Por otro lado, el paradigma dominante de muchos científicos sigue insistiendo en que los neandertales no podían hablar y que no había ninguna duda de cruce. Así que, ¿qué pasaría cuando los científicos fueron capaces de aislar el ADN neandertal, ya que recientemente se ha hecho realidad con el material encontrado en una cueva de Croacia?

El ADN del neandertal es 99,9% idéntico al ADN "humano". Un 99,9% es, sin duda, dar por sentado que es sorprendentemente idéntico, aunque no sea el 100% idéntico. Lo que los científicos no dicen es la siguiente cita de una conferencia por Eric Lanser, Ph D: *«Los dos seres humanos sobre la tierra son idénticos en el 99.9 % en sus secuencias de ADN.»* Este tipo de datos pone el ADN de neandertal en una nueva luz. Su ADN difiere de la nuestra, exactamente como nuestra diferencia de una persona a otra. Es decir, el neandertal es exactamente tan diferente a usted como es usted de su vecino, sólo que él es normalmente representado encorvado, usando pieles de animales y con una lanza en la mano. (Esto también se esgrime en un artículo de Fiona MacRae del 15 de noviembre del 2006) Tanto los hombres modernos como los neandertales coexistieron durante muchos miles de años, antes de que éstos se extinguieran hace unos 30.000 años, quizá golpeados por sus primos más innovadores en la carrera para la alimentación, el vestido y la vivienda. Dr. Svante Pääbo (CORR), del Instituto Max Planck en Leipzig, Alemania, dijo: *«Si bien no se puede concluir definitivamente que el cruce entre las dos especies de seres humanos no se produjo, el análisis del ADN nuclear de los neandertales sugiere la probabilidad de baja que se haya producido en ningún nivel.»*

Otras similitudes y diferencias

El equipo internacional de científicos que ha elaborado el primer borrador del genoma neandertal ha descubierto que todos los humanos no africanos únicamente compartimos entre un 1% y un 4% de nuestro ADN con ese hombre extinto. Según los autores del estudio, que publica la revista Science, esa porción del genoma es una prueba de hibridación que ocurrió muy poco después de que los primeros Homo sapiens abandonaran África, si aceptamos la leyenda popular. Según las investigaciones, la teoría que se ventila es que hace entre 50.000 y 80.000 años, un grupo de humanos se encontró en Oriente Próximo u Oriente Medio con poblaciones neandertales, y ambas humanidades se mezclaron. Cuando luego nuestros ancestros se multiplicaron, dividieron y expandieron por Eurasia, portaban ya material neandertal en su genoma. Los neandertales eran más bajos y fornidos que nosotros, y también hábiles fabricantes de herramientas. Según algunos, desaparecieron hace unos 27.000 años, tras la llegada al continente de los Homo sapiens, de acuerdo a los teóricos, procedentes de África. Los primeros restos de neandertal se encontraron en la cueva belga de Engis en 1829; pero la especie no fue bautizada hasta 1857, tras el hallazgo de parte de un cráneo y otras piezas en el valle de Neander (Alemania). En "La Máquina de Uriel", los autores, Christopher Knight y Robert Lomas escriben: *«...Los neandertales no contribuyeron al ADN mitocondrial a los seres humanos modernos; Los neandertales no son nuestros ancestros...»*

Para obtener el ADN necesario para la secuenciación del genoma neandertal, un equipo internacional dirigido por Svante Pääbo, del Instituto Max Planck de Antropología Evolutiva, ha utilizado restos de ese homínido procedentes de los yacimientos de Vindija (Croacia), Mezmaiskaya (Rusia), Feldhofer (Alemania) y la cueva de El Sidrón (Asturias, España). El análisis preliminar de la secuencia y su comparación con cinco genomas de humanos actuales –un sudafricano San, un Yoruba, un chino Han, un francés y un nativo de Papúa-Nueva Guinea – ha permitido identificar 83 genes diferentes entre los neandertales y nosotros, y descubrir que hubo hibridación entre ambas especies, un fenómeno que no afectó a los Homo sapiens que se quedaron en África. *«Los humanos no africanos llevamos ADN neandertal en, al menos, 10 de los 23 cromosomas»*, indica

Carles Lalueza-Fox, paleogenetista de La Universidad Pompeu Fabra, codirector del proyecto de El Sidrón y uno de los coautores del trabajo. «*La presencia de material de ese homínido en similar proporción en poblaciones actuales europeas, asiáticas y oceánicas, y su ausencia en las africanas, apunta a que el episodio sexual tuvo que tener lugar poco después de que los antepasados de todos los no africanos salieran del continente y antes de que esa población registrara una explosión demográfica y se distribuyera por Eurasia.*»

«*Fue un intercambio genético no muy intenso; pero, como el grupo de Homo sapiens implicado era muy pequeño y estaba en expansión, tuvo impacto en toda la población*», explica otro de los autores de la investigación, el paleontólogo Antonio Rosas, del Museo Nacional de Ciencias Naturales y también codirector de las excavaciones de El Sidrón. Y, por eso, como indica Pääbo, ese pariente que creíamos muerto no lo está por completo. *"En cierto sentido, los neandertales no se han extinguido. Viven en algunos de nosotros"*, recuerda el paleogenetista sueco. Las diferencias entre humanos modernos y neandertales se localizan en 83 genes relacionados con funciones cognitivas; fisiología y anatomía de la piel; y desarrollo esquelético, especialmente del cráneo. (Fuente: publico.es, 06 de mayo, 2010) Pääbo y su equipo han comprobado en el año 2010 que el neandertal comparte con el hombre modificaciones en el gen FOXP2, que está relacionado con la capacidad para hablar: «*No hay razones para pensar que no pudieran articular de la forma en que nosotros lo hacemos*», señaló el científico mientras concluía un tanto escéptico: «*Pero eso no significa que tuviera un lenguaje tal y como lo conocemos hoy, pues el habla es resultado de una infinidad de factores que no depende de un solo gen.*» En pocas palabras, podemos atrevernos a decir que los neandertales y homo sapiens fueron primos humanos que convivieron juntos, se mezclaron, se cruzaron, desarrollaron los mismos lenguajes y la misma tecnología. Eso quiere decir que ni son arcaicos ni son transiciones evolutivas.

El Cromañón, ¿un ET entre nosotros?

Uno de los fósiles más antiguos y mejor establecidos (Cromañón) posee por lo menos el físico y cerebro similares a los del hombre moderno. Entonces ¿Cuál es la diferencia? El Hombre de Cro-Magnon es el nombre con el cual se suele designar al tipo humano correspondiente a ciertos fósiles de Homo sapiens (es decir, la especie humana actual), en especial los asociados a las cuevas de Europa en las que se encontraron pinturas rupestres. Suele castellanizarse y abreviarse como "Cromañón", sobre todo para su uso en plural (cromañones). Cro-Magnon es la denominación local de una cueva francesa en la que se hallaron los fósiles a partir de los que se tipificó el grupo. Su datación (40.000 y 10.000 años de antigüedad) se toma como el hito que da comienzo al Paleolítico Superior desde el punto de vista antropológico, mientras que el límite moderno no lo marca, la aparición de ninguna modificación física, sino ambiental y cultural: el fin de la última glaciación y el comienzo del actual periodo interglaciar (periodo geológico Holoceno), con los periodos culturales denominados Mesolítico y el Neolítico. Los primeros hombres modernos europeos se agrupaban hasta hace poco en dos variedades: la raza de Cro-Magnon, más robusta, y la variedad de Combe Capel, Brno o Predmost, más grácil. En realidad, esta dicotomía pretendía justificar el binomio cultural Auriñaciense-Perigordiense y hoy en día se ha abandonado, estando sólo generalizado el uso del término cromañones para los "hombres modernos paleolíticos". Variedades más tardías (hombre de Grimaldi o de Chancelade) tampoco parecen tener diferencias somáticas que justifiquen una completa diferenciación poblacional de tipo racial.

No obstante, durante mucho tiempo se popularizó la errónea identificación de esos tres tipos humanos con las tres divisiones raciales o razas humanas de la antropología clásica: Cro-Magnon con la raza blanca o caucasoide, Grimaldi con la raza negra o negroide y Chancelade con los esquimales o raza amarilla o mongoloide. El geólogo Louis Lartet descubrió los primeros cinco esqueletos en marzo de 1868 en la cueva de Cro-Magnon (cerca de Les Eyzies de Tayac-Sireuil, Dordogne, Francia), lugar del que obtienen sus nombres el cromañón y chancelade. El cerebro del Hombre de Cro-Magnon apareció con ciertas características esqueléticas misteriosamente mejoradas y con una capacidad craneal que es 100cc más grandes que las de un hombre moderno. En esta calavera vemos una gran "expansión de cerebro" lo que no ha ocurrido en ninguna otra especie en La Tierra, en todas las edades del pasado. Este hombre era un súper dotado ¿era humano?

Del estudio por Broca, Quatrefages, Hamy y Lartet de los restos de la cueva de Cro-Magnon (tres adultos varones, una mujer y un feto) se derivó una descripción que incluía como rasgos destacados una elevada altura -uno de los varones medía 1,80m-, mentón prominente y gran capacidad craneal (1.590cc). Además el cráneo alargado, la frente alta y la bóveda más elevada que los neandertales, las protuberancias supraorbitarias bien marcadas, pero no en burlete ni en torus, la cara ancha, la nariz estrecha, apreciable prognatismo, órbitas bajas y rectangulares, y mandíbula robusta con mentón prominente. Las tibias muy aplanadas transversalmente (platicnemia). Hubo una estrecha relación entre el hombre de Cro-magnon con el Hombre de Neanderthal durante las primeras etapas del Paleolítico Superior en Europa, zona en la que hubo poblaciones de ambas especies durante un breve periodo -hasta hace unos 29.000 años, o incluso unos 27.000 años en el sur de La Península Ibérica. Lo único cierto es que el neandertal se extinguió. No obstante, estas dos razas humanas aparecieron tan repentinamente que no hay indicios reales de su origen. Los autores Max H. Flint y Otto O. Binder escribieron en su libro, "Humanidad, Hija De Las Estrellas" (Mankind, Child of the Stars): «*El hombre Cro-Magnon apareció con unas misteriosas y mejoradas características esqueléticas, y con una capacidad craneal que es asombrosamente en exceso por 100 centímetros cúbicos de aquel del hombre moderno... Un grado similarmente grande de expansión del cerebro no ocurrió en absolutamente ninguna otra especie en La Tierra en todas las edades del pasado, tampoco ningún gen ha mostrado evidencia de mutación cerebral de comparable magnitud desde la antigüedad.»*

Los misterios de las cuevas de Grimaldi

A principios del siglo XX, los científicos comenzaron a explorar algunas cuevas en Italia, muy cerca de la frontera francesa. En este proceso descubrieron unos lugares de entierro como refugios para hombres antiguos, donde al parecer residieron por largo tiempo. Los primeros restos encontrados muestran una datación de unos 37.000 años. Algunos de los esqueletos ahí encontrados aún llevaban collares y pulseras con los cuales habían sido enterrados. Dos de los esqueletos hallados son bastante desconcertantes dado que la forma de los huesos parece de criaturas negroides, según los expertos. El hecho es que ningún otro esqueleto negroide de la misma época ha sido hallado en Europa.

El Hombre de Chancelade

Se trata de un tipo humano del paleolítico superior perteneciente a lo que los científicos denominan "Homo Sapiens Fosilis", y está asociado a la cultura magdaleniense. Sus vestigios fueron hallados por primera vez en 1888 en La Dordoña (Francia). El hombre de Chancelade tenía una estatura media de 1,60m, su cráneo dolicocéfalo, sutura sagital y frente alta. Se han encontrado cadáveres enterrados en posición encogida y forzada, embadurnados con ocre pulverizado y con la cabeza protegida por losas. El ajuar funerario estaba formado por collares de conchas y dientes perforados y brazaletes. El ocre y las joyas fueron algo que partía del mismo orden de los cuerpos de Grimaldi. Sobre éste esqueleto se discutió si era el origen de los esquimales. Actualmente se le considera una variación de la raza Cro-Magnon.

Homo Floresiensis: la raza Hobbit

Como contraste entre los hombres altos del Paleolítico Superior tenemos a los "hobbits". A finales de octubre de 2004, un equipo de científicos de las universidades de Nueva Inglaterra (Australia) y Wollongong (Indonesia) anunciaban en la revista Nature el hallazgo de una especia humana que vivió hasta hace apenas 12.000 años en una remota isla de Indonesia llamada Flores. A partir de los huesos encontrados en la cueva de Liang Bua, se ha concluido que se trataba de hombres con la talla de un chimpancé puesto en pie y un cerebro del tamaño de un pomelo. A pesar de su limitada capacidad craneal: 380cc. Conocían el fuego, fabricaban herramientas de piedra y cazaban en grupo. ¿Cómo llegó a estar aislado su predecesor homo Erectus en esta zona? Y ¿en qué difiere esta criatura de los Hobbits y Medianos narrados en la novelas antiguas? A veces, por no decir que SIEMPRE, ¡la realidad supera la ficción!

El hombre de Denisova

El ADN de un hueso de dedo humano de 40.000 años de antigüedad encontrado en una cueva de Siberia apunta a un nuevo linaje de antiguos humanos, según se tiene conocimiento. El hallazgo – el primero realizado con pruebas genéticas y no fósiles – sugiere que Asia Central estaba ocupada en esa época no sólo por Neandertales y Homo sapiens sino también por un tercer linaje anteriormente desconocido. *«Éste es el descubrimiento más apasionante hasta el momento que ha llegado desde el campo del ADN antiguo»*, dice Chris Tyler-Smith, genetista del Instituto Wellcome Trust Sanger en Hinxton, Reino Unido. El trabajo complica la historia humana una vez más, de forma similar al descubrimiento del controvertido Homo floresiensis — también conocido como "El Hobbit" — que ha dado un vuelco a las anteriores y más simples formas de ver las migraciones de los primeros humanos por todo el globo según la hipótesis evolutiva. Si vivieron más de cuatro humanos iniciales incluyendo al hobbit hace unos 40.000 años, *«la cantidad de biodiversidad [humana]...era bastante notable»*, dice la genetista Sarah Tishkoff de la Universidad de Pennsylvania. Esto, sin contar con las evidencias de hombres gigantes también hallados en ese periodo.

Un equipo liderado por los arqueólogos Michael Shunkov y Anatoli Derevianko, de la Academia Rusa de las Ciencias en Novosibirsk, encontraron el hueso de un dedo en el año 2008 en la Cueva Denisova en las Montañas de Altai en Rusia. La cueva, que tiene muchas capas arqueológicas que se extienden a lo largo de 100.000 años, ha arrojado herramientas de piedra tanto de humanos modernos como de Neandertales y una pequeña colección de huesos homínidos demasiado fragmentados para identificarse, según los investigadores. El hueso del dedo procede de una capa datada por radiocarbono de hace entre 48.000 y 30.000 años. Los genetistas evolutivos Svante Pääbo, Johannes Krause, y sus colegas del Instituto Max Planck para Antropología Evolutiva en Leipzig, Alemania, consiguieron una muestra de 30 miligramos y extrajeron y secuenciaron los 16.569 pares de bases de su genoma de ADN mitocondrial (mtDNA), usando nuevas técnicas del grupo de Pääbo que han empleado con éxito para secuenciar ADN tanto de los llamados Neandertales como de los humanos modernos prehistóricos – recordemos que son lo mismo; primos. Los investigadores compararon la nueva secuencia de mtDNA con la de 54 personas vivas de todo el mundo, un humano moderno de hace unos 30.000 años de otro lugar de Rusia, y seis Neandertales.

Se llevaron una buena sorpresa: Aunque los Neandertales se diferencian de los humanos modernos en una media de 202 posiciones de nucleótidos en el genoma mitocondrial, el homínido de Denisova difería de media en 385 posiciones de los humanos modernos y en 376 de los Neandertales, según informa hoy el equipo en la edición on-line de Nature. Cuando se añadió a la mezcla el mtDNA de chimpancés y bonobos, los investigadores fueron capaces de estimar que el nuevo homínido compartía un ancestro común con los Neandertales y los humanos modernos hace 1 millón de años. Pero, ¿quién era este misterioso humano? El equipo de estudio dice que la fecha es demasiado tardía para un Homo erectus asiático que, según la teoría evolutiva, migraron por primera vez fuera de África hace 1,8 millones de años. Y en ese orden, sería de igual manera demasiado temprana para el Homo heidelbergensis, que se cree que apareció en África y Europa hace unos 650.000 años. «*No hay pruebas*» de que éstas u otras especies conocidas «*persistieran hasta tan tarde*» en el continente asiático, dice el paleoantropólogo Russell Ciochon de La Universidad de Iowa en Iowa City. Chris Stringer, paleoantropólogo del Museo de Historia Natural en Londres, dice que la nueva especie podría representar una «*dispersión pre-heidelbergensis y post-erectus*» fuera de África «*que no habíamos observado hasta ahora.*»

Por ahora, el equipo de Pääbo no ha dado al nuevo linaje un nombre de especie, al menos hasta que se sepa más sobre él. Lo siguiente que plantean hacer los investigadores es secuenciar el ADN nuclear del hueso del dedo. Si tienen éxito, podrían descubrir la identidad secreta del homínido X. (Michael Balter, 24 de marzo de 2010, news.sciencemag.org)

El hombre de Mungo u Hombre de Nueva Guinea

Se piensa que hacia 40.000-50.000 años atrás, en el pleistoceno, llegaron los primeros australianos procedentes del sureste de Asia. Aquellos primeros pobladores habrían viajado de isla en isla, utilizando los puentes terrestres que unían muchas de ellas en aquella época, y recorriendo cortos tramos marítimos hasta alcanzar el extremo oriental de las Islas Menores de la Sonda y la isla de Nueva Guinea, para luego desplazarse por la plataforma continental australiana, por entonces encima del nivel de los mares. La razón de semejantes viajes tan peligrosos - aceptando la teoría- es aún un enigma. Los restos humanos más antiguos encontrados hasta la fecha, el Hombre de Mungo, datan de hace 40.000 años pero los expertos consideran que las primeras migraciones humanas podrían remontar hasta hace 125.000 años, aunque esta fecha sea contestada. Los restos del Hombre de Mungo fueron encontrados en Nueva Gales del Sur, a unos 3.000km de la costa norte de Australia donde se piensa que se realizaron los primeros asentamientos humanos.

En el Lago Mungo se hallaron restos que consisten en dos fósiles prominentes: Lago Mungo (también conocido como Mungo Señora, LM1, o ANU-618) y el lago Mungo (o el Hombre de Mungo, Lago Mungo III, o LM3). Lago Mungo está situado en Nueva Gales del Sur, Australia, una lista del Patrimonio Mundial Willandra Región de los Lagos. LM1 fue descubierto en 1969 y es uno de los más antiguos cremaciones conocidas del mundo. LM3, descubierto en 1974, era un habitante humano temprano del continente de Australia, que se cree que vivió entre hace 68,000-40,000 años, durante el Pleistoceno. Los restos son los más antiguos humanos anatómicamente modernos encontrados en Australia hasta la fecha, aunque su edad exacta es una cuestión de disputa. El cuerpo fue rociado con ocre rojo, el mismo sistema de entierro que con los hombres de Cromañón en Francia. ¿Cómo dos hombres de la misma época y en regiones miles de kilómetros equidistantes utilizaron el mismo modo de sepultura? Este aspecto del descubrimiento ha sido particularmente importante para los australianos indígenas, puesto que indica que ciertas tradiciones culturales han existido en el continente australiano durante mucho más tiempo antes de lo que se pensaba.

Los nuevos estudios demuestran que, utilizando la longitud de los huesos de sus extremidades, la estimación de la altura de LM3 es posible que rondase los anormales 196cm (77 pulgadas o 6 pies 5 pulg.), algo poco frecuente para hombres prehistóricos según la hipótesis aceptada. En 2001, una sección de la región hipervariable (HVR1) se publicó y se comparó con varias otras secuencias. Se encontró más que el número esperado de diferencias en las secuencias en comparación con los humanos de CRS. Ésta era más alta de lo esperado pero no difirió significativamente de una inserción de ADN mitocondrial en el cromosoma 11, que es frecuente lo que se ve en las poblaciones humanas modernas. Este hombre no parecía tan arcaico entonces.

Hallan en China fósiles de una especie humana desconocida

Aun artículo por Jean-Louis Santini (AFP, del 14 marzo de 2012) habla de fósiles de la Edad de Piedra hallados en China parecen pertenecer a una especie humana hasta ahora desconocida, o por lo menos inclasificable. Los fósiles de al menos tres individuos muestran que estos seres tenían características anatómicas muy diferentes, una mezcla inhabitual de rasgos humanos arcaicos y modernos, destacaron paleoantropólogos chinos y australianos en la revista científica estadounidense PLoS One (Public Library of Science One). Es la primera vez que restos de una nueva especie que vivió en un período tan cercano al actual son hallados en el este de Asia, señalaron los expertos, añadiendo que estos individuos vivieron hace unos 11.500 a 14.500 años. Hasta ahora había que remontarse más de 100.000 años para encontrar, en esta parte del mundo, fósiles que no fueran del Homo sapiens. Esta especie fue contemporánea a los humanos modernos desde el comienzo de la agricultura en China, una de las más antiguas del mundo, indicaron los investigadores, dirigidos por los profesores Darren Curnoe, de la Universidad de Nueva Gales del Sur (UNSW), en Sídney, Australia, y Ji Xueping, del Instituto de Arqueología de Yunnan (sur de China). Los paleoantropólogos fueron cautos sin embargo con respecto a la clasificación de estos fósiles, debido al inusual mosaico de características anatómicas que revelan. *«Estos nuevos fósiles también podrían ser de una especie hasta ahora desconocida, una que sobrevivió hasta el final de la Edad de Hielo hace unos 11,000 años»*, dijo Curnoe.

Los restos fosilizados de al menos tres de estos individuos fueron encontrados en 1989 en Maludong, o 'Cueva del Ciervo Rojo' en chino, situada cerca de Mengzi, en la provincia china de Yunnan (sur), pero no se estudiaron hasta 2008. Un geólogo chino descubrió el fósil de un cuarto esqueleto parcial en 1979 en otra cueva cerca del pueblo de Longlin, en la región autónoma de Guangxi, limítrofe con Yunnan. Los restos fósiles quedaron incrustados en un bloque de roca hasta 2009, cuando este mismo equipo lo extrajo y lo reconstituyó. Los cráneos y dientes de las cuevas de Maludong y Longlin son muy similares y revelan una mezcla de rasgos modernos y arcaicos, características que nunca se habían visto antes. Aunque Asia cuenta con más de la mitad de la población mundial, los paleoantropólogos saben muy poco de cómo los humanos modernos evolucionaron después de que sus antepasados se instalaran en Eurasia, hace 70.000 años, observó Curnoe. Las investigaciones en ese sentido no prosperaron por la falta de fósiles en Asia y por el poco conocimiento de la importancia y la antigüedad de los restos descubiertos. "El descubrimiento de estos nuevos humanos, bautizados como 'gente del ciervo rojo', que cazaban para alimentarse, abre un nuevo capítulo en la historia de la evolución humana -el capítulo de Asia- y es una historia que apenas comienza a ser contada", dijo Curnoe.

Parte VI
EL COLMO DE LA FARSA

> *"La falsificación de la historia ha hecho más para mal-guiar a los humanos que cualquier otra cosa conocida a la humanidad."*
>
> Rousseau.

Los mejores fraudes de la historia evolutiva

En la lista fabulosa de seres imaginarios la teoría de la evolución ha añadido hombres simiescos de todos los tipos. Muchos de ellos no son únicamente figuras tendenciosas de hombres peludos o encorvados, con la nariz gruesa y la piel oscura, sino que directamente han sido creados intencionadamente. Recordemos que un doctor del ejército irlandés, llamado Dubua Francés, encontró en 1891 un pedazo de cráneo y un fémur, y que a partir de estos fabricaron un hombre-mono y le llamaron pitecantropus erectus. Pero en vez de exponerlo al público, lo escondieron hasta 1923. Nunca lo entregaron a su análisis por medio del método científico. Cuando los científicos los estudiaron, dictaminaron que estos huesos simplemente pertenecían a un hombre normal. Como ya citábamos anteriormente, sus restos supuestamente databa de hace unos 50.000 años, pero toda la evidencia ha desaparecido, así que no existen medios para asegurar nada cierto sobre ellos. Lo más interesante es destacar que la tapa del cráneo –como de mono- que Dubua encontró estaba muy lejos del fémur –como de hombre-, lo cual descarta que ambos estuviesen relacionados.

En 1973, M. H. Day y T. I. Molleson concluyeron que «*la gruesa anatomía, anatomía radiológica (Rayos X) y anatomía microscópica del fémur de Trini* –donde se encontró este pedazo de hueso- *no lo distinguen significativamente del fémur de un humano moderno.*» Ellos también dijeron que los fémures de Homo erectus de China y África son anatómicamente similares el uno con el otro, y distintos de los de Trini. El registro fósil ha fallado en documentar un solo "eslabón perdido" que sea verificable entre el mono y el hombre. Abundan las compilaciones sobre evidencias superficiales e imprecisas, construcciones altamente especulativas e interpretaciones de artistas; pero no existe una evidencia científica documentando el "eslabón perdido". Los "hallazgos positivos" de un "eslabón perdido" son anunciados periódicamente y subsecuentemente se ven embrollados en controversia, son revisados, o denegados.

Sobre el Sinanthropus erectus u Hombre de Pekín, a pesar de desaparecer los restos, se dijo que otros esqueletos contemporáneos de la zona fueron hallados. Un artículo sobre Zhoukoudia apareció en la revista Scientific American, donde los científicos chinos Wu Rukang y Lin Shenglong dijeron haber descubierto varios esqueletos donde se veía un cambio significativo en el esqueleto de éstos al pasar de los 460.000 años atrás 230.000 años. Lo que Wu y Lin no dieron a conocer era que el esqueleto más pequeño, no era que fuese el proceso anterior antes de la evolución craneal, sino que se trataba de los restos de un niño. Así que no hubo ninguna evolución sino una afirmación tendenciosa que aún pone más en evidencia la teoría porque entonces los Homo erectus habrían convivido con los seres humanos modernos, dado que el terreno secundario del descubrimiento databa de 230.000 años. La evidencia preliminar expone que en China coexistieron Homo sapiens sapiens, Homo sapiens neanderathalensis y Homo erectus, sobre el Pleistoceno Medio. Eso no es un proceso evolutivo.

El Hombre de Orce

El Hombre de Orce viene de un fósil descubierto en 1982 cerca del pueblo español de Orce, más concretamente en Venta Micena. Se designa como VM-0. Gish (1985) cuenta que el 14 de Mayo de 1984 expertos franceses revelaron que este Hombre de Orce era realmente un fragmento de cráneo de asno.

Hombre de Kanjera y la Mandíbula de Kanam

Fueron descubiertos por Louis Leakey cerca del Lago Victoria en 1932, fueron tomados como muy viejos. Pero la fecha de datación resultó muy incierta, ya que probablemente eran huesos de hombre moderno. No obstante, estudios modernos han mostrado que la morfología de la calavera de Kanjera es moderna, aunque la capa en la que se encontraron data de unos 400.000 a 700.000 años de antigüedad. En otro punto Leakey encontró una mandíbula y pensó que era muy parecida a la del homo sapiens aunque se estimaba en uno 2 millones de años de antigüedad. En ambos sitios se encontraron herramientas y utensilios relacionados con animales prehistóricos tales como Mastodontes y Deinotherium.

El Hombre de Nebraska

Con el nombre científico de "Hesperopithecus haroldcookii", este "ser" fue formado científicamente sólo en base a "un diente" encontrado en 1921 en Nebraska, EE.UU.; más tarde se comprobó que era el diente de "un cerdo extinto".

El Hombre de Piltdown

Denominado científicamente como "Eoanthropus dawsoni", éste fue uno de los mayores fraudes realizados en la historia del evolucionismo. Fue descubierto en Inglaterra por un aficionado, Charles Dawson, entre 1908 y 1912. El descubrimiento constó de partes de un aparente cráneo moderno asociado a una mandíbula de simio. Más tarde (entre 1913 y 1915) se hallaron nuevos fragmentos que también parecían tener una mezcla de mono y características humanas y que sofocaron las dudas de que los huesos provenían de dos criaturas. Pero en 1953 se descubrió que era un fraude que constaba de un cráneo humano moderno y una mandíbula de orangután. Tuvieron que pasar 37 años para que se aclarase que dicho "hombre de Piltdown", expuesto en el Museo Británico como la evidencia más importante de la teoría evolucionista, era una falsificación. Así y todo, los evolucionistas siguen desarrollando métodos tramposos más sofisticados para buscar seres transitorios inexistentes. Entre las personas de quienes se sospechaban que habrían hecho dicho fraude estaban diferentes científicos ingleses bien establecidos, tales como Sir Walter Elliot Smith o Sir Arthur Smith Wuthword.

La historia apareció así: «*En 1912 Charles Dawson, un paleontólogo amateur produjo algunos huesos, dientes y algunos instrumentos primitivos que supuestamente encontró en un hoyo de gravilla en Piltdown, Sussex, Inglaterra. En octubre de 1956 la revista Reader's Digest publicó un artículo resumido de la publicación Popular Science Monthly, titulada "El gran engaño de Piltdown" (The Great Piltdown Hoax). Un nuevo método de absorción de Fluoruro para datar los huesos reveló que los huesos de Piltdown eran fraudulentos; los dientes habían sido afilados y, junto con los huesos, habían sido decolorados con bicromato de potasio para ocultar su verdadera identidad. Todos los "expertos" habían sido engañados durante más de cuarenta años.*» ¿Por qué le llevó tanto tiempo a la comunidad científica darse cuenta del fraude? Según la publicación The Scientist del 15 de marzo de 2005, Robert Foley, director del Leverhulme Center for Human Evolutionary Studies ("Centro Leverhulme de estudios evolutivos del hombre"), en La Universidad de Cambridge, explicó que una de las razones por las que el fraude del hombre de Piltdown tuvo tanto éxito fue «*porque se ajustaba a las expectativas de lo que la gente pensaba de cómo se verían los primeros humanos.*»

El fraude de un erudito desmiente la datación de los neandertales

El profesor Reiner Protsch von Zieten dijo a sus colegas científicos que cierto fragmento de cráneo de 36.000 años era el eslabón entre los antiguos neandertales y el hombre moderno. Entre sus otros descubrimientos sobresalientes están los restos de una mujer que vivió hace 21.300 años y los de un hombre que vivió hace 29.400 años. Desde hace mucho tiempo, las dataciones de los especialistas, basadas en el sistema de carbono-14 habían sido consideradas como prueba de que los neandertales habían vivido en el norte de Europa y coexistido, como una especie separada, con hombres anatómicamente modernos. Sólo que había un problema. El profesor no sabía cómo operar su equipo de datación de carbono-14, y los auténticos expertos sencillamente llegaron a la conclusión de que él había inventado las fechas. El esqueleto que él había datado entre 21.000 y 36.000 años fue datado por otros con una antigüedad mucho menor. Uno de los cráneos resultó ser el de un hombre que había vivido apenas unos 250 años antes, alrededor de 1750.

El 19 de febrero de 2005 un periódico inglés informó que la Universidad de Fráncfort había obligado a este profesor a que se retirara, debido a sus *«muchas falsedades y manipulaciones»* en sus 30 años de carrera académica. El escándalo estalló cuando se le sorprendió tratando de vender la colección de cráneos de chimpancés, propiedad de la universidad. Además de la invención de datos, en otra investigación se encontró que había plagiado el trabajo de otros científicos y había hecho pasar como auténticos unos fósiles falsos. *«Esto es sumamente bochornoso»*, dijo el profesor Ulrich Brandt, quien encabezó la investigación. *«Desde luego, la universidad se siente muy mal acerca de esto.»* Como resultado, Thomas Terberger, profesor de la Universidad de Greifswald en Alemania oriental, dijo: *«La antropología va a tener que revisar completamente su concepto del hombre moderno entre los 40.000 y 10.000 años de antigüedad.»* ¿Por qué urdió ese fraude el profesor

Protsch? «*Si uno encuentra un cráneo de más de 30.000 años de antigüedad, es algo sensacional*», explicó el profesor Terberger. «*Si encuentra tres de ellos, será conocido de la gente. Eso es bueno para su carrera. A fin de cuentas, fue por ambición.*»

De los Australopitecos al Homo sapiens

Muchas de las teorías evolucionistas plantean que provenimos de una especie de alga. Ahora bien, ¿de dónde salió la célula eucariota que nos conforma como seres humanos en estos días? Eso es un gran problema evolutivo. No obstante, en la lista de fósiles hay también un sinfín de fábula, comenzando por los Ramapitecus, Australopiecus y Paranthropus. «*En comparación con homínidos, Darwin dice que "una increíble" mutación en la evolución humana sucedió en el último paso (en la evolución animal no ocurren estos pasos), de unas calaveras muy chicas a unas más grandes, lo cual son casi transformaciones en vez de evolución, pero en el hombre acorde con Darwin paso súbitamente. Es decir, en el 300.000-100.000 a.C. el hombre tenía nasales 5 veces más grandes que lo actual, huesos de cejas y ojos protuberantes para evadir luz solar, pero estas características de adaptación formidablemente rápida no existen en los humanos. Observando la calavera del australopiteco y del homo sapiens se entiende que este cambio tuvo que haber sido una gran mutación con el nombre de "milagro" en pocos miles de años, siendo que asumimos que un gen muta cada billón de años y que los milagros no son científicos.*» (Harun Yahya, El Engaño del Evolucionismo) ¿Quiénes son nuestros ancestros? Aquí solo encontramos dos grupos: monos (australopitecos, homo habilis, homo rudolfensis) y hombres (homo erectus, homo eragster, homo antecesor, hombre de Heidelberg, neandertal, cromañón) Lo que tenemos aquí es lo mismo que hoy: humanos enteramente humanos, y monos enteramente monos.

Matanzas y fraudes para justificar una evolución inexistente

Después de la publicación del primer afamado libro de Charles Darwin se inició una gran campaña para encontrar los supuestos fósiles que se podrían presentar como evidencias en apoyo de la llamada teoría de la evolución. Los arqueólogos empezaron la búsqueda de fósiles de criaturas imaginarias llamadas "formas transitorias". Durante décadas excavaron en distintas partes del globo, evidentemente sin ningún éxito. El desengaño del caso los condujo a la invención del "hombre de Piltdown" en 1912 y otros cuantos seres fuera de contexto. Así mismo trataron de asignarle a tipos de monos la cualidad de semi-humanos, y a otros hombres los presentaron como semi-monos. Entretanto, algunos evolucionistas sostuvieron con firmeza la idea de la existencia de "fósiles vivientes". De acuerdo con esta creencia, si el género humano tenía como ancestro a los monos, en alguna parte del mundo deberían existir algunos seres medio-humanos que aún no completaron el proceso evolutivo. De esta forma, hacia fines del año 1800 encontraron a sus víctimas. Estos no eran otros que los nativos de Tanzania, llamados "aborígenes", que fueron designados como "evidencias vivientes de la evolución".

La diferente estructura de la órbita y la relativamente pesada mandíbula inferior de los aborígenes, fueron las excusas principales para definir a estos seres humanos como "formas transitorias". Los arqueólogos evolucionistas y muchos "cazadores de fósiles" que se les unieron, se pusieron a excavar en las tumbas de los aborígenes y llevaron los cráneos a los museos evolucionistas occidentales, distribuyéndose enseguida a cada una de las instituciones y escuelas del hemisferio como confirmación de su teoría evolutiva. Los "cazadores de fósiles" no vacilaron en convertirse en "cazadores de cabezas" cuando la cantidad de tumbas no fueron suficientes para cubrir sus necesidades. Dado que los aborígenes representaban "formas transitorias" para su afamada hipótesis, tenían que ser considerados como animales antes que como seres humanos. De manera que los "cazadores de cabezas" asesinaron a los aborígenes y legitimaron ese acto afirmando que lo hacían a favor de la ciencia.

Los cráneos de los nativos cazados fueron vendidos a los museos después de someterlos a algunos tratamientos químicos que los hacían parecer más antiguos. Los agujeros producidos por las balas fueron rellenados con el mayor esmero posible. Según "Creation Magazine" publicada en Australia, un grupo de observadores llegados de South Galler se estremecieron cuando vieron que decenas de hombres, mujeres y niños fueron asesinados por los evolucionistas. De entre los asesinados se eligieron 45 cráneos, a los que se eliminó el tejido que los cubría, y se los hirvió. Los 10 mejores fueron embalados para enviarlos a Inglaterra.

«Aún hoy día podemos ver en los depósitos del Instituto Smithsoniano miles de cráneos de aborígenes. Algunos pertenecen a los cadáveres extraídos de las tumbas, mientras que otros son de gente inocente asesinada para reivindicar su teoría de la evolución. Entre las víctimas africanas de la violencia evolucionista, la más conocida fue el pigmeo Ota Benga. [...] Dado que la hipótesis de la evolución no era una teoría o hipótesis científica más, sino una "ideología" que tenía que ser reivindicada, sus defensores cometieron o aprobaron las masacres realizadas sin la mínima vacilación. A esa gente le parecía legítimo incluso la masacre, para la justificación de la "mentira". A eso se debe que dicha "mentira" sea el fundamento del orden mundial que erigieron los evolucionistas.» Afirma Harun Yahya en su prestigioso libro.

Una mentira disfrazada de verdad

Harun Yahya escribió acertadamente: *«La mayoría de la gente está casi totalmente convencida de la validez de la teoría. Por lo tanto nunca plantea preguntas que hacen al "¿cómo?" y al "¿por qué?" acerca de la teoría de la evolución, manteniendo la credibilidad. En los libros más "científicos" acerca de la evolución, es tal la simplicidad con la que se explica el estado de "transición del agua a la tierra"—uno de los puntos imposible de explicar en la teoría de la evolución—, que ni siquiera los evolucionistas lo creen. De acuerdo con la teoría de la evolución, la vida comenzó en el agua y los primeros animales que se desarrollaron en* la tierra fueron peces. De acuerdo con la fábula evolucionista, ¡un día algunas especies de peces desplegaron la capacidad para salir del agua y moverse en la tierra! La teoría continúa diciendo que los peces que resolvieron vivir en la tierra, ¡tenían pies en vez de aletas y pulmones en vez de branquias! En la mayoría de los libros acerca de la evolución nadie explica "porqué" ni "cómo" ocurrió la transición. Incluso en las fuentes más científicas, los escritores saltan de improviso a conclusiones de este tipo: "y ocurrió la transición del agua a la tierra", sin suministrar una respuesta satisfactoria respecto a cómo se ejecutó el proceso.»

«Pero, ¿cómo ocurrió esa transformación? Es obvio que un pez no puede sobrevivir fuera del agua durante más de uno o dos minutos. Si aceptamos que existió una época de sequía, como dicen los evolucionistas, y que por alguna razón los peces fueron arrastrados a la tierra, ¿qué les habría sucedido a los mismos, si este proceso duró diez millones de años? La respuesta es clara: los peces que dejaban el agua morirían inevitablemente muy poco tiempo después. Morirían todos, uno a uno. Nadie osaría decir: "Puede ser que después de cuatro millones de años algunos de los peces adquirieron repentinamente pulmones para poder sobrevivir". Sin duda, esta sería una afirmación ilógica. Sin embargo, eso es lo que dicen exactamente los evolucionistas. "La transición del agua a la tierra", "la transición de la tierra al aire" y millones de otras "transiciones", son explicadas por medio de afirmaciones sin sentido. Los evolucionistas nunca mencionan cómo pasaron a existir órganos complejos como los ojos, los oídos, etc...»

«De todos modos, es muy fácil influir fuertemente en la gente ignorante poniéndole a esas mentiras el título de "científicas". Lo único que hay que hacer es bosquejar representaciones imaginarias de "la transición del agua a la tierra", acuñarlas y darles nombres en latín a los "nietos" que viven en la tierra y a las "criaturas intermedias", que en la mayoría de los casos son animales imaginarios. Entonces llega el momento de contar la mentira: "Eusthenopteron se transformó en Rhipitistion Crossopterygian, y luego en Ichthyostega después de un *largo proceso de evolución". Si esto es dicho por un "científico" de aspecto serio, con anteojos de marcos negro, la afirmación se vuelve totalmente convincente para la mayoría de la gente. Los medios de comunicación comunican este invento a millones de personas de todo el mundo, cumpliendo el deber masónico con gran excitación. Para la mayoría de esa gente que no tiene ninguna otra opinión más que la dada por los medios de comunicación, las "evidencias rigurosas" que dan al respecto, se convierten en altamente satisfactorias.»*

«Otro tipo de mentiras son los bosquejos de "reconstrucción" hechos por los evolucionistas. Cuando observamos las publicaciones de los evolucionistas nos encontramos con dibujos que representan "círculos familiares", donde se ven criaturas mitad humanas, mitad monos. Por ejemplo, el fósil exhibido como el cráneo de un Australopithecus (Ardepithecus) es en realidad el fósil de un Homus Erectus descubierto en Koobi Fora en 1975. Estas criaturas de posición vertical, cuerpos belludos y rostros mitad humanos y mitad monos, fueron dibujados por los evolucionistas que se basaron en los fósiles supuestamente descubiertos. Sin embargo, esos dibujos no son confiables dado que un fósil sólo puede proporcionar información acerca de la estructura de los huesos. Un científico nunca puede estimar cuánto pelo había sobre el cuerpo del fósil. Asimismo, esos fósiles no revelan ninguna información sobre la nariz, los oídos, los labios y el cabello. Sin embargo, en sus ilustraciones los evolucionistas señalan especialmente las narices y los labios, mitad humanos, mitad monos. Es así como los evolucionistas obtienen los dibujos de las formas transitorias imaginarias. Incluso bosquejan distintos tipos de rostros para un mismo tipo de cráneo."
"El Australopithecus Robustus (Zinjanthropus) es un ejemplo bien conocido de ese tipo de ilustraciones. Tiene dibujados tres tipos de reconstrucciones, totalmente distinta una de otra. [...] el imaginario "hombre de Nebraska", que está dibujado junto a su "círculo familiar", es un ejemplo de hasta dónde puede llegar la capacidad imaginativa de los

evolucionistas.» Añade el turco Harun Yahya en su obra El Engaño del Evolucionismo.

Métodos de supresión informativa

El patrón de supresión de datos ha estado ocurriendo durante mucho tiempo. En 1880, J. D. Whitney, el geólogo del estado de California, publicó un extenso artículo sobre las herramientas de piedra avanzadas encontradas en los tiempos de oro de California. Los implementos, incluyendo puntas de lanza y morteros de piedra, se encuentran en las profundidades de pozos de minas, debajo de capas gruesas, sin ser molestado por la lava, en formaciones que van de 9 millones a más de 55 millones de años. W. H. Holmes de la Smithsonian Institution, considerado uno de los mayores críticos de California, escribió: «*Tal vez si el profesor Whitney tenía plenamente duda en anunciar las conclusiones formuladas [que los seres humanos existían en tiempos muy antiguos en América del Norte], a pesar de la matriz de la imposición del testimonio con el que tuvo que hacer frente.*» En la década de 1950, Thomas E. Lee del Museo Nacional de Canadá, consideró potencialmente las herramientas avanzadas de piedra de los depósitos glaciales en Sheguiandah, en la isla Manitoulin en el norte del Lago Huron. El geólogo John Sanford de la Universidad Estatal de Wayne sostuvo que las herramientas más antiguas de Sheguiandah tienen por lo menos 65.000 años de edad y podría ser de hasta 125.000 años de antigüedad. Para los que adhieren a las opiniones de serie en la prehistoria de América del Norte, las edades tales eran inaceptables. Los seres humanos supuestamente entraron a Norteamérica desde Siberia hace unos 12.000 años.

Thomas E. Lee se quejó: «*El descubridor del sitio [Lee], fue perseguido desde su posición del Servicio Civil al desempleo prolongador; puntos de venta de publicaciones fueron cortadas, la evidencia fue falsificada por varios autores destacados ...; las toneladas de artefactos se desvanecieron en recipientes de almacenamiento del*

Museo Nacional, que había propuesto tener una monografía publicada en el sitio, él fue despedido y enviado al exilio; posiciones oficiales de prestigio y el poder se ejercen en un esfuerzo por obtener el control de tan sólo seis ejemplares de Sheguiandah que no habían ido al amparo; y el sitio se ha convertido en un destino turístico ... Sheguiandah habría sido obligado vergonzosamente a admitir que el Brahminds no lo sabía todo. Se habría obligado a la reescritura de casi todos los libros en el negocio. Tenía que ser asesinado. Fue asesinado.»

Parte VII
AQUELLOS HOMBRES ANTES DE ADÁN

"El clérigo convirtió las simples enseñanzas de Jesús en un motor
para esclavizar a la humanidad,
y adulterada por construcciones artificiales en una invención para
robar riquezas
y poder para ellos mismos... este clero, de hecho constituye el
verdadero Anti-cristo."
Thomas Jefferson (Ex presidente de los EE.UU.)

¿Cuándo apareció el hombre moderno?

Los paleoantropólogos creen que los humanos anatómicamente modernos (Homo sapiens sapiens) surgieron poco a poco del Homo erectus. Alrededor de 300.000 o 400.000 años atrás. Los Homo erectus se describen teniendo una capacidad craneal casi tan grande como la de los humanos modernos, y aún así se manifiestan en un menor grado algunas de sus características, tales como el grosor del cráneo y una frente huidiza, grande y acrestada. Ejemplos de esta categoría son los hallazgos de Swanscombe en Inglaterra, Steinheim en Alemania, y Fontechevade y Arago, en Francia. Debido a que estos cráneos también poseen, en cierta medida, las características del hombre de Neandertal, están también clasificadas como tipos de pre-neandertales. La mayoría de las autoridades ahora postulan que los seres humanos anatómicamente modernos y los neandertales de Europa occidental evolucionaron a partir del Homo Neandertal pre-sapiens o principios de tipos de homínidos hace menos de un millón de años. Es importante aclarar este punto antes de proseguir. En la primera parte del siglo XX, algunos científicos defienden la idea de que los neandertales del último período glacial, conocidos como los neandertales clásicos de Europa occidental, fueron los antepasados directos de los seres humanos modernos. Ellos tenían un cerebro más grande que los del Homo sapiens sapiens. Sus rostros y las mandíbulas eran mucho más grandes, y sus frentes fueron menores, echándose hacia atrás, por detrás de grandes arcadas de las cejas. Los neandertales que quedan se encuentran en los depósitos del Pleistoceno que va desde 30.000 a 150.000 años de antigüedad. Sin embargo, el descubrimiento de los primeros Homo sapiens en depósitos mucho más antiguos que esos 150.000 años eliminan de manera efectiva a los neandertales clásicos de Europa Occidental de la línea de descendencia directa que va desde el Homo erectus a los humanos modernos, con lo cual se desaparece el vínculo entre ambos.

Además, el tipo de humanos conocidos como Cro-Magnon que se cree aparecieron en Europa hace poco más de 30.000 años, eran anatómicamente modernos. Un científico solía decir que el anatómicamente moderno Homo sapiens sapiens apareció por primera vez hace unos 40.000 años, pero ahora muchas autoridades, a la luz de los descubrimientos en el sur de África y otros lugares, dicen que apareció hace 100.000 años o más. No se ponen de acuerdo, ni si quiera las evidencias avalan sus hipótesis. Como vemos, todos estos esqueletos de monos y hombres, incluso los imaginarios hombres-mono, no superan los 2 millones de años de antigüedad, tiempo en el que empezaría la fantástica e increíblemente veloz evolución humana desde los primates al hombre moderno, según el paradigma aceptado. Pero ¿qué ocurriría si supiésemos que los arqueólogos han hallado sólidas evidencias de seres humanos no-arcaicos ni ningún tipo de ser cavernícola con una estimación cronológica mayor a esos 4 millones de años? Si esto fuese así, incluso la narración genésica de Adán y Eva sería falsa o puede que mal entendida. Todo esto nos llevaría de cabeza a nuevas teorías sobre la prehistoria de nuestro globo y de la vida.

EN BUSCA DE LA MUJER más vieja

Estudios del genético norteamericano Douglas C. Wallace, de la Universidad de Emory, Atlanta, le hicieron llegar a una respuesta remontando a 100.000 años atrás: *«Hubo una mujer que poseyó el*

ADN de estas mitocondrias [estudiadas]. De ser la única ¡fue Eva!.» Por lo tanto, el Homo erectus fechado hace entre 1,6 y 2,5 millones de años no tuvo nada que ver con "nuestra Eva". Un grupo de investigadores antropólogos de la Universidad de Berkeley, California, llegó a la conclusión de que la dispersión paulatina del hombre vino desde el África hace unos 180.000 años. Esto echa por tierra nuevamente la afirmación de que el hombre de Java o de Pekín eran antecesores humanos. Por su lado, los genéticos J. S. Jones y S. Rouhani del University College de Londres, y un grupo encabezado por Jim S. Wainscoat, de la Universidad de Oxford, estudiaron el reparto geográfico del betaglobin entre 8 grupos de población. La respuesta fue que hubo en África una población fundadora que estuvo amenazada de extinción. Es decir, en pocas palabras, que en el caso de que la población fundadora pueda reducirse a un máximo de tres parejas o incluso una sola mujer, entonces los millones de años de huesos y esqueletos viejos sólo demuestran que todos los huesos y esqueletos que se nos han presentado en este teatro absurdo NO pertenecen a nuestros antepasados directos, sino que representan las reliquias de nuestros antepasados "indirectos"; como es de comprender, no pudieron remitirse tampoco a la "población fundadora", puesto que se cree que esta no apareció sino hasta hace unos 180 ó 100 mil años.

Los evolucionistas dicen que si existiese un origen común debe provenir de África hace unos 180.000 años, no obstante, si esto fuese así no deberían haber evidencias de seres humanos superiores a esta fecha. Los doctores Willibald Katzinger, director del Museo Nórdico de Linz, Austria, y Hans-Joachim Zillmer visitaron al profesor Gutiérrez Lega en Bogotá, Colombia, donde éste les mostró evidencias de humanos prehistóricos. En su colección, Gutiérrez Lega posee una mano y un pie humanos recubiertos de lidita, como pudo determinarse científicamente en Viena. La piedra sedimentaria (lidita) pertenece a la Era Mesozoica, edad de los dinosaurios, y fue hallada en Colombia a 2000m de altura, junto a otros restos fósiles pertenecientes a la misma época. Entonces ¿Quién era esa raza originaria de donde los científicos concluyeron que habrían venido el resto de humanos? Antes de concluir algo hemos de saber que la cultura sumeria dice que el hombre fue creado genéticamente hace unos 270.000 años y dejado en Sudáfrica. ¿Podría esto tener algún tipo de relación? Por lo menos las evidencias arqueológicas no dicen que el hombre sea tan "reciente".

El verdadero record

«*La raza humana no es originaria de este planeta.*» (Michael A. Cremo. Escritor de Hidden History of the Human Race) Dada la masividad de evidencias sobre hallazgos que avalan que los humanos existen desde hace tanto como la propia historia geológica del planeta Tierra, trataremos de ser breves y citar los casos más significativos. Como ya mencionábamos anteriormente, la historia evolutiva asume que no pueden existir hallazgos relacionados con humanos modernos que superen los 250.000 años como máximo. Si se sacase a la luz todo lo desenterrado de las entrañas de La Tierra podríamos referirnos a tantos casos sobre apariciones humanas desde hace 250.000 años –inclusive tecnología muy avanzada - como para que se escribiese una enciclopedia, pero nos referiremos a las más antiguas de las que se ha dado conocimiento. Las evidencias hacen pensar seriamente que la humanidad ya vivió en la prehistoria, y con mayor tecnología de la que hoy disponemos, no obstante, por utilizarla de forma equivocada se vieron obligados a vivir en las cavernas y perder todo conocimiento y relación social de la que disponían. Mucha de esta información puede ser encontrada en el libro de Richard L. Thompson y Michael A. Cremo: "Forbbiden Archeology".

«*En los últimos 50 años los arqueólogos y paleontólogos han enterrado tantas evidencias como las que han desenterrado, sistemáticamente.*» (Richard L. Thompson. Escritor del libro

Arqueología Prohibida) En la era Paleozoica (544 millones de años a 245 millones de años) La Tierra no florecía en un proceso evolutivo sino que la vida surgió de un modo abrupto, y eso vemos al examinar los estratos terrestres y los registros fósiles. Se hace patente que todos los organismos vivos aparecieron simultáneamente. Uno de los estratos terrestres de mayor antigüedad donde se encontraron fósiles de criaturas de otra época es el Cámbrico, con una edad estimada en 500-550 millones de años. Según los registros fósiles las criaturas encontradas en los niveles de ese período se presentaron todas repentinamente, o sea, sin ancestros que les hayan antecedido. Los fósiles encontrados en las rocas cámbricas pertenecen a caracoles, trilobites, esponjas, lombrices, medusas, erizos de mar y otros vertebrados complejos. Este amplio mosaico de organismos vivos integra un gran número de criaturas complejas que, al aparecer tan repentinamente como un verdadero suceso milagroso, se le dio el nombre de "Explosión Cámbrica" en la literatura geológica. Hay que tener en cuenta:

1. El mamut fue extinguido por la caza indiscriminada del hombre en épocas relativamente recientes.

2. Muchas especies de cocodrilos prehistóricos formaban parte de la dieta del neandertal.

3. El Tigre dientes de sable, fue una especie que se extinguió y resurgió como el ave fénix, muchas veces.

4. El celacanto aún vive, lo han pescado en 2009, se cree que es el pez más antiguo que existe.

...Y antes de los primates ya existía el hombre

Para empezar este apartado hemos de referirnos al hombre cavernícola, que no debía existir hace 2 millones de años, sin embargo, se han encontrado:

1. Dientes de tiburón prehistóricos con agujeros similares a los hechos por muchas tribus y culturas para elaborar cadenas o amuletos. Un caso significativo es el descubierto en la formación

de Red Crag en Inglaterra, indicando una antigüedad de 2,0 a 2,5 millones de años, que encontró Edward Charlesworth (Miembro de la Sociedad Geológica) que lo presentó en el Real Instituto de Antropología de Gran Bretaña el 8 de abril de 1872.

2. Una concha en la cual se encontraba representada una cara humana. Dicha concha fue expuesta por H. Stopes (Miembro de la Sociedad Geológica) en 1881. La concha también pertenecía a la formación de Red Crag y tiene entre 2,0 y 2,5 millones de años. Esto fue también citado en The Geological Magazine en 1912 cuando se negó que fuese una falsificación.

3. Una mandíbula humana moderna fue encontrada en Foxhall, Inglaterra, y junto con ella evidencia de la utilización de fuego y herramientas de cortar. Está mandíbula fue fechada en unos 2,0 a 2,5 millones de años. J. Reid Moir resaltó su importancia en 1927 como miembro del Real Instituto de Antropología y presidente de la Sociedad Prehistórica de Anglia del Este. Fue encontrada por trabajadores de una excavación en 1855; Otra mandíbula, en este caso con dos molares y con la misma antigüedad, fue encontrada en Miramar, Argentina, y reportada por M. A. Vignati en 1921, aunque oficialmente fue hallada por Lorenzo Parodi, un coleccionista de museo. Unos años antes ya se había reportado el hallazgo de otras herramientas eolíticas y terreno quemado por acción humana, también en Miramar.

4. Evidencias eolíticas (utilización primitiva del cuarzo en su estado original para fabricar herramientas) en el valle de Soan, en Pakistán, por arqueólogos británicos. Estas herramientas tienen 2 millones de años. En Monte Aperto (Italia) se hallaron también puntas de lanza y huesos con incisiones hechas por acción humana. Esto lo reportó el profesor de geología de La Universidad de Bologna, el señor G. Capellini, el 25 de noviembre de 1875.

5. Figuras humanas de arcilla descubiertas en Nampa, Idaho, en 1889. Éstas también tienen 2 millones de años de antigüedad

(periodo Plioceno y Pleistoceno, entre 7 millones y 400.000 años). Las figuras fueron encontradas en un pozo minero a 100m de profundidad en una capa arcillosa sedimentada. Medía algo menos de 4cm de altura y representa a una figura femenina tan perfecta como las mejores esculturas de la Grecia Clásica.

6. Huesos de animales extintos con incisiones de huesos humanos fueron encontrados en el río Arno, por J. Desnoyers, y en San Giovanni, Italia, por el profesor Ramorino. Estos secundarios fueron expuestos en la Sociedad Italiana de Ciencias Naturales en Spezzia el 20 de septiembre de 1865. Ésta es solo una indicación sobre estos tantos descubrimientos que van acompañados de huesos de animales que aparecen cortados como por acción de implementos humanos o seccionados para sacar los órganos. Así se ve en el caso de A. Laussedat que informó a La Academia de Ciencias Francesa que P. Bertrand le había enviado dos fragmentos de mandíbula de rinocerontes prehistóricos con estas marcas, procedentes de un sitio cercano a Billy, Francia. Estos restos animales tienen una antigüedad entre 3 y 15 millones de años –este caso lo citaremos más adelante. Otro caso de la misma magnitud fue expuesto por M. A. Ferretti en una reunión del Comité Geológico de Italia en 1876.

7. El descubrimiento de puntas de flecha y lanza con millones –no miles sino millones-de años de antigüedad son un plato tradicional en la arqueología. Algunos casos interesantes son, por ejemplo, el de 2 millones de años de antigüedad descubierto en Janicule (Italia) que presentó el profesor G. Ponzi en 1871 en una reunión en Bologna del Congreso Internacional de Antropología Prehistórica. También el propio profesor estudió otras herramientas eolíticas halladas en Acquatraversa y con la misma antigüedad.

Evidencia Humana Fuera de su Tiempo

Pisadas humanas. En el parque nacional Dinosaur Valley (Texas - USA), en el lecho del Río Paluxy y en la meseta rocosa de la orilla se han encontrado innumerables huellas humanas petrificadas. Lo más sorprendente, era que las huellas se ubicaban en capas geológicas muy superiores. En principio, el agua del río debería haber erosionado rápidamente las huellas dejadas por los animales prehistóricos hasta hacerlas desaparecer, pero en realidad se observa, perfectamente, unas huellas que tenían como mínimo 60 millones de años. ¿Quiénes eran aquellos seres humanos? Si los dinosaurios se extinguieron hace 65 millones de años y nuestra humanidad existe, supuestamente, sólo desde hace 3 millones de años, es imposible que haya representaciones gráficas de animales prehistóricos. Si la idea que se tiene hoy en día de la evolución es correcta, ningún hombre podría haber visto nunca un dinosaurio y, por tanto, tampoco podría haberlo dibujado en una caverna. En 1908, cerca de Glenn Rose (Texas), se descubrieron huellas de manos y pies de humanos gigantes –que tendrían 4m de altura-, mezcladas con huellas de dinosaurios (entre 120 y 130 millones de años)

En Laetoli, al norte de Tanzania, tan solo a 30millas al sur del gran yacimiento de Olduvai Gorge, miembros expedicionarios de la popular familia Leakey -los cazadores de huesos- dirigidos por Mary Leakey notificaron el hallazgo de marcas en la tierra, unas eran pisadas de animales y otras de un humano moderno. Las pisadas estaban impresas en capas de ceniza volcánica, que cediendo a la datación de potasio-argón dio 3,6 a 3,8 millones de años. M. H. Day estudió las pisadas usando métodos fotogramáticos -los cuales constan en el estudio de obtener tamaños exactos por medio del uso de fotografía- llegando a la conclusión siguiente: «*similitudes cercanas con la anatomía del pie del hombre moderno habitualmente descalzo; discutidamente la condición humana normal.*» Concluyendo: «*No hay ahora disputa seria como sobre la postura derecha y andar bípedo de los australopitecinos.*» Finalmente R. H. Tuttle sostuvo: «*La forma de las pisadas son indiscutiblemente como aquellas zancadas, habituales de humanos descalzos.*»

Hay una huella petrificada de un humano que caminó erecto entre 5 y 15 millones de años atrás la cual fue encontrada en el actual altiplano boliviano. Es mucho más antigua que la descubierta en el oasis de Siwa, Egipto en agosto de 2007, que sería de hace 2 millones de años. Se trata de restos pertenecientes el mioceno de la época terciaria, cuando se asume que la cordillera de los Andes estaba en formación. Esto la convierte en la "huella humana seguramente más antigua jamás descubierta." Además de la forma de los dedos, se pudo concluir que ese hombre caminaba erecto. Anteriormente a este suceso, un grupo de arqueólogos egipcios hallaron la que dicen que podría ser la huella humana más antigua de la historia en el desierto del oeste de Egipto. La huella fue descubierta mientras se exploraba una zona prehistórica en Siwa (parte de un oasis en el desierto). La huella estaba impresa sobre barro petrificado en forma de roca. De ahí la explicación de que haya podido permanecer intacta hasta nuestros días. Como suele ser habitual en estos casos, los estudios han sido realizados en base al carbono 14 y, dada la edad de la roca, se presupone pudiera ser más antigua que el famoso fósil de 3 millones de años de Lucy, el esqueleto parcial de simio hallado en Etiopía en 1974.

Según la hipótesis de la evolución el primer homínido que caminó erguido era el Australopithecus anamensis, del cual se encontraron restos en Kenia, los cuales tienen 4 millones de años. La huella humana boliviana fue encontrada a orillas del lago Titicaca, a casi 70 km al oeste de La Paz entre los pueblos de Tiwanak y Guaqui. Los científicos informaron que los restos fueron datados usando las mismas técnicas que en el caso de la huella de Siwa. Esto complicaría mucho más las justificaciones evolucionistas dado que se cree que los primeros hombres no emigraron a América desde Siberia hasta tan solo 300.000 años atrás. Hay abrumadora evidencia de que el hombre es más viejo que los homínidos presentados en la columna geológica evolutiva, que su ancestro no es ni el Neandertal, ni los fósiles de los tan llamados pre-humanos, sino que el hombre con 46 cromosomas -recordemos que los homínidos incluido el neandertal tienen 48- lleva cientos de millones de años en la tierra. Una de estas evidencias son las bolas de aleación desconocida de Klerksdorp en Sudáfrica, con una antigüedad de más de 2,8 billones de años que citaremos más adelante; otra más evidente es el pie anatómicamente de un humano moderno encontrado en Islamabad, en Margalla Hills en julio de 2007, con más de 1 millón de años, lo que prueba que el hombre ya era hombre antes que muchos de estos primates y homínidos incluido el Neandertal, apareciesen en escena.

El 8 de octubre de 1922 el American Weekly, sección del New York Sunday American, corrió con un prominente título: «*Misterio de la 'Planta de Zapato' Petrificada de 5'000.000 de Años de Antigüedad*», por Dr. W. H. Ballou. Ballou escribió: «*Un tiempo atrás, mientras él estaba haciendo prospecciones de fósiles en Nevada, John T. Reid, un distinguido ingeniero de minas y geólogo, paró súbitamente y miró hacia abajo en absoluto desconcierto y sorpresa una roca cerca de sus pies. Allí había, en una parte de la misma roca, lo que parecía ser ¡una huella de pisada humana! Inspecciones más de cerca mostraron que no era una marca de pie desnudo, sino que era, aparentemente, una planta de zapato que se había convertido en piedra. La parte delantera había desaparecido. Pero estaba por lo menos la línea externa de dos terceras partes de ella, y alrededor de esta línea exterior corría un bien definido hilo cosido que tenía, esto parecía, agregado el verdugón a la planta...*» Reid trajo el ejemplar a New York, donde trató de ponerlo en la atención de los científicos. A su llegada lo presentó al Dr. James F. Kemp, geólogo de la Universidad de Columbia; al profesor H. F. Osborn, W. D. Matthew y E. O. Hovey, del Museo Americano de Historia Natural. Todos ellos concluyeron que efectivamente era la mejor imitación de un objeto artificial que jamás habían visto. El veredicto de la clase científica no satisfizo a Reid, que encargó nuevos análisis y fotografías a un químico del Instituto Rockefeller. Las nuevas aportaciones dejaron poco espacio para la duda: la suela era obra humana. Pero ¿quién fabricaba zapatos hace 200 millones de años? Así se ultimó que la datación fósil genuina era de roca perteneciente al periodo Triásico, es decir, está estimado en una antigüedad de 213-248 millones de años.

Otro caso particular es el del llamado "Hombre de Guadalupe": «*W. Cooper expuso en 1983 que se había hallado un esqueleto moderno durante el año 1812 en Guadalupe (México) con una antigüedad de 25 millones de años.*» Pero el hecho de que estuviera el esqueleto junto a un perro y unos instrumentos indica que los propios perros no habrían evolucionado, y esos humanos serían ya trabajadores con herramientas prefabricadas en aquellos tiempos. Estos esqueletos son restos humanos encontrados en una isla de las Antillas, pero con la peculiaridad de que fueron hallados en un estrato con una datación geológica de al menos 28 millones de años, es decir de la época del Mioceno, mucho antes de que los seres humanos modernos aparecieran en la isla. Para muchos investigadores la datación no es correcta, pero el debate sigue abierto. Una de las muestras extraídas de las costas de Guadalupe, cerca de la aldea de Moule, fue una losa de piedra de unas 2 toneladas de peso que fue enviada al Museo Británico en 1812, donde fue expuesta al público, pero con la llegada de la teoría de Darwin, la losa quedó relegada al sótano. Una de las cosas a favor es que estos restos han sido estudiados de forma científica y pueden seguir observándose hoy en el Museo Británico. Esto recuerda a un reporte de 1983, done el Moscow News dio un breve pero intrigante reporte en el cual aparecía una pisada humana en una roca jurásica de 150 millones de años cerca de las pisadas gigantes de un dinosaurio de tres dedos. El descubrimiento fue hecho en la República Turkmena que en su momento se encontraba al sureste de la URSS.

Se ha oído hablar mucho del apodado "Hombre de Meister", debido a que en 1968, William J. Meister –un coleccionista de trilobites- descubrió una piedra que tenía marcado el contorno de una sandalia, un zapato o una bota, y bajo la huella había un trilobite. Es importante remarcar que los trilobites se cree que desaparecieron hace más de 280 millones de años. El hallazgo se dio en un terreno de pizarra cerca de Antelope Spring (Utah, EE.UU.). La fecha que se estima para su "impresión" oscila los 590 a los 505 millones de años. La apariencia de esta huella con una bota y su relación con el trilobite rompen todos los esquemas establecidos ¿cómo es posible que hombres con botas caminasen por Norteamérica hace más de 510 millones de años? El artículo apareció citado en Creation Research Society Quarterly. Meister añadió la siguiente pieza importante de información adicional: «*El 4 de julio, acompañé al Dr. Clarence Coombs, Columbia Union College, Tacoma, Maryland, y Maurice Carlisle, geólogo graduado, Universidad de Colorado en Boulder, al sitio del descubrimiento. Después de un par de horas de excavación, Mr. Carlisle encontró una losa sobresaliente, la cual dijo que le convenció de que el descubrimiento de pisadas en el lugar era una posibilidad distinta, desde que este descubrimiento mostró que la formación estuvo en un tiempo en la superficie.*»

En España, encontraron huellas de un tipo de dinosaurio herbívoro que medía entre 4 y 5 m de largo, caminaba a una velocidad de 5 km/h junto a sus crías y detrás de ellos, huellas de humanos, probablemente cazadores; También en Sur América, concretamente en Argentina se encontraron restos de dinosaurios, con marcas en algunos huesos, como si hubieran sido atacados con lanzas con punta de piedra, junto a huellas humanas. También en cavernas descubiertas en Perú se hallaron huesos de carnívoros que supuestamente se extinguieron millones de años antes de la aparición del ser humano, como si lo hubieran cocinado, partido el hueso por la mitad y comido su interior. Armas hechas con huesos de dinosaurios y pinturas rupestres que muestran como un grupo de 10 hombres cazaban a un mamut; En la cueva de Altamira, las pinturas rupestres muestran a cazadores junto a cierto tipo de alce gigante ya extinto.

Huesos humanos en edades imposibles. En 1965, Bryan Patterson y W. W. Howells encontraron sorpresivamente un húmero parecido al de un humano moderno en Kanapoi, Kenia. En 1977, trabajadores franceses encontraron un húmero similar en Gombore, Etiopía. El depósito al que pertenecía el húmero de Kanapoi tenía unos 4,5 millones de años. Un estudio en 1975 del médico antropólogo C. E. Oxnard concluyó: *«Podemos claramente confirmar que el fósil de Kanapoi es muy semejante al humano.»* Un caso igualmente significativo aconteció en La India, donde un grupo de arqueólogos encontró el cráneo de una mujer que pertenece a la Era Jurásica (hace unos 65 millones de años). Viajando más al pasado descubrimos que la tecnología aumenta, en vez de decrecer. A 30millas al oeste de la ciudad italiana de Genoa se encuentra Savona, donde se encontró un esqueleto humano moderno en los alrededores de los años 1850, mientras se trabajaba en la reconstrucción de una iglesia. Este esqueleto humano tenía la antigüedad de 3-4 millones de años. Sobre esto, Arthur Issel comunicó en 1867 los detalles a los miembros de la Academia Internacional de Antropología Prehistórica en París.

En los Alpes italianos se encontraron en 1860 varios vestigios humanos de hace 3-4 millones de años. Su descubridor fue el profesor Giuseppe Ragazzoni, geólogo del Instituto Técnico de Brescia. Ragazzoni mandó la información a varios expertos los cuales no quisieron dar crédito a su descubrimiento, no obstante, en 1875, Carlo Germani, una de las personas a las cuales avisó Ragazzoni sobre su hallazgo, fue a Castenedolo a estudiar la zona y terminó encontrando él también restos de 3-4 millones de años y apoyando a Ragazzoni. Este yacimiento es rico en todo tipo de vestigios y tiene varias capas prehistóricas, puesto que al parecer fue una parte que antiguamente estuvo cubierta por agua. En este sentido Gabriel de Mortillet reportó que M. Quiquerez descubrió un esqueleto humano moderno en Delémont, Suiza, en una capa de arcilla ferrosa del Eoceno Tardío (38-45 millones de años). Mortillet también citó el descubrimiento de otro esqueleto de esta categoría por Garrigou en el Mioceno de Midi de France. Esto significa que tendría entre 5 y 25 millones de años.

Esta información de humanidades antes de lo que conocemos concuerda con los hallazgos de Argentina en el siglo XIX, cuando el paleontólogo Florentino Ameghino afirmó haber encontrado restos humanos en terrenos terciarios. En su momento, estos descubrimientos fueron considerados con escepticismo por el "establishment" científico. El mismo desinterés mereció un hallazgo, más reciente, del antropólogo Hernao Marín en Colombia: los restos fosilizados de un animal antediluviano (un Iguanodón) aparecieron misteriosamente asociados a un hombre de Neandertal. Entre los descubrimientos más increíbles de este tipo está uno de Richard Leakey que halló un cráneo humano bajo una capa de roca que data de hace 212 millones de años. En 1887, un famoso investigador de geología y fósiles de las costas provinciales argentinas, Florentino Ameghino, encontró en Monte Hermoso, a 37 millas al noreste de Bahía Blanca, importantes descubrimientos. F. Ameghino escribió al respecto: «*La presencia del hombre, o mejor dicho su precursor, en este antiguo sitio, está demostrado por la presencia de pedernales crudamente* (toscamente) *trabajados como aquellos del Mioceno en Portugal, huesos tallados, huesos quemados, y tierra quemada procediendo de antiguas chimeneas* (hogares).» La antigüedad de dichos yacimientos ronda los 3,5 millones de años. Es de reconocer que no se cree que existieran siquiera antepasados del hombre en América hace millones de años.

Florentino Ameghino también encontró herramientas de piedra junto con huesos cortados y signos de fuego en las formaciones de

Santacrucia y Entrerrea. Las formaciones de Santacrucio pertenecen a las edades del Mioceno Temprano y Medio, haciendo de las herramientas halladas una reliquia de 15-25 millones de años. El hermano de Florentino Ameghino, "Carlos", también encontró grandes hallazgos en Miramar entre 1912 y 1914. Uno de sus mayores descubrimientos sobre humanos en la prehistoria vino de las capas de Chapamalalan de donde Carlos Ameghino extrajo un fémur de toxodón (un mamífero prehistórico extinto) junto con otros artefactos importantes, pero lo impresionante fue descubrir que el fémur de toxodón tenía alojada la punta de un proyectil de piedra. Todas estas evidencias rondaban los 5-12 millones de años. Otro caso, esta vez en California, trata del médico H.H. Boyce, quien halló en 1853 huesos humanos de 5 millones de años. En muchos otros lugares de California se han encontrado otros huesos humanos de hasta 8,7 millones de años. Un esqueleto humano moderno en Suiza, concretamente en Delèmont, se halló en un estrato del Eoceno Tardío (38-45 millones de años).

El 13 de abril de 1868, A. Laussedat informó a la Academia de Ciencias Francesa que P. Bertrand le había enviado dos fragmentos de una mandíbula inferior de rinoceronte. Dichos fragmentos provenían de un hoyo cera de Billy, Francia. «*Uno de los fragmentos tenía cuatro ranuras muy profundas en él. Estas ranuras cortas, situadas en la parte inferior del hueso, eran aproximadamente paralelas. De acuerdo con Laussedat, las marcas de corte aparecieron en sección cruzada como las hechas por un hacha en un pedazo de madera dura. Así que pensó que las marcas fueron realizadas de la misma manera, lo que quiere decir, con un instrumento de piedra picuda con mango, donde el hueso estaba fresco [...] Justo tan remoto se muestra en los hechos que el hueso de mandíbula fue encontrado en una formación del Mioceno Medio, alrededor de 15 millones de años atrás.*» Del mismo rango se encuentran los huesos de Halitherium cortados por hombres, citados en el libro Hidden History of the Human Race de

Michael A. Cremo y Richard L. Thompson en la página 12. Otro caso sucedió igualmente en abril de 1868, procedente de la Academia Francesa de Ciencias, donde se contenía un reporte de F. Garrigou y H. Filhol: «*Ahora tenemos suficiente evidencia para permitir suponer que la contemporaneidad de los seres humanos y mamíferos del Miocenos está demostrada.*» Esta evidencia fue una colección de huesos mamíferos, aparentemente rotos intencionadamente, que provenían de Sansan, Francia. Especialmente los huesos rotos encontrados eran de Dicrocerus elegans, un pequeño ciervo prehistórico. Otros descubrimientos similares se dieron en Pouancé y Clermont, ambos en Francia. La relación entre todos ellos es que estaban situados en una antigüedad de entre 12 y 19 millones de años.

Otro caso corresponde al 19 de agosto de 1867, en París, donde L. Bourgeois presentó al Congreso Internacional de Antropología y Arqueología Prehistórica un reporte sobre un implemento de pedernal que encontró en capas del Mioceno Temprano (15-20 millones de años) en Thenay, al norte del centro de Francia. Gabriel de Mortillet fue uno de los primeros en interesarse por estos hallazgos e investigó también la zona y los artefactos. A una profundidad de 14 pies, perteneciente al Mioceno Temprano, Bourgeois descubrió muchos utensilios de pedernal también en 1869. Sobre esto escribió Mr. de Mortillet en Le Préhistorique: «*Ya no hubo más dudas sobre su antigüedad o sobre su posición geológica.*» Mucho tiempo después, un esqueleto humano fue desenterrado en Illinois, Estados Unidos, en diciembre de 1962. La revista americana The Geologist dio a conocer el hallazgo de una serie de huesos humanos hallados en un sedimento de carbón del condado de Macoupin, Illinois, (EE.UU.), los huesos estaban cubiertos de una corteza brillante muy dura, tan negra como el carbón mismo y con el aspecto de la pizarra, que tras ser retirada dejo los restos óseos al descubierto, presentando su estado natural. C. Brian Trask, del

Instituto Geológico de Illinois, dató el carbón en 286 millones de años aunque podría tener hasta 320 millones de años. Un evento similar fue reportado por el profesor W. G. Burroughs, cabeza del departamento de geología en Berea College en Berea, Kentucky en 1938. Lo que descubrió fue clara evidencia de humanos modernos, caminando en dos piernas en el Alto Carbonífero de Rockcastle Country. En Pennsylvania esta fecha empezó hace 320 millones de años.

Miembros sueltos. En 1842, una calavera humana mal conservada fue hallada en un lignito de una antigüedad que varía entre los 15 y 50 millones de años. El objeto forma parte de la colección de la Academia Minera de Freiberg en Alemania. Otro cráneo, en mejores condiciones, fue descubierto en la India, pero este tenía 65 millones de años. No tan antiguo, pero en todo caso interesante, fue el hallazgo de un pie humano en Islamabad en julio de 2007. Se trata de un pie humano moderno que se encontró en Margalla Hills, y cuya antigüedad ronda el 1 millón de años. Otro caso llamativo fue un dedo fosilizado, identificado como DM93-083, que fue hallado en el Ártico canadiense. Está datado de 100 a 110 millones de años atrás, época que corresponde con el Cretáceo.

Artefactos humanos Fuera de su Tiempo

Un chicle del pasado. Un chicle de unos 5.000 años de antigüedad ha sido descubierto en 2.007 por una estudiante británica de Arqueología en Finlandia, Sarah Pickin, de 23 años. Encontró la milenaria goma de mascar, hecha de brea de corteza de abedul, en unas excavaciones en la costa oeste del país escandinavo. El chicle -uno de los más antiguos que se han hallado- presentaba sus correspondientes marcas de dientes.

Flautas prehistóricas. Nuevamente el yacimiento alemán de Hohle Fels, nos entrega un nuevo record con el artefacto más antiguo encontrado, donde ocho flautas de entre 30.000 y 40.000 años de antigüedad fueron descubiertas. La más espectacular es una flauta de hace 40.000 años fabricada con un hueso de buitre leonado que se presenta hoy en la revista científica Nature, y que se convierte en el instrumento musical más antiguo descubierto hasta la fecha. Aunque un extremo de la flauta está roto, *«el fragmento que se ha podido recuperar tiene 21,8 cm de longitud y cinco orificios para los dedos que permitían tocar melodías complejas»*, ha informado Nicholas Conard, arqueólogo de la Universidad de Tubingen (Alemania) y primer autor de la investigación, en entrevista telefónica. ¿Quién les enseñó a fabricar y tocar arpas? De las ocho flautas descubiertas en tres yacimientos de la región de Suabia, en el sur de Alemania, cuatro están hechas con colmillos de mamut y las otras cuatro, con huesos de ave (una de buitre leonado, una de cisne y dos de especies no identificadas). La mitad de estas ocho flautas han aparecido en la última campaña de excavación, mientras que la otra mitad habían aparecido en excavaciones realizadas en años anteriores.

La flauta de buitre leonado, descubierta el pasado 17 de septiembre en el yacimiento de Hohle Fels, es una joya de artesanía sorprendente en aquellos Homo sapiens anteriores a las pinturas rupestres, a la agricultura y a la escritura. Llaman la atención no sólo los cinco orificios para los dedos cuidadosamente tallados con lascas de piedras, sino también unas diminutas incisiones en forma de líneas que se aprecian junto a los agujeros. Estas incisiones, creen los investigadores, se hicieron para indicar el punto en que debían tallarse los orificios para que la flauta sonara afinada. *«Hemos construido una réplica con otro hueso de buitre leonado, tallando los orificios en los mismos puntos, y suenan las mismas notas que escuchamos en la música actual»*, explica Conard. *«Se puede tocar cualquier melodía con esta flauta»*, pero el timbre del instrumento es peculiar. *«Hemos intentado tocar el himno americano y recordaba a la versión de Jimi Hendrix en Woodstock.»*

Los investigadores también destacan la dificultad técnica de hacer flautas con colmillos de mamut, algo *«mucho más difícil que hacerlas con huesos de un pájaro»*, señala Conard. Hay que tallar el fragmento de colmillo con el que se hará la flauta, cortarlo en dos a lo largo como el pan de un bocadillo, vaciar las dos mitades por dentro, tallar los orificios y volver a juntar las dos mitades de manera que queden selladas. Las flautas halladas en Alemania *«no representan el origen de la música»*, advierte Conard. Antes de estas flautas, propone, tuvieron que existir otras más elementales. Y antes debió existir el canto. Y antes, incluso, el ritmo. Destaca el arqueólogo Eudald Carbonell, codirector de las excavaciones de Atapuerca y gran melómano: *«Posiblemente las primeras especies humanas que vivían en África hace más de dos millones de años ya experimentaban con el ritmo. Pero fabricar y tocar estas flautas es algo mucho más avanzado que requiere un cerebro más sofisticado. La percusión es antigua, la melodía es moderna.»* En la última campaña de excavación, junto a las flautas, se han encontrado huesos de renos, osos, caballos, mamuts y cabras montesas, especies con las que los humanos convivían en Europa en aquella época. No se han hallado restos humanos, así que se desconoce quién las fabricó.

En el mismo yacimiento de Hohle Fels, donde aparecieron las flautas se han descubierto también algunas de las esculturas más antiguas del mundo. Tallada con marfil de mamut, una de las figuras representadas es un híbrido mitad hombre mitad león. Tiene una antigüedad de 30.000 años y, cuando se descubrió en el 2003. Más recientemente ha aparecido en Hohle Fels una figura femenina de hace 35.000 años que se ha anunciado como la forma de arte figurativo más antigua descubierta hasta la fecha. La llamada "Venus de Hohle Fels", presentada el 14 de mayo en la revista Nature, llama la atención por tener unos pechos y una vulva de tamaño grotesco, mientras que otros rasgos de su cuerpo no están exagerados. Otra figura descubierta es la de una escultura también tallada en marfil de mamut, representando un ave acuática. Ésta tiene una antigüedad de en 30.000 años. Las aves acuáticas formaban parte de la fauna con la que convivían los humanos que llegaron al sur de Alemania por el valle del Danubio hace unos 40.000 años, según la teoría aceptada. Los grandes mamíferos que cazaban los humanos del paleolítico ocupan un lugar destacado en representaciones artísticas como las pinturas rupestres de Lascaux o Altamira. Otra escultura, en este caso pequeña y representando una cabeza de caballo también se ha encontrado en Hohle Fels, así como restos de otras grandes presas -aunque no esculturas- como osos, renos y mamuts.

La Columna Inoxidable. En el patio de un templo de Delhi, en la India hay una columna hecha de trozos de hierro soldados que han sido expuestos al desgaste durante más de 4.000 años sin mostrar nunca ni rastro de oxidación, ya que no contienen ni azufre ni fósforo.

Los buscadores de médula griegos. En un sitio llamado Pikermi, cerca de Marathon en Grecia, existe un estrato rico en fósiles del Mioceno Tardío, explorado y descrito por el prominente científico francés Albert Gaundry. Durante el mitin en 1872 en Bruselas del International Congress of Prehistoric Anthropology and Archeology, Baron von Dücker reportó huesos rotos provenientes de Pikermi probando la existencia humana en el Mioceno. En este lugar se encontraron 34 partes de mandíbulas de Hipparion (un caballo extinto de tres dedos), antílopes e igualmente 19 fragmentos de tibia y otros 22 fragmentos de huesos de mamíferos grandes tales como rinocerontes. Todos mostraban rastros de una fractura metódica con el propósito de extraer médula. De acuerdo con Dücker, todos los agujeros hechos eran «*más o menos distintos rastros de estallido a causa de objetos duros.*» Estas capas apuntan a que los hallazgos oscilan los 5-12 millones de años.

Hueso tallado de los Dárdanos en Turquía. En 1874, Frank Calvert encontró en una formación del Mioceno en Turquía (a lo largo de los Dárdanos) un hueso de Deinotherium con figuras talladas de animales en él. Calvert anotó: «*He hallado en diferentes partes del mismo acantilado, no lejos del sitio del hueso tallado, una escama de pedernal y algunos huesos de animales, fracturados longitudinalmente, obviamente por la mano de un hombre con el propósito de extraer médula, de acuerdo a la práctica de todas las razas primitivas.*» La datación de todas estas evidencias apunta a una antigüedad que ronda los 5-25 millones de años.

Trabajos humanos en Bélgica. En febrero y marzo de 1918, Wilhelm Freudenberg, un geólogo agregado al ejército alemán, estaba conduciendo test para pruebas militares en formaciones del terciario al oeste de Antwerp en Bélgica. En hoyos de arcilla en Hol, cerca de St. Gillis, y en otras zonas, Freudenberg encontró objetos tallados junto con huesos y conchas cortadas. La mayoría de objetos provenían de depósitos del Plioceno Temprano y del Mioceno Tardío, es decir, tenían unos 4-7 millones de años, y eran evidentemente fabricaciones humanas. También en Bélgica, A. Rutot, conservador del Museo Real de Historia Natural de Bruselas, realizó una serie de descubrimientos que trataban sobre anómalas industrias de herramientas de piedra dentro de una nueva relevancia durante los inicios del siglo XX. Mucha de la industria identificada por Rutot data del Pleistoceno Temprano. Pero en 1907, investigaciones avanzadas de Rutot dieron luz en la zona de Boncelles, en la región de Arden, Bélgica. Las capas donde se encontraron los artefactos eran del Oligoceno, lo que implica que tenían sobre 25 a 38 millones de años. Otros descubrimientos destacados sobre el uso de utensilios humanos en la prehistoria belga se realizaron por Rutot en Bay Monet y Baraque Michel ofreciendo resultados similares.

Diamantes, radias y bujías. Aunque entre estos "OOParts" (Out Of Place Artifacts) tenemos un diamante que fue encontrado en Herkimer, New York. Este diamante inexplicablemente fue encontrado "ya tallado", lo cual deja mucho que pensar pues el pulido del diamante requiere maquinas especializadas de alta precisión. Entre estos artefactos tenemos también una hebilla de cinturón de aluminio descubierta en China del año 265 a.C., y una radia china de Galena de hace 2.500 años. Otro artilugio es la bujía de Sparkplug, que tiene miles de años ¿Quién necesitaba bujías en la prehistoria? ¿Quién tenía máquinas para pulir diamantes? Y ¿Cómo y para qué fabricaron máquinas excavadoras?

Bloque de aluminio. Hallado en 1973, el artefacto fue descubierto por un grupo de trabajadores que realizaban una excavación en la rivera del río Mures, dos kilómetros al este de la ciudad de Aiud, Transilvania. Tres objetos fueron encontrados simultáneamente en el mismo sitio, de los cuales dos eran huesos fósiles pertenecientes a un Mastodonte. El tercer objeto, el bloque de aluminio, se alojaba asimismo en el estrato número 35 y presentaba una evidente diferencia con cualquier pieza ósea animal u objeto geológico corriente. El curioso bloque fue donado al Museo de Historia de Transilvania, para ser redescubierto y analizado muchos años mas tarde. Su peso resultó ser de 5 libras, y sus medidas aproximadas de 20 x 12,5 x 7 centímetros. Los exámenes químicos realizado en un laboratorio de Lausanne, Suiza, para determinar su composición, demostraron que el artefacto estaba constituido en su mayoría por aluminio (89%), con la participación menor de otros 11 metales en proporciones específicas. La sorpresa para los científicos no fue menor, ya que el aluminio en estado puro no se encuentra presente en la naturaleza, y la tecnología para lograr un grado considerable de pureza solo pudo ser alcanzada a mediados del siglo XIX. Otro de los artefactos inexplicables milenarios es un cubo de metal descubierto en Australia y cuyo origen es totalmente desconocido.

Los humanos modernos usaron el fuego para fabricar herramientas. Las pruebas de las que se informa en el ejemplar del

14 de agosto de la revista Science demuestran que los primeros humanos que vivieron en las costas de África hace 72.000 años usaron un complejo tratamiento del calor para fabricar hojas y herramientas de dos caras. La silcreta no calentada puede mostrar drásticos cambios de color y textura tras calentarlo y descamarlo. Un equipo internacional, incluyendo a tres investigadores del Instituto de Orígenes Humanos de la Universidad Estatal de Arizona, apuntan que la silcreta no se encuentra más cerca de 5 km de sus excavaciones en Pinnacle Point, Bahía de Mossel en Sudáfrica, y que la mayor parte de las piezas encontradas están extremadamente descamadas.

El descubrimiento coloca la cognición compleja en hace 72.000 años, y tal vez mucho antes. Se ha informado de pruebas de que los humanos modernos que vivían en las costas más al sur de África hace 72.000 años, emplearon pirotecnología – el uso controlado del fuego – para incrementar la calidad y eficacia de su proceso de fabricado de herramientas de piedra, tal y como se cuenta en el ejemplar del 14 de agosto de la revista Science. Un equipo internacional de investigadores, incluyendo tres del Instituto de Orígenes Humanos de la Universidad Estatal de Arizona (ASU), deducen que *«esta tecnología requería una novedosa asociación entre fuego, su calor, y un cambio estructural en la piedra con el consiguiente beneficio de las escamas.»* Además, sus hallazgos abren la idea de la cognición compleja en estos primeros ingenieros. Marean es paleoantropólogo en el Instituto de Orígenes Humanos y profesor en la Escuela de Evolución Humana y Cambio Social en la Facultad de Artes Liberales y Ciencias de la Universidad Estatal de Arizona.

El calor transformó una piedra llamada silcreta, la cual era bastante mala para fabricar herramientas, en una asombrosa materia primera que permitió a los humanos modernos hacer herramientas muy avanzadas. ¿Quién les enseñó este arte? De la noche a la mañana los cavernícolas pasaron de vivir en cuevas, cazar con lanzas y vestir andrajos a conocer la agricultura, el maquillaje, las tácticas de guerra, la fabricación de armas, la astrología, la astronomía, las artes mágicas, la elaboración de monumentos ciclópeos, la medicina, la navegación, los idiomas y alfabetos, artes marciales, artes plásticas, las matemáticas y las ciencias. Estas cosas no suceden por casualidad sino por enseñanzas de civilizaciones más avanzadas y de miles de años de duro avance ayudado por "maestros" conocedores de estas artes. Esta gente avanzó sin internet, telecomunicaciones, televisión, radio, teléfono, prensa, noticias, ningún tipo aparente de escritura, siendo que esto solo le llevaría al olvido cada vez mayor de un conocimiento anterior por la acción de los años, las distancias, las guerras y la muerte de los conocedores primigenios.

Las herramientas de Aix-en-Provence. No obstante, otras piezas y herramientas más antiguas han sido descubiertas, como es el caso de las encontradas entre 1786 y 1788, cerca de Aix-en-Provence. Varios hallazgos se hicieron en una cantera de calcáreo, donde las capas de rocas alternan con estratos de arena y arcilla. A unos 15 m bajo el nivel del suelo, en una capa de arena, unos obreros encontraron primero trozos de columnas y bloques labrados; luego más abajo, piezas metálicas parecidas a monedas, mangos de herramientas de madera petrificada y una gran tabla de madera también petrificada. El conjunto tendría 300 millones de años, si se admiten las teorías clásicas de la geología, en cuanto a la formación de las rocas y el plazo de petrificación. Esta evidencia, especialmente, desmiente la hipótesis evolutiva y desmerita que el homo habilis fuese el primer trabajador de herramientas.

Armas. El hacha de Sili fue encontrado en Arizona en 1966, también se halló un esqueleto de un carnívoro que tenía dos puntas de lanza incrustadas en el cráneo, similares al hacha de Sili, la piedra había sido afilada con cortes muy precisos. Luego, en 1967 se dijo que se habían encontrado huesos humanos en una vena de plata de una mina de Colorado. Una punta de flecha de cobre de 10cm de largo les acompañaba. Hubo acuerdo general en que el yacimiento de plata tenía millones de años y era, naturalmente, mucho más viejo que la humanidad.

Artefactos de caza milenarios. En 1894 y 1895, periódicos científicos anunciaron el descubrimiento de piedras-talladas, es decir, "trabajadas", del Mioceno en Burma, parte de la India británica. Los implementos fueron reportados por Fritz Noetling, un paleontólogo quien dirigía el Geological Survey de la India en la región de Yenangyaung, Burma. Estos fósiles y herramientas se dataron entre 5 y 12 millones de años. Otro caso interesante aconteció en 1870, cuando Anatole Roujou reportó que el geólogo Charles Tardy desenterró un cuchillo de pedernal proveniente de la superficie expuesta del Mioceno Tardío conglomerado en Aurillac, al sur de Francia. El geólogo francés J. B. Rames dudó que los objetos encontrados por Tardy fuesen evidentemente manufactura humana. Ergo, en 1877 Rames hizo sus propios hallazgos de herramientas de pedernal en la misma región, en Puy Courny, un sitio cercano a Aurillac. Esos implementos fueron tomados de sedimentos puestos entre capas de materiales volcánicos establecidos en el Mioceno Tardío, que son de 7-9 millones de años.

Contemos también con el caso de 1910, cuando Henri Breuil encontró herramientas de piedra en Belle-Assise, cerca de Clermont, Francia. La formación en la que fueron hallados pertenecen al Eoceno Temprano (50-55 millones de años). También se hallaron herramientas humanas en Portugal. Carlos Ribeiro descubrió implementos de pedernal en formaciones del Mioceno cerca de Lisboa, Portugal. Sus descubrimientos aparecían citados en varios libros importantes y registros arqueológicos significativos. En 1857, Ribeiro fue nombrado a cargo del Geological Survey of Portugal (Reconocimiento Geológico de Portugal) y elegido a La Academia de Ciencias Portuguesa. La mayoría de sus hallazgos representando evidencia humana de la época prehistórica rondan los 5 a 25 millones de años de antigüedad.

Hachas. Sabemos que fueron hallados una treintena de cadáveres acumulados en un lugar a 50 m de profundidad -en un sitio donde no se desarrolla ningún tipo de actividad- que han elegido a propósito para acumular esos cadáveres. Junto con esa treintena de cuerpos, han depositado un bifáz, muy bien tallado, de un color extraño, poco frecuente en los materiales que hay en la zona. Bautizada como Excalibur, éste hacha recientemente descubierta en la Sima de los Huesos, en España, tiene una antigüedad que ronda los 400.000 años. También tenemos el caso de 1982, donde K. N. Prasad del Geological Survey of India reportó el descubrimiento de una tosca herramienta de guijarro, un hacha de un solo filo en la formación del Mioceno de Nagri cerca de Haritalyangar, en el pie de valle del Himalaya del noroeste de la India. Esto sitúa el hacha en una remota antigüedad de entre 9 y 10 millones de años, siendo que según la teoría aceptada, las primeras herramientas tan sólo habrían sido empezadas a diseñar por los Homo habilis de África hace menos de 2 millones de años.

El llamado "Martillo de Texas" del Museo de Somerwell, encontrado incrustado en una cueva de Londres (Texas) en 1934. Se le ha datado de hace 140 millones de años o más, y el hierro es de gran pureza, solo posible de conseguir con tecnología moderna, y el mango ha acusado un proceso de petrificación en la roca, lo cual muestra su remota antigüedad. Esto y la siguiente evidencia certifican una vez más que sí había hombres en el Triásico (Entre 225 y 180 millones de años).

Mortero de más de 5 millones de años. El mortero de Table Mountain en California de hace 50 millones de años, y el del Mortero y pistilo, que fueron descubiertos en 1877 cuando el ingeniero de minas J. H. Neale halló varias puntas de lanza que sobresalían de una roca muy oscura en Toulomme, California. Al examinar más detenidamente estas puntas encontró no muy lejos un pequeño mortero irregular de menos de 10cm de diámetro. A su lado descubrió un pistilo junto a otro mortero más simétrico. Neal afirma que es completamente imposible que estas reliquias hubieran alcanzado la posición en la que fueron encontradas en otro momento distinto al de la formación de los depósitos de grava, y antes de que se formara la capa de lava. Además, no se observaron huellas de perturbación alguna en la masa rocosa ni fisuras naturales que hubieran permitido la introducción de estos objetos a través de ellas. La posición de estos utensilios encontrados en Table Mountain indica que tienen una edad de entre ¡33 y 35 millones de años!

En 1853, un médico llamado Dr. H. H. Boyce descubrió huesos humanos en Clay Hill en El Dorado Country, California; en febrero de 1866, Mr. Mattison, el principal propietario de la mina en Bald Hill, cerca de Angels Creek in Calaveras Country, sacó un cráneo de una capa de gravilla a 130pies por debajo de la superficie. La zona donde se encontró coincidía con muchos sedimentos volcánicos y tiene mucho más de 5 millones de años, al igual que en el caso de Boyce. También se encontraron herramientas de piedra de más de 5 millones de años cerca de allí en Smilow Mine y Marshall Mine en San Andreas, Calaveras Country, así mismo en Spanish Creek en El Dorado Country, y en Cherokee en Butte Country.

Particularmente J. D. Whitney reportó varios descubrimientos provenientes de Placer Country. Principalmente hizo mención del hallazgo de huesos humanos descubiertos en el túnel de Missouri: *«En este túnel, bajo la lava, dos huesos fueron encontrados [...] los cuales Dr. Fagan pronunció que eran humanos. Uno fue dicho de ser hueso de una pierna; sobre el carácter del otro nada fue recordado. La mayor información fue obtenida de Mr. Goodyear proveniente de Mr. Samuel Bowman cuya inteligencia y veracidad-confianza el escritor recibió buenas referencias de un amigo personal bien informado por él. Dr. Fagan era en ese tiempo uno de los mejores médicos de la región.»* De acuerdo con la información ofrecida por la División de Minas y Geología de California, el depósito del cual los huesos fueron tomados es de 8,7 millones de años de antigüedad. Muchas herramientas de este tipo, así como mandíbulas humanas modernas, herramientas neolíticas, fragmentos de calaveras humanas, piedras labradas y demás cosas fuera de su tiempo, que rondan los 9-55 millones de años, han sido descubiertas en varios lugares de Tuolumne, Table Mountain en California en bastantes ocasiones.

Cubos de película. Como si se tratara del argumento principal de la película de Steven Spielberg "Transformers", en el otoño de 1885, un objeto cúbico fue encontrado en un bloque de carbón del terciario (60 millones de años) en una mina de Alemania. El paralelepípedo fue examinado por el Dr A. Gurlt. Según las publicaciones de 1886 sobre este objeto, fue interpretado primero como un meteorito fósil y parece ¡"trabajado, fabricado"!... El objeto mide 7 cm x 7 cm sobre 4,5 cm y su densidad es de 7,75. Vemos que 4 de sus caras son perfectamente llanas, y las 2 opuestas ligeramente convexas. Una ranura profunda le rodea a media altura. Algo similar se vio también en Inglaterra, cuando Osmond Fisher, un miembro de la Sociedad Geológica, descubrió una interesante característica en el terreno de Dorsetshire –la zanja del elefante en Dewlish. Fisher dijo en The Geological Magazine (1912): «*Esta zanja fue excavada en cal y estaba a 12 pies de profundidad, y con tal grosor que un hombre podría simplemente atravesarlo. Esto no encaja en la línea de fracturas naturales, y las capas de pedernal en cada lado encajan [...] esta zanja, en mi opinión, fue excavada por hombres en la era del Pleistoceno Tardío, y elaborada con la intención de capturar elefantes.*" Fisher realizó otros interesantes descubrimientos sobre los cuales redactó en 1912: "*Cuando escavaba en busca de fósiles en el Eoceno de Barton Cliff encontré una pieza de una sustancia como azabache sobre 9 ½ pulgadas cuadradas y 2 ¼ pulgadas de grueso [...] el espécimen está ahora en el Museo Sedgwick, Cambridge.*» El azabache es una variedad de lignito, un carbón negro compacto que toma un buen pulimiento y es usualmente utilizado como joyería. Este cubo fue encontrado en capas del periodo Eoceno que data de entre 38 y 55 millones de años del presente.

Moneda arcaica. En 1871, William E. Dubois del Instituto Smithsoniano reportó muchos objetos hechos por hombres encontrados en niveles profundos de Illinois. La primera consistía en un tipo de moneda proveniente de Lawn Ridge, en Marshall Country, Illinois. El reporte decía que en agosto de 1870, en Lawn Ridge, cerca de Peoria (Illinois), junto con dos compañeros, J. W. Moffit encontró una pieza en los escombros de un pozo artesiano que estaban perforando. El Profesor A. Winchell estudió el objeto compuesto de una aleación de cobre desconocida en aquella época. A pesar de la corrosión, la pieza redonda tenía aristas muy netas y uniformes en su espesor. Un dibujo que representaba una cara femenina coronada y parecía grabado con ácido. En la otra cara, un animal de orejas largas y puntiagudas con una larga cola deshilachada, venía acompañado de otro, parecido a un caballo. En el contorno de las dos caras se divisaban unas letras de escritura desconocida. Encontrada a más de 30 m de profundidad podría tener entre 100.000 y 150.000 años.

Moffit también reportó que otros artefactos fueron hallados en las cercanías de Whiteside Country, Illinois. A una profundidad de 120 pies, obreros descubrieron *«un anillo grande de cobre ferroso, similar a los usados en la verga (palos transversales de los mástiles) de los barcos en el presente [...] también se encontraron algo estilizado-modificado como una bota-garfio.»* Mr. Moffit agregó: *«Hay numerosas instancias de reliquias encontradas en profundidades menores. Un hacha con forma de lanza, hecha de hierro, fue encontrada clavada en arcilla a 40 pies: y pipas de piedra y cerámica han sido desenterradas en profundidades que varían entre los 10 a los 50 pies en varias ubicaciones.»* En septiembre de 1984, el Illinois State Geological Survey escribió a Michael A. Cremo y Richard L. Thompson diciendo que los depósitos a 120 pies en Whiteside

Country variaban grandemente. En algunos lugares, uno encontraría a 120 pies depósitos de 50.000 años, mientras que en otros encuentran piedras del Silúrico de 410 millones de años de antigüedad.

Los tubos de Saint Jean de Livet. En 1968, Y. Druet y H. Salfati afirmaron públicamente haber descubierto unos tubos metálicos semiovoides incrustados en unos depósitos de caliza cretácica con 65 millones de años de antigüedad, en una cantera de Saint Jean de Livet (Francia). Tras considerar y rechazar varias hipótesis, Druet y Salfati llegaron a la conclusión de que en la época atribuida a la caliza en cuestión vivieron seres inteligentes.

Balas paleolíticas. Una de las cosas más extrañas es descubrir animales u hombres con agujeros de bala, así es el caso del cráneo de un Bisonte encontrado en el desierto de Colorado, que tenía un agujero de 2,54 cm perfecto, como si lo hubieran matado con un rayo láser de un poder considerable. Solo que el cráneo era de un bisonte prehistórico. Uno de los hallazgos más espectaculares en este sentido es una calavera que se encuentra en la actualidad en el Museo de Historia Natural de Londres. Pertenece a un hombre de Neandertal y fue hallado cerca de Broken Hill (Zambia) en 1921. En el lado izquierdo de la calavera hay un agujero redondo de bordes planos. La limpieza de la herida sugiere que fue causada por un proyectil de alta velocidad, como una bala. En el lado contrario a esta herida la calavera está destrozada como por acción del proyectil al salir del cráneo. Un experto forense berlinés dijo que el agujero era idéntico a las heridas de bala que tan a menudo encuentran hoy en día los hombres de su profesión. Sin embargo los restos fueron hallados a 18m de profundidad. Era imposible que los procesos geológicos naturales la cubrieran a tal profundidad aún si la víctima hubiese muerto hace sólo unos siglos, siendo que las armas de fuego llegaron por vez primera a África Central después del siglo XV. Este cráneo que pertenece a un Neandertal curiosamente tiene una perforación de bala hecha hace 40.000 años. Fue analizada por arqueólogos y luego por expertos en balística, sin poder salir de su asombro.

Otro caso es el de un animal prehistórico disparado. Este objeto enigmático no es único. Descubrimos la calavera de un uro (tipo de bisonte extinguido) que fue encontrada cerca del río Liena, en la URSS, la cual presenta un agujero perfectamente redondo y pulido, parecido a una herida de bala. El uro vivió aún muchos años después de resultar herido.

El Artefacto de Coso. Bautizado como "el Artefacto de Coso", en 1961 se encontró en Olancha (California), cerca de los montes Coso, algo sorprendente. La corteza exterior del artefacto está formada por arcilla endurecida, piedras, fragmentos de conchas fósiles y de dos objetos, asemejándose a un clavo y a un disco. Dentro, se aprecia un cilindro en cerámica en una manga hexagonal en madera petrificada, con fragmentos de cobre entre los dos. En medio del cilindro se inserta un tronco metálico de 2 mm de diámetro. Este objeto tiene entre 250.000 y 500.000 años.

El Tarro de Dorchester. Un reporte titulado: "Un Reliquia de la Era Bygona", apareció en la revista Scientific American del 5 de junio de 1852, donde decía que en Meeting House Hill, Dorchester (Massachusetts) se desenterró una enorme masa de roca, donde algunas piezas pesaban incluso toneladas. Entre ellas se recuperó un recipiente metálico en dos partes, seguramente rotas por la explosión de minería. Cuando se unieron ambos fragmentos formaron un tarro con forma de campana que medía 4 ½ pulgadas de alto, 6 ½ pulgadas de base, 2 ½ pulgadas en el tope, y alrededor de un octavo de pulgada en la parte central. El color de dicho jarrón era similar al zinc, aunque parecía tener ciertas porciones de plata. Alrededor tenía seis figuras florales que destacaban por ser de plata pura y alrededor una parra de vid retratada, también de plata pura. Este impresionante artefacto fue sacado de una profundidad de 15 pies y se mantuvo en posesión de Mr. John Kettell. De acuerdo a un estudio reciente del mapa del U.S. Geological Survey sobre el área de Dorchester-Boston, la piedra, hoy llamada conglomerado de Roxbury. Pertenece a la era Precámbrica, sobre 600 millones de años de antigüedad.

Cucharas, campanas, anillos y anzuelos. En 1976 un periódico publicó la descripción de una cuchara que fue encontrada en 1937 mezclada con carbón blando de Pennsylvania. La cuchara fue hallada en una masa de ceniza de color marrón resultante de la combustión de un trozo grande de carbón. Al remover las cenizas apareció la cuchara, que, posiblemente, pudiera ser una reliquia del mundo antediluviano. En 1851, en el Condado de Whiteside (Illinois), durante unas excavaciones dos objetos de cobre fueron sacados de una profundidad de 36 m. Se parecían a un anzuelo y un anillo de unos 150.000 años. En 1944 Newton Anderson encontró una campana dentro de un bulto de roca de carbón cerca de su casa en West Virginia. Este artefacto ha sido estudiado por la Universidad de Oklahoma y muestra tener cientos de miles de años. Al artefacto le han acuñado el nombre de "La Campana de Adán".

Cadenas e hilos de oro. Es difícil pensar que los cavernícolas hiciesen hilos de oro. Es extraño, pero sucede, y The London Times del 22 de junio de 1844 reportó que en Escocia, entre los ríos Tweed y Rutherford, a 2,5 m de profundidad unos obreros encontraron un hilo de oro incrustado en una roca, que según Dr. A. W. Medd del British Geological Survey en 1985 pertenecía al Carbonífero (320-360 millones de años). Este hilo fue expuesto en la sede del periódico local, el "Kelso Chronicle". En otra ocasión, en 1891, en Morrisonville (Illinois, EE.UU.), al romper un bloque grande de carbón, la Señora S.W. Culp encontró una cadenita de oro de unos 25 cm de largo, cuyas extremidades aparecían cogidas en dos trozos distintos. Esto fue reportado por The Morrisonville Times el 11 de junio de dicho año. El Illinois State Geological Survey dijo que dicha capa en la que se encontró la cadena de oro tenía 280-320 millones de años.

Los Clavos milenarios. En el siglo XVI, año 1572, un clavo de hierro de 18cm, fue encontrado en la roca de una mina del Perú. Se regaló de recuerdo al Virrey español del Perú. La antigüedad de la capa geológica de donde se había sacado se estima entre 75.000 y 100.000 años. En otro caso, en 1844, otro inexplicable artefacto de hierro era sometido a una investigación cuidadosa y detallada. Sir David Brewster reportó que de un bloque de piedra de 60cm de largo, procedente de la cantera de Kingoodie, cerca de Dundee (Escocia), que estaba siendo limpiado salió un clavo de hierro enmohecido, hallado en el punto donde la piedra y la tierra se encontraban. El extremo puntiagudo del clavo se proyectaba poco más de 1cm hacia la tierra, mientras que el resto reposaba sobre la superficie de la piedra, exceptuando los últimos 2,5cm del extremo de la cabeza, clavados en ésta. Se estimó que el bloque se había formado hacía 60 millones de años, aunque el Dr. A. W. Medd del British Geological Survey escribió en 1985 que la piedra de arena pertenecía a la «*Era Antigua del Bajo Red Sandstone*», es decir, del Devónico (360 y 408 millones de años). Brewster era un médico famoso que realizó importantes descubrimientos para la Asociación Británica para el Avance de la Ciencia.

Otro caso similar sucedió unos años después, cuando en 1851, en Springfield (Massachusetts), el señor De Witt rompió por accidente un trozo de cuarzo aurífero que había traído de California. En el interior se encontraba un clavo de hierro forjado de 5cm, derechísimo con una cabeza perfectamente formada y ligeramente corroído. La piedra tenía 1 millón de años de antigüedad.

Tornillo antiguo. Llamado tornillo de Lanzhou, fue descubierto en China, en las montañas Mazong en junio del 2002. La roca que contiene al cuerpo del tornillo fue hallada por el Sr. Zhilin Wang durante una investigación de campo en la zona intermedia entre las provincias de Gansu y Xijiang. El color de la roca es de un negro inusual, y su grado de dureza también la hace particular.

Su peso es de 466 gramos y sus dimensiones aproximadas, de 7 x 8 centímetros. El objeto inserto en la roca presenta todas las características del cuerpo de un tornillo ordinario, de unos 6 centímetros de longitud. Desde su aparición, el cuerpo de tornillo ha llamado la atención de muchos científicos e investigadores, provenientes de instituciones tales como la "Oficina nacional de recursos terrestres de la provincia de Gansu", el "Instituto de Investigación de Geología y Minerales", y la "Escuela de recursos y medioambiente de la Universidad de Lanzhou". Luego de varias investigaciones, los especialistas confirmaron que la roca debería tratarse como uno de los objetos más valiosos de la arqueología China y mundial. En otra ocasión encontramos también que, en 1865, un trozo de feldespato, extraído de una mina de Treasure City (Nevada), contenía restos oxidados de un tornillo afilado. La piedra tenía 21 millones de años. ¿Qué dinosaurio hacía tornillos?

El Dedal de Eva. Hacia 1880, en el estado de Colorado, un ranchero salió a buscar carbón de un filón existente en la ladera de una colina. El cargamento que recogió procedía de un lugar situado a unos 45m de la boca del filón, y a unos 90 m por debajo de la superficie. Al regresar a casa empezó a partir los trozos de carbón, y de uno de ellos saltó un dedal de hierro. O por lo menos, se parecía a un dedal, y en la localidad pronto fue conocido con el nombre del "Dedal de Eva". Tenía las mismas muescas que tienen los dedales modernos. El metal se deshizo en migajas al ser manoseado por los vecinos curiosos, hasta que finalmente se perdió. Aún admitiendo que los indios utilizaran dedales de hierro en siglos remotos, el misterio subsiste, ya que el carbón del cual procedía este objeto se formó entre el período cretácico y la era terciaria, ¡hace unos 70 millones de años! Y según la opinión de los expertos, la humanidad no existía aún, sino que lo más parecido a seres humanos eran unos pequeños mamíferos parecidos al lémur que vivían en los árboles.

La Bola de Laon. En abril de 1862, The Geologist publicó un informe que documentaba el descubrimiento de una bola de caliza a 75 m de profundidad en capas de lignito cercanas a Laon y pertenecientes al Periodo Terciario. En la capa de arcilla arenisca que se encontraba sobre el lignito se apreciaban varias formas fósiles. Fue en agosto de 1861 cuando los mineros que trabajaban en un extremo del túnel vieron caer un objeto redondo desde la parte superior de la excavación. El objeto, esférico, tenía unos 6 cm de diámetro y pesaba unos 310 gramos. Según Maximilien Melleville, vicepresidente de la Sociedad Académica de Laon y autor del informe, no hay duda sobre la autenticidad de la esfera. En sus presupuestos, lógicamente, no había lugar para la posibilidad de que el hombre hubiera existido cuando se formaron los lignitos de la cuenca de Paris. Si esta bola fue obra humana, la reticencia de Melleville estaría justificada, ya que supondría admitir que hace unos 50 millones de años (Era Terciaria) una cultura inteligente habitó Francia.

La Copa de Hierro del Carbonífero. Otras evidencias del Carbonífero (Entre 345 y 280 millones de años atrás) es la copa de hierro en Oklahoma, EE.UU. El 10 de enero de 1949, Robert Nordling envió la fotografía de una copa de hierro encontrada en 1912 dentro de un trozo de carbón perteneciente a las minas de Wilburton, Oklahoma, a Frank Marsh, de la Universidad de Andrews, en Michigan (EE.UU.). La fotografía pertenecía a un amigo de Nordling, cuyo padre trabajaba en la central Eléctrica Municipal de Thomas, Oklahoma. El hallazgo se produjo cuando un empleado de la compañía trabajaba junto a la caldera. Al golpear sobre el carbón, el fragmento en cuyo interior se hallaba la copa se rompió dejándola al descubierto. Según Robert O. Fay, del Instituto Geológico de Oklahoma, el carbón de la mina de Wilburton tiene unos 312 millones de años de antigüedad. Cuando Frank Marsh recibió la fotografía intentó encontrar al propietario de la copa, pero sus esfuerzos no dieron fruto porque el amigo de Nordling había fallecido y sus herederos desconocían el paradero del misterioso utensilio. Años después, en 1966, Marsh inició una serie de contactos con el Dr. W. H. Rusch, profesor de biología de la Escuela Concordia de Ann Arbor, Michigan, al objeto de esclarecer el misterio, sin obtener éxito en sus pesquisas. Sea como fuere, es una auténtica tragedia no poder contar con esta preciada reliquia, ya que sin duda contribuiría a esclarecer algunos de los enigmas a los que se enfrentan los arqueólogos más audaces.

Piedras con incrustaciones metálicas. De elrisco.wordpress.com, se esgrime un artículo que afirma que arqueólogos de la Universidad de San Petersburg han certificado la autenticidad de unos fósiles encontrados a 200 kilómetros de la Tigil, en la remota península de Kamchatka, Rusia. El paleontólogo Yuri Gólubev cuenta sorprendido cómo el hallazgo puede cambiar la historia tal y como la conocemos hasta ahora. No es la primera vez que se encuentran OOPARTS (Out of Place Artifacts o Artefactos fuera de lugar), pero está sorprendentemente conservado. Se trata de una roca que contiene una infinidad de piezas metálicas. Estas piezas parecen formar algún mecanismo de engranajes que tal vez pertenecían a algún reloj o computadora. Lo sorprendente es que están fosilizados en una roca de nada más y nada menos que 400 millones de años. Recibimos la llamada del alcalde de Tigil que nos contó que unos excursionistas hallaron los restos en una zona muy escarpada. Cuando nos trasladamos al lugar no dábamos crédito a lo que veíamos. Eran cientos de ruedecitas que parecían componer una máquina. Estaban perfectamente conservadas, como si se hubieran petrificado en un corto periodo de tiempo. Hemos tenido que poner vigilancia en la zona porque las visitas de curiosos se han multiplicado por cien. El otro día llegaron varios grupos de geólogos norteamericanos y aunque no podemos denegarles que pasen por ahí, sí que los vigilamos de muy cerca.

Nadie podría creer que hace 400 millones de años hubiese algún hombre sobre la Tierra. De hecho las formas de vida por aquel entonces eran muy simples. Esto apunta a muy claramente a que los seres que trajeron esa tecnología procedían del exterior. Puede que su nave sufriera daños y tuvieran que quedarse. Con el paso del tiempo muy posiblemente empezaron a desarrollar tecnología con sus conocimientos y gracias a los materiales encontrados. Estas tal vez, fueron partes de una computadora que usaron para calcular una ruta, como el famoso "Mecanismo de Anticitera". Por las pruebas realizadas hasta ahora, se ha averiguado que las piezas se fosilizaron en un breve periodo de tiempo. Estas cayeron a un lodazal que se fosilizó debido a un fuerte cataclismo. Negar la existencia de tecnología en el pasado es un grave error, porque la evolución no ha sido lineal. Se sabe que ha habido grandes cataclismos y muchos de estos han terminado con la vida inteligente sobre la faz de la tierra en varias ocasiones. Yuri termina la breve entrevista con la siguiente frase: *«Nuestro nivel de tecnología actual en comparación con esto, es proporcional a la capacidad que tienen algunos de inventar cosas...»*

El vaso medidor de hierro. Entre los grandes investigadores de estos OOParts (Artefactos Fuera de su Tiempo) con, por ejemplo, Klaus Dona, Richard Thomson, Michael Cremo o el Dr. Zillmer quien estudió una especie de vaso medidor de hierro descubierto en el año 1912 cuando cayera al ser partido un trozo grande de carbón. El carbón provenía de la mina de Wilburton, Oklahoma y parece tener más de 300 millones de años. Se expone en "Creation Evidence Museum" de Glen Rose, EE.UU.

Kentucky y la edad de los trilobites. En Kentucky, EE.UU, existe hoy un museo donde se conservan piezas impactantes, cuya antigüedad y material nos deja atónitos:

- Se hallan fósiles de algún tipo de reptiloide de millones de años.

- Hay un hueso petrificado con fluorecencia, la cual en sí misma es inhabitual.
- Hay un sarcófago con una imagen de rostro humano.
- Contorno de manos petrificadas de la edad de los dinosaurios.
- Un metal tetragonal tallado el cual tiene la modesta antigüedad de 4.000 millones de años.
- Parte de un cuerpo gigante petrificado con algo extraño en él, lo cual asemeja la esmeralda.
- Un petroglifo de millones de años.
- Un tronco petrificado tallado en el Carbonífero.
- Una aleación de metal desconocido de Burnside, Kentucky, descubierta hace 300 años.
- Un artefacto de metal desconocido que se guardaba en el Space Center de Huntsville, y cuyo color es como una mezcla de cobre y bronce.
- Hay un artefacto fosilizado congelado.
- Un artefacto fosilizado hallado con marcas de dedos humanos, el cual no se sabe distinguir si es piedra, cristal o metal, pero su color parece una amarillo artificial.
- Otro es un artefacto posiblemente meteoritico, pero con grabados desconocidos, y cuya antigüedad se remonta a unos 4.000 millones de años.
- También hay una cabeza de proyectil conservado en cuarzo de millones de años.
- Hay un clavo dorado dentro de cuarzo, también de millones de años.
- Lo otro así, destacable, es una piedra en forma de corazón enorme, que tiene 300 millones de años, y en su centro hay un orificio tallado perfectamente.

Las esferas de Klerksdorp. Muchas revistas de ciencia y arqueología han hecho eco en los últimos años del descubrimiento hecho por varios mineros sudafricanos en la localidad de Ottosdal (Sudáfrica). Fueron encontradas entre pyrophyllite unas esferas, un tipo de material que es muy blando y está formado por sedimentos de más de 2,8 millones de años. Roelf Marx, director del Museo de Klerksdorp (Sudáfrica), donde se encuentran guardadas algunas de estas esferas, dice: «*los objetos parecen artificiales, pero el estrato de roca donde fueron encontradas corresponde a una era en la que no existía forma de vida inteligente. Jamás he visto nada semejante.*» El tamaño de estas esferas oscila entre los 3cm y los 8cm de diámetro, alojando algunas de ellas en su interior un material esponjoso que se desvanece con enorme facilidad al seccionarlas y quedar en contacto con el aire. Su exterior está formado por una aleación de acero y níquel de gran dureza, llamando poderosamente la atención unas finas líneas o surcos que rodean las esferas dividiendo en dos partes iguales a las mismas. Estas piedras pueden dividirse en dos tipos, las primeras son de un metal solido azulado con manchas blancas y las segundas son huecas y repletas de un material esponjoso blanco. Por otro lado, A. Bissehoff, profesor de geología de la Universidad de Potchefstroom declaró que: «*las esferas eran de un aglomerado de limonita, un tipo de material férrico.*» La hipótesis de Bissehoff no es admitida por la comunidad internacional pues la limonita es un metal relativamente blando y admitiría el rayado mediante el acero, cosa que no es posible pues las esferas son muchísimo más resistentes, además de que los aglomerados de limonita aparecen en grupos y nunca aislados ni tan perfectamente esféricos. Sería como admitir que fueron talladas con algo similar a un láser, sin dejar fisuras o restos de astillado, propios de herramientas. El hallazgo habla por sí sólo.

Muros de hormigón de la edad Devónica. Tenemos en la lista el caso de un muro de bloques en Oklahoma, EE.UU. W. W.

McCormick de Abilene, Texas, reportó que en 1928, Atlas Almon Mathis estaba trabajando en un pozo a 2 millas de Heavener, Oklahoma, cuando se topó con varios bloques de hormigón que quedaron esparcidos por el suelo tras una serie de detonaciones que se provocaron para abrir la mina. Los bloques de 30 cm de lado, eran lisos y pulidos, tanto que parecían un espejo. A 100 m ó 150 m de profundidad otro minero encontró otro muro parecido. La edad del carbón depositado en esta mina se calcula en 286 millones de años. Después de este incidente, la mina fue clausurada y sus trabajadores recibieron la orden de mantener silencio sobre tan sorprendente hallazgo. Algunos investigadores como el historiador Michael A. Cremo y el filósofo de la ciencia, el Dr. Richard L. Thompson (escritores del famoso libro "Forbidden Archeology"), no pudieron constatar la existencia del hallazgo, pero lograron desenterrar otros muchos testimonios de mineros que durante sus jornadas de trabajo bajo la tierra se toparon con vestigios del pasado remoto que a duras penas cuadraba con las cronologías oficiales. Una de estas historias se refiere a un minero llamado James Parson, que trabajando junto a sus 2 hijos se encontró con un muro de pizarra en una mina de carbón de Hammondville, Ohio, (EE.UU.), en 1868. Según un artículo publicado por M. K. Jessup en 1973, el muro en cuestión era liso y tenía grabadas varias líneas rectas de jeroglíficos en relieve.

A raíz de este evento, de acuerdo a Atlas Almon Mathis, trabajador de esta mina, nos sacaron de allí a todos y nos prohibieron hablar al respecto, posteriormente fuimos movidos a la mina n° 24, cerca de Wilburton, también en Oklahoma. En esta mina unos compañeros de Mathis encontraron un bloque sólido de plata con la forma de un barril con la marca de la duela (tablas que forman las paredes de un barril) en ella. El carbón de Wilburton se formó hace 280 a 320 millones de años.

Túnel de Baiun. Otra construcción igual de fascinante, es el "Túnel de Bainun" en el Yemen. Atribuida a Salomón y a la reina de Saba, es otro de los grandes paradigmas del pasado, y una de las tantas edificaciones que el rey israelita Salomón mandó a erigir. "Gundam", un famoso castillo construido justo tras el Diluvio, y el cual los arqueólogos yemeníes creen que se podría encontrar muy pronto. Éste, junto con el Castillo de Salín, son atribuidas a los "genios" (seres fantásticos) de Salomón. El historiador árabe Al-Hamdani aseguró en una de sus varias obras, que él mismo había visto el castillo con sus propios ojos. Esto debió remontarse hacia el 930-940 d.C. y su declaración coincide con su colega afgano Biruni, quien vio las ruinas de Gundam en la ciudad de Sana, al pie de un monte llamado Nikkum o Lokkum, y dice que esta ciudad de Sana fue construida por Sem, el hijo mayor de Noé.

Extrañas piedras talladas. El 2 de abril de 1897, el diario Daily News de Omaha, Nebraska, (EE.UU.), publicó un artículo titulado así: «*Piedra tallada enterrada en una mina.*» El artículo decía que mientras los mineros estaban trabajando en la mina de carbón de Lehigh, en Iowa, a una profundidad de 40m, uno de ellos halló un trozo de roca que no correspondía con la circundante. La piedra en cuestión era gris oscuro y medía unos 60cm de largo, 30cm de ancho y 10cm de espesor. Sobre la durísima superficie de la piedra se observaban varias líneas dibujadas que formaban rombos perfectos. En el centro de cada uno de estos rombos aparecía representado el rostro de un anciano. ¿Cómo llegó esta piedra hasta allí? Los mineros que la encontraron insisten en que la tierra de aquella zona jamás había sido trabajada en las prospecciones. Un autentico enigma protagonizado por un carbón perteneciente a la Era Carbonífera (Entre 345 y 280 millones de años).

Uno de los objetos anacrónicos más famosos es el conocido como "Cubo de Salzburgo" hallado en 1885, cuando un trabajador de una fundición de hierro de Austria estaba rompiendo trozos de carbón de Wolfsegg, halló un objeto de hierro de forma cúbica, aunque algo deformado. Noorbergen repite la descripción del objeto, que pronto fue muy conocido: Los cantos de este extraño objeto fueron con anterioridad perfectamente rectos y definidos; cuatro de sus lados eran planos, mientras que los dos lados restantes, situados uno enfrente del otro, eran convexos. A media altura tenía una ranura bastante profunda. En realidad, la forma del objeto, que se encuentra actualmente en un museo municipal cerca de la fundición donde fue hallado, no se parece en nada a un cubo: su única superficie plana es el resultado de una rodaja que le fue separada para ser analizada químicamente. El análisis demostró que el metal no contiene níquel, cromo o cobalto, por lo que no puede tratarse de un meteorito, como se había pensado en un primer momento. Parece una especie de hierro forjado. La pregunta crucial es si realmente se formó en el seno de un trozo de carbón. Parece ser que el científico que investigó el cubo por primera vez y que sugirió que se trataba de un meteorito no intentó siquiera encontrar el trozo de carbón con la cavidad que había albergado al cubo. A falta de este dato decisivo, el cubo de Salzburgo recibió una publicidad del todo desproporcionada respecto a su valor intrínseco.

Las Piedras de Ica. Se ha dicho mucho obre estas piedras, mezclando los fraudes y las piedras talladas por aldeanos para vender como piezas artesanas, con las verdaderas piedras volcánicas con tallados prehistóricos. El francés Chanoux, en su obra "Enigma de los Andes", aseguraba que las piedras de Ica podrían ser *«la biblioteca de los Atlantes que han existido hace 50 millones de años.»* Una de estas enigmáticas piedras retrata el mundo en el Paleozoico y Mesozoico Inferior, basado en un supercontinente llamado Gondwana, y cuya capital era Panguea -el Caribe actual, y significa: "Todas las Tierras"-, y cuyo mega océano eran "Panthalasa" (el "Mar de Tetis", céntrico mar, estaba en el golfo de Panguea. Esta humanidad gliptolítica decidió fijar sus conocimientos en piedra (y otros materiales como metales preciosos, destruidos por la avaricia humana) para evitar catástrofes a los hombres del futuro y ayudarles a regir su vida de acuerdo con normas sabias y racionales. Uno de los primeros pueblos que lo hicieron fue, según el doctor Cabrera, el pueblo inca.

Se observan piedras donde hombres prehistóricos practican operaciones de todo tipo a otros hombres y mujeres. Uno de los elementos que confirman la creencia del doctor Cabrera, quien falleció en el año 2001, es una piedra donde está labrado un mapa del mundo, tal como era en el período terciario. Allí, la forma y la disposición de los continentes es completamente diferente de la actual, "algunas zonas parecen coincidir con los desaparecidos continentes de Lemuria y de la Atlántida". Considerando que la geología no supo hasta fines del siglo XIX y principios del XX que los grandes cataclismos de fines del terciario habían provocado cambios espectaculares en la forma y disposición de los continentes, el doctor Cabrera sostiene que esa piedra sólo pudo ser labrada por hombres que vivieron en un planeta con esa configuración y que, además, poseían los medios técnicos necesarios para recorrerlo y observarlo desde grandes alturas. Hace años se analizaron nuevamente estas piedras y una de als dos estudiadas dio una fecha de 60.000 años. Los nativos siempre se enterraban con ellas desde, por lo menos, 7000 años atrás; se consideraron piedras de los dioses. Estas magníficas evidencias del pasado están repartidas por 1/4 de Perú. Mucha gente las volvía a enterrar sin saber lo que eran. Han aparecido en ríos, valles, laderas, etc.

Las Piedras de Ica, impresos prehistóricos que esclarecen mucho en cuanto a esta verdad que enmarca nuestro pasado, fueron primero estudiados por el doctor Cabrera, que las bautizó con el nombre de "gliptolitos", y califica a quienes las grabaron de "humanidad gliptolítica". A partir de sus interpretaciones de los dibujos grabados en las piedras, Cabrera afirma que esa humanidad "gliptolítica" fue creada por una raza superior que llegó a la Tierra desde algún lugar del cosmos. Al llegar a nuestro planeta, esa raza no halló vida inteligente, y decidió crearla a partir de un primate emparentado con el lémur, llamado "notharcus", que se extinguió hace 50 millones de años. En su libro "El mensaje de las piedras grabadas de Ica" (Inti Sol editores, Lima, 1976), afirma: «*Mediante el trasplante de códigos cognoscitivos a unos primates que pertenecían a un tipo de primate muy inteligente generaron hombres.*» Aparentemente, las piedras dicen que había varias categorías humanas: los de mayor poder cognoscitivo. A estos son los que el doctor Cabrera denomina "hombres reflexivos y científicos", por encima de los cuales se situaban, por supuesto, sus creadores, los hombres llegados del cosmos.

Es verdad que se dijo que el Dr. Cabrera había falsificado gran cantidad de piedras, pero era siguiendo los modelos ya hallados desde la colonización. Resulta que hay crónicas de sacerdotes de la colonia que describen estas piedras, demostrando que no son un fraude. Existen y a las verdaderas se han sumado las falsificaciones, pero en las crónicas espaniolas ya se habla de ellas. Las piedras se mandaron analizar a un laboratorio de mineralogia respetable y determinaron que las incisones hechas para hacer las figuras estan cubiertas de un oxido que sólo pudo fomarse, no en semanas ni meses, sino en miles de años. Ademas, las personas que estuvieron vendiendolas ilegalmente eran ignorantes que hicieron hacer creer que eran ellos quienes las tallaban para no ir a la cárcel por estar vendiendo un patrimonio de la nación. Asimismo, la gente que estaba falsifando estas piedras, para tallar manualmente una sola y de tamaño pequeño, demoraban aproximadamente 5 meses. ¿Cómo iban a tallar 11.000? Aparte de esto, hay piedras aun más grandes talladas. Aquellas no tenían la misma preciosura ni perfeccion que las originales, y los vendedores usaron fue cualquier tipo de piedra. Las originales son piedras de tipo andesita, que es una de las más duras que se conocen y que no se hallan en la costa, sino en las entrañas de los Andes. ¿Quién cargó eso astá esa zona? Ubiquemos esta idea en la mente: estas piedras muestran operaciones que aun hoy no se pueden realizar y pasos de cometas que no se conocían hasta hace 40 años.

El libro "Las piedras de Ica" del escritor español Juan José Benítez, explica que hay en Perú unas 11.000 piedras de entre 40.000 que se cree que existen en toda la Tierra, y que en ellas se muestra o "relata" con tallado a láser sobre las mismas, la historia de una humanidad que no solo vivió en este planeta sino que intervino en la extinción de los dinosaurios, así como en otras muchas cosas de la prehistoria. Esto explica porque un número considerable de estos fósiles de dinosaurio han aparecido con agujeros de lo que parecen ser "proyectiles" u orificios hechos con "láser", en la parte posterior del cráneo. Es frecuente ver en las piedras a un saurópodo agrediendo a un hombre o a varios carnosaurios despedazando a un hombre. El doctor Cabrera, basándose en que las piedras grabadas son, geológicamente andesitas, o sea, piedras que se formaron en el período terciario, afirma que fue en ese período [prehistórico] cuando los seres superiores que llegaron del espacio crearon a la humanidad. Hasta el momento, los análisis no han confirmado que los grabados sean estrictamente contemporáneos de las piedras; sin embargo, algunos microorganismos hallados en las ranuras de los grabados sí tienen una antigüedad de millones de años. Por otra parte, existen otros indicios, en la propia América Latina, que apuntan hacia una mayor antigüedad del hombre.

Las esferas de Costa Rica. Como las cientos de esferas que se han descubierto en Gongxi Town, en la Provincia china de Hunan, y que están en el Área de Reserva Natural de Shennongjia, en la Provincia de Hubei, también en Costa Rica hay exactamente un cierto número de bolas de piedra antiguas. Fue durante los años 40's, cuando una compañía bananera norteamericana comenzó su explotación en el delta del Diquis, al suroeste de Costa Rica, cuando al iniciar las labores de limpieza del bosque, preparándolo para el cultivo, se descubrieron unas imponentes piedras rocosas de distintos tamaños y con forma esférica. Son de tamaño variable: Las más pequeñas tienen sólo unos pocos centímetros de diámetro y las esferas más grandes llegan a tener un diámetro superior a los 2m, llegando a pesar estas últimas hasta 16 toneladas. Están construidas en piedras de granito, andesita y roca sedimentaria. Se cree que las piedras fueron transportadas por el río desde muchos kilómetros de distancia hasta su localización actual, puesto que estos tipos de piedra no se han hallado en la zona del delta del Diquís. Aunque la mayoría de las esferas se encuentran en enclaves arqueológicos precolombinos, no hay forma de saber si fueron realizadas por estos o por alguna otra cultura anterior a esta.

Inmediatamente después de su descubrimiento, la arqueóloga Doris Stone, realizó una serie de investigaciones que resultaron vanas al no poder datar la antigüedad de las piedras, con qué herramientas fueron tan perfectamente realizadas y tampoco el origen de estas. Posteriormente, Samuel K. Lothrop, experto en civilizaciones indígenas y arqueólogo, se propuso desvelar el enigma de estas piedras esféricas, pero no pudo formular ninguna teoría concluyente. Más recientemente, grupos de arqueólogos han investigado con métodos más modernos las esferas de Diquis, llegando a la conclusión de que estas se comenzaron a realizar hace unos 3.000 años.

Existe la teoría de la representación astronómica. En dicha hipótesis (divulgada por el investigador Michael O'Reilly) se identifica a las piedras como posibles cartas celestes con una finalidad ceremonial o a modo de calendario orientativo. En 1979 se encontró una de estas piedras en Guayabo de Turrialba (provincia de Cartago), la cual pudo haber tenido la función de calendario de precisión y que junto al uso de objetos astronómicos de poca magnitud, daba detalles de fechas como los solsticios, el día más largo del año y la duración de la época de lluvias. Otra teoría nada convencional, realizada por el antropólogo estonio Ivar Zapp en su libro "La Atlántida en América", afirma que las piedras podían ser originarias de la Atlántida, isla-continente desaparecida hace 12.000 años, y aunque las autoridades arqueológicas de Costa Rica no están muy de acuerdo con esta teoría, el International Biographical Centre, mencionó a Zapp como uno de los científicos más connotados del siglo XX. Iván Zapp descubrió con la ayuda de Carlos Araya (Comandante de las Líneas Aéreas de Costa Rica) y un atlas, normal al principio y de Mercator (atlas que tiene en cuenta la curvatura de la Tierra) posteriormente, que las esferas tal y donde estaban situadas cuando se descubrieron, señalaban a distintas direcciones, igual que si fueran mapas a gran escala. Uno de los alineamientos desenterrados por los arqueólogos mostraba el trayecto en línea recta que conduce hasta la Isla del Coco, después a las islas Galápagos y finalmente hasta la Isla de Pascua. Un segundo grupo de rocas apuntaban a las islas de Jamaica, Cuba y Bermudas. Mientras que otras estaban orientadas hacia Giza, en Egipto y a Stonenhenge en Inglaterra. Confirmando de este modo que se trataba de rutas hacia otros lugares del planeta.

CONCLUSIÓN

"Las investigaciones hacia los comienzos de la religión se han acumulado constantemente a través del pasado medio siglo. Solo es por los grandes esfuerzos de censura, por medio de una educación sectaria de la clase de las que son elaboradamente protegidas, y similares, que la ignorancia sobre ellos es mantenida."

H. G. Wells (El destino del Homo Sapiens)

LA ÚLTIMA TRANSICIÓN humana

Si bien no podemos, a estas alturas, decir que el hombre apareció en La Tierra recientemente. Algunos se preguntarán si a lo mejor vinimos de Adán y Eva como dicen las religiones judía, cristiana y musulmana. Lo cierto es que Adán y Eva fueron probablemente caucasianos que aparecieron en escena hace unos 9.000 años, pero hemos visto que hay evidencia humana increíblemente superior. La historia de Adán y Eva la trataremos en las próximas ediciones debido a la gran cantidad de material sobre el tema. De momento, terminaremos esta parte para dar lugar a la historia desconocida de nuestro planeta en nuestras obras de "La Rebelión se Sakla". Ni casualidad ni mutaciones improbables dieron origen al ser humano, algo más lo hizo. Los autores Max H. Flint y Otto O. Binder escribieron en su libro, Humanidad, Hija De Las Estrellas (Mankind, Child of the Stars): «*El hombre Cro-Magnon apareció con unas misteriosas y mejoradas características esqueléticas, y con una capacidad craneal que es asombrosamente en exceso por 100 centímetros cúbicos de aquel del hombre moderno... Un grado similarmente grande de expansión del cerebro no ocurrió en absolutamente ninguna otra especie en La Tierra en todas las edades del pasado, tampoco ningún gen ha mostrado evidencia de mutación cerebral de comparable magnitud desde la antigüedad.»*

Alan Alford, uno de muchos científicos que son abiertos al concepto de intervención extraterrestre, explica las anomalías que rodean el origen y la supuesta evolución del hombre: «*El Homo Sapiens ha adquirido una moderna anatomía, capacidad de lenguaje y un cerebro sofisticado (bastante más allá de las necesidades de su existencia diaria) aparentemente en desafío de las leyes del Darwinismo. Hay un número de posibles explicaciones para esta anomalía. Uno es que la humanidad evolucionó en el mar, y que la evidencia fósil crucial está faltando. Otra es que la Teoría Darwiniana misma tiene un Eslabón perdido. Y una tercera explicación es que los genes del hombre moderno fueron repentinamente implantados por una especie extraterrestre inteligente que colonizó la Tierra.*» En su libro, "El Enigma Neandertal", James Shreeve comenta del enigma de nuestro desarrollo humano: «*Una 'transición importantísima' sí ocurrió, pero sucedió tan cerca del momento presente, que todos estamos todavía tambaleándonos en ello. Algunos aquí en el vestíbulo de la historia, justo antes de que comenzáramos a mantener registros sobre nosotros mismos, algo sucedió que convirtió al pasablemente precoz animal en un ser humano.*»

El científico/cosmologista catastrofista maverick, Immanuel Velikovsky, probablemente uno de los eruditos más abusados en la historia, escribió: «*La más controversial es la pregunta evolutiva. He realizado muchísimo trabajo en Darwin, y puedo decir con cierta certeza que Darwin no derivó su teoría de la naturaleza, sino más bien súper impuso un cierto punto de vista filosófico del mundo en la naturaleza, y luego pasó 20 años tratando de recolectar hechos para hacerla encajar.*" El investigador Laurence Gardner pone de esta forma el proceso imposible: "*Le tomó al hombre más de un millón de años para progresar de usar piedras tal y como las encontraba, a la realización de que éstas podrían ser talladas y formadas para un mejor propósito. Luego le tomó otros 500.000 años antes de que el hombre Neandertal manejara el concepto de herramientas de piedra, y otros 50.000 años antes de que fueran cultivados los granos y que fuera descubierta la metalurgia. Por lo tanto, por todas las escalas del estimado evolutivo, todavía deberíamos estar lejos de cualquier entendimiento básico de matemáticas, ingeniería o ciencias, pero estamos a solo 7.000 años más tarde, enviando sondas a Marte... Así pues, ¿Cómo heredamos la sabiduría y de quien?»*

Max H. Flint y Otto O. Binder, estos aclamados científicos, señalan que hay muchos otros especialistas con serias dudas acerca de la Relación de la Teoría de la Evolución del origen y el ascenso del Hombre. Ellos afirman: «*...no estamos peleando con la selección natural... ya que aplica a otras criaturas... Pero sí afirmamos inequívocamente que la Evolución Darwiniana y la selección natural no se aplican para nada a la Humanidad.*» Ellos llaman nuestra atención a la fecha 35.000 años antes de Cristo, a la supuesta transición específica de la especie de los neandertales -quienes ya hemos visto que no fueron nuestros ancestros-, a los Cro-Magnon, quienes se cree que sí lo son, aunque sus características óseas, en sí mismas, difieren considerablemente de las nuestras. Ellos escriben: «*Y la criba más grande de todas ¿de dónde vino el Hombre Cro-Magnon, la primera de nuestra propia especie, el Homo sapiens, hace 35.000 años? La desaparición del Hombre Neandertal y la llegada del Hombre Cro-Magnon aproximadamente al mismo tiempo es una de las verdaderas grandes piedras de tropiezo para la teoría de la Evolución, ya que éstas son especies non-sequitur. El Neandertal tenía un cerebro grande, pero una pequeña capacidad mental. Era una masa de músculos. Este hombre fue repentinamente reemplazado por el Cro-Magnon, que era una especie completamente separada.*»

Ellos sostienen que «*...el Neandertal más decididamente no podría ser el ancestro directo del Cro-Magnon, ya que eran dos tipos diferentes de humanos, físicamente e incluso esqueléticamente. El* *hombre Neandertal aguantaba ciclos fríos y ciclos cálidos exitosamente, al parecer. El continuó existiendo en Europa occidental hasta como hace unos 35.000 años, y luego desapareció abruptamente. Las tendencias evolutivas que él exhibió durante este período son extremadamente enigmáticas, ya que parece que se volvió más 'primitivo' en vez de menos. La teoría de la Evolución clásica simplemente no puede explicar estos dos acontecimientos. Primero, la precipitada desaparición de una especie bien establecida, más el abrupto debut de una nueva especie. Segundo, el hecho que la especie Neandertal retrocedió y se volvió más primitiva al pasar el tiempo. La selección natural y la supervivencia del más fuerte son clavos cuadrados que no pueden insertarse en esos agujeros redondos...»* Estos dos científicos están convencidos que la intervención biogenética y la hibridación dio lugar a la extinción del Neandertal y la repentina aparición de unos mucho más sofisticados Cro-Magnon. Y están muy lejos de ser especuladores, en la ortodoxa comunidad académica. El Dr. Robert Bloom, reconocido paleontólogo, salió con una declaración que probablemente asombró a todos sus colegas, diciendo que para él estaba claro que lo que se considera como evolución, fue lograda, no por selección natural o mutaciones, sino por la intervención de «*...seres espirituales en variados grados y de varias clases de inteligencia.*»

Continuará...

Como mencionábamos al comienzo, la Creación no puede, por mucho que se trate de justificar, ser producto de la casualidad. Para comprender visualmente la manera en que el universo es verdaderamente un holograma, un profesor de matemáticas de la Universidad de Yale desarrolló una fórmula y la introdujo en un programa de ordenador. Nombrado después con su nombre "El Conjunto de Mandelbrot", muestra un patrón aparentemente desordenado, pero al aumentarlo independientemente de cuanto te acerques al diseño, volveremos a encontrar siempre el mismo patrón dentro de sí mismo. Cada "fractal" desglosado infinitamente siempre refleja la totalidad del mismo. Cuando un fractal cambia su patrón, la suma total de todo el patrón cambia a lo largo del mismo. «*Esto significa que el mundo entero no necesita ser despertado, no hay ninguna necesidad de informar a los 6 billones de personas del planeta de este mensaje. Solamente es importante que, a nivel personal, aprendas a conquistar los temores de tu interior y aprendas a amar, cuando veas el orden de tus temores y omines tus emociones, entonces y solo entonces, serás verdaderamente libre.*» (Agenda Esotérica) En nuestro próximo ejemplar trataremos más información sobre la prehistoria humana, razas desconocidas, tecnología perdida y los acontecimientos que llevaron al hombre a las cavernas habiendo tenido un gran apogeo y conocimientos, más aún de lo que se estima. Trataremos también la mítica rebelión de Lucifer, las evidencias de otras razas en nuestro universo y el nacimiento de la Edad de Oro de los grandes dioses: «*...aquellos que creen en tales visitas a la Tierra están contemplando la posibilidad de otras galaxias u otras estrellas distantes como hogar de estos astronautas extraterrestres.*» (Zecharia Sitchin. El Doceavo Planeta)

¡Dios les bendiga!

Otras obras de interés de este autor:
Discipulado I, Alcanza a la Deidad
Discipulado II, Un Mensaje Olvidado
Discipulado III, ¿Realidad o Religión?
Discipulado IV, Camino a la Maestría
Discipulado V, Reconociendo el Tiempo del Fin
Armagedón, E-5 (Encuentros Cercanos en la Quinta Fase)
Estrellas Errantes, la Historia del Fenómeno OVNI
Simbología y Terminología
Dídimo, el Evangelio de Tomás
Enoc Revisado
La Rebelión de Sakla I, el Abismo
La Rebelión de Sakla II.
Dios y el Hombre-Mono, Evidencias contra Teorías

Principales Fuentes Consultadas

Libros y documentos:

Harun Yahya: "El Engaño del Evolucionismo" - libro y documental.

Richard L. Thompson y Michael A. Cremo: "Hidden History of the Human Race" (1999) y "Forbbiden Archeology".

Zecharia Sitchin: "El Doceavo Planeta" (1976).

R. A. Boulay: "Dragones y Serpientes Voladoras" (1990).

Sixto Paz Wells: "El Plan Cósmico".

William Bramley: "Dioses del Edén" (1996)

Michael Tsarion: "Atlantis, Alien Visitation & Genetic Manipulation" (Agosto de 2002).

Louis Pauwels y Jaques Bergier: "El Retorno de los Brujos".

Erich von Däniken: "Todos Somos Hijos de los Dioses".

David John y Richard Moody: "El Mundo Prehistórico" (El Mundo del Saber, Ediciones Vidorama, S.A. - Colombia).

National Georaphic: cadena de televisión y magazine.

Muy Interesante (revista).

La "Torá" hebrea, versiones griegas de la Septuaginta y otros pasajes de la Biblia versión Reina y Valera 1960.

Documentales y conferencias:

Michael A. Cremo: entrevistas televisivas.

Harun Yahya: entrevistas televisivas.

Odisea: "El Mayor Engaño del Siglo XX".

BBC: "The Day The Earth Nearly Died".

Carl Sagan: "Cosmos".

Klaus Dona: "La Historia Oculta de la Raza Humana" – entrevista.

Gregg Braden: "La Ciencia de los Milagros".

Drunvalo Melkizedek: "Secreta Historia Planetaria".

Félix Guttmann: estudios y conferencias.

Michael Tsarion: "Arquitectos del Control" y entrevista en Sci-Fi.

Documanía: "The Corporation".

América Ibérica: "Misterios del Pasado: El Diluvio Bíblico" (Akásico 2004).

"¿Y tú qué sabes? Dentro de la Madriguera".

"Agenda Esotérica" (Talismanicidols.com).

History Channel: "Ancient Anstronauts".

Extranormal: "Intraterrestres", cadena de televisión mexicana.

Redes, 2 TV Española: "Charles Darwin y la Evolución".

Salfate: "Así Somos" programa de televisión chilena.

<u>Webs:</u>

Projectmagen.com

Caminoluz.org

Allforjesus.creatuforo.com

Lo-inexplicable.com.ar

Guerras Mesiánicas (blogspot)

Akasico.com

Forocristiano.iglesia.net

Harunyahya.com

Wikipedia.com

Alberto Canosa (blogspot)

Projectcamelot.com

Blackvault.com

Disclosureproject.com

El Laboratorio de Darwin (blogspot)

<u>Otros:</u>

Al Gore: "Una verdad incómoda" (Ed. Gedisa. Marzo de 2007)

Alexander King y Bertrand Schneider: "The First Global Revolution" (Club of Rome. Pantheon Books. Nueva York. 1991)

Allianz AG: "Demographic Change: Population Growth" (21 de Julio de 2007)

Asociación Española de la Industria Eléctrica: "Boletín Medio Ambiente". (Octubre de 2007. Número 86)

Asociación Valenciana para la Defensa de la Vida: "Provida Press" (Número 224. Valencia. 26 de Junio de 2006)

Agencia de los Estados Unidos para el Desarrollo (USAID): "U.S. Private and Voluntary Organizations Registeder with USAID"

BK Skinner: "The Gumption Memo" (Otoño de 1996)

Cardinal Newman Society for the Preservation of Catholic Higher Education: "The Culture of Death on Catholic Campuses" (Manassas, Virginia. Abril de 2004)

Center for the Study of Carbon Dioxide and Global Change: "Testimony of Al Gore before the United States Senate Environment & Public Works Committee" (Washington, Mayo de 2007)

Centro de Bioética de la Universidad Católica de Córdoba: "Gacetilla 09/08" (Córdoba. Argentina. 26 de Junio de 2008)

Diario "Get Real": "Al Gore in Lisbon" (Lisboa. 13 de Febrero de 2007)

Diario "Latino" (Madrid. Viernes 22 de Junio de 2007)

Focal Point for Women in the Secretariat: "NETWORK—The UN Women's Newsletter" (Nueva York. Volumen 11. Número 2. Abril, Mayo y Junio de 2007)

Fondo de Población de Naciones Unidas: "Acciones para lograr un desarrollo sostenible y equitativo" (Nueva York, 2002)

Haddam-Killingworth High School: "The Cougar Chronicle". (Higganum, Connecticut. Diciembre de 2007. Vol. 16 Issue 3)

Italian American Journal (Nueva York. Junio de 2008)

John Clapper: "The sanctity of human life and abortion" (WRS Journal 5/2. Tacoma, Washington. Agosto de 1998)

Joseph H. Hulse: "Sustainable Development at Risk: Ignoring the Past" (International Development Research Centre. Ottawa, Canadá. Cambridge University Press India Pvt. Ltd. Año 2007. ISBN (e-book) 978-1-55250-368-3. ISBN 978-81-7596-521-8)

J. Trigo: "El Desarrollo Sostenible: ¿Sirve para reducir la Pobreza?" (Participación en Jornada organizada por la Fundación Iberdrola

Madrid, 18 diciembre 2002)

Miguel Zafra: "Los 9 errores de Al Gore" (Historia Viva. Boletín del Área de Sociales del Colegio Virgen de Europa. Madrid. Noviembre de 2007)

Online U.S. News: "Approval of abortion drug changes medicine and politics of issue" (10 de Septiembre de 2000)

Optimum Population Trust (OPT): "The Jackdaw" (Londres, Agosto de 2008)

Optimum Population Trust (OPT): "Too many people: Europe's population problem" (Londres. 31 de Agosto de 2008)

Organización Socialista Internacional: "Socialismo Internacional" (San Juan, Puerto Rico. Año 6, Núm. 33. Junio de 2003)

Paul Detrick: "Definitely Some Inaccuracies in Gore Film" (News Busters. 4 de Octubre de 2007)

Population and Sustainability Network: "Population Matters" (Londres. Newsletter Núm.1. Abril de 2004)

Rotarian Action Group for Population & Development: "Fragile Earth" (Lawrenceville, Georgia, USA. Marzo de 2007)

Servando González: "¿Evolución en la revolución? Una respuesta a Carlos Wotzkow" (Xzault Media Group. California. Julio de 2007)

The Conservative Party of New York State: "National Affairs Platform" (Brooklyn, NY. 6 de Septiembre de 2008)

U.S. Information Agency: "Population at the Millenium: The U.S. perspective " (Revista Global Issues. Volumen 3. Número 2. Septiembre de 1998)

Wanda Franz: "Social Justice and Wantedness" (Discurso en la Convención de la Asociación Católica de Prensa. Baltimore. 26 de Mayo de 2000)

Frederick Guttmann R.
frederickguttmann@gmail.com
www.FrederickGuttmann.com

Organización No Gubernamental *"Energy Angels"*
Organización No Gubernamental *"Hermandad Sin Fronteras"*
Misión Mesiánica Mundial

About the Author

Israeli writer, researcher, disseminator, documentary filmmaker and influencer. He is the writer of more than 35 books, mostly research and dissemination theses.

Read more at https://www.frederickguttmann.com.